圖解

PADS

電路板設計
專業級能力認證
學術科

台灣嵌入式暨單晶片系統發展協會 (TEMI) 因應產業人才需求，於 2012 年正式推動【電路板設計國際能力認證】，應試人員累計至 2016 年已突破兩千人次，並有 170 多位教師通過取得證照，目前已有多所技專院校系將本證照列入選修課程及對高中職學生進行推甄加分鼓勵，本認證除具備技術能力鑑別度外，並獲得 104 及 1111 兩大人力銀行正式採計，提升同學未來就業上的競爭力。

電路板設計國際能力認證自 2012 年正式推出分為實用級、專業級，同年度將課程引進大陸，每年定期舉辦國際性認證競賽，進行各國培訓認證交流外，也希望藉此建立國際認證競賽平台，使學生可以發揮出多元的創意。

《圖解 PADS 電路板設計專業級能力認證學術科》以進階的認證內容為主，介紹術科考照的流程、各階段應注意事項及評分要點，並且有系統地整理出軟體的操作及電路板設計的技巧，縮短學員學習的時間，加速了解考題內容及順利考取證照。

感謝明志科技大學電子系 林義楠教授及電機系 李智強先生致力於推廣協會之認證，不辭辛勞投注時間訓練學生授與技能，並將課程教學心得編寫成教材，提供給有意願報考或想進修之學員們參考使用，在此特別感謝南臺科技大學電子系 田子坤教授協助本書校稿，本人謹代表協會致上謝意。

台灣嵌入式暨單晶片系統發展協會 秘書長 **陳宏昇** 謹誌

2016.4

電子電路板 PCB 製作與設計產業，是我國電子工業的主流，舉凡所有電氣裝置無不使用電路板，因此電路板的製作、設計與應用相關產業相當蓬勃，並有一定的人才需求。電路板設計佈局與製造技術，讀者若能在學階段，即能接觸並通過證照的檢定與考核，將可進一步結合產業與學界間的技術，並經由合格人才的認證，優先提供業界晉用，以縮短業界培訓的時間，也提供學生多一種學有專精的技術，快速進入先進 PCB 電路板設計的職場為業界有用之人才。

PADS 電路板設計專業級國際能力認證可提供此一專門技術有力的檢驗標準，經由本書的指引，可跨入先進 PCB 電路板設計的領域，並對電路板設計軟體的操作與相關技術有更深入的了解。本書提供認證所需的 PADS 9.X 軟體基本操作說明，可快速引領進入電路圖框編輯、電路圖繪製、零件創建、階層電路繪製、板框編修設計、PCB 零件放置及佈線、電路板鋪銅、文件製作等操作技術，使讀者能在最短時間了解並學會專業級認證之術科題目，並熟練認證檢定的練習與學習，再者可進一步配合學校的專題製作課程，將所設計之電路經 layout 後，藉由雕刻機或蝕刻機製作成實際的硬體電路基板。本書因編輯時間有限，疏漏不全或未盡理想之處尚請讀者不吝指正。

林義楠、李智強 謹誌

2016.4

本書撰寫之目的

■ 使學生能在最短時間了解並學會專業級認證之術科題目，並可配合學校內專題製作課程將設計之電路透過 layout 再藉由雕刻機或蝕刻機製作成硬體電路。

■ 在看過市面上許多認證書籍，皆單以解題為導向，也發現學生考過後，該認證書籍使用率極低，筆者覺得相當的可惜，既然花了錢所買的東西就應具有收藏利用之價值，基於此因素筆者在撰寫本書內容時不僅涵蓋認證解題並具實用性，本書針對專業級所需之相關技術內容，加以編寫第二章（PADS Logic）及第三章（PADS Layout）之功能介紹來加強使用者對 PADS 相關基礎觀念知識的建立；除達到通過專業級認證外也可適用於日後在學校做專題硬體製作之學生以及在業界從事 PADS 設計相關之新進人員參考用書，相信書中內容應足夠幫助使用者在學習基本 PADS 電路設計之知識，但因本書畢竟不是做為專業工具書用，也礙於篇幅限制，故有許多功能無法一一在此書做說明。

如何使用本書

■ 本書內容適合給

1. PADS 初學習者或已通過實用級認證之學生。

2. 要考專業級認證之學生。

3. 學校專題硬體電路製作。

4. 從事業界 PADS 電路板設計之新進人員參考用書。

■ 筆者建議使用本書前先了解硬體製作架構流程，目的在於如果您都不知該軟體的主要功能以及使用流程為何，那學習起來是相當痛苦；故在編排上依此原理流程做操作說明，建議從第四章（第一階段：零件編修創建（外觀符號（Logic）、腳座包裝（Decals）、整合包裝（Parts））>> 圖框編輯設定（Logic）>> 電路圖繪製 >> 階層電路繪製 >> 文件輸出（PDF 文件、Netlist 網路表（即 ASC 檔）、BOM 表（專業級認證不須輸出此步驟，請參閱實用級））>> 第五章（第二階段：繪製板框（Layout）>> 零件佈局（特定零件、主要零件、次要零

件依序擺放）>> 電路板佈線（雙層板）>> 設計驗證（Verify Design）>> 電路鋪銅 >> 設計驗證（Verify Design）>> 文件輸出（PDF 文件、ASC 檔、CAM 輸出））依序依照書本上之步驟做練習，如需了解相關單元之介紹，可再自行參考第二章（PADS Logic 基本功能介紹）及第三章（PADS Layout 基本功能介紹）來加強基礎觀念。

- 硬體製作流程簡述

  - 使用蝕刻機：使用雙面感光板 >> 將電路圖（CAM 檔）印出（使用雷射印表機）固定在感光板上 >> 使用曝光機進行曝光 >> 顯影 >> 利用蝕刻機進行蝕刻作業 >> 防鍍作業 >> 鑽孔 >> 貫孔作業 >> 鍍鎳作業 >> 裁邊作業 >> 完成硬體製作。

  - 使用雕刻機：電路板轉成雕刻機所需之檔案 CAM 檔 >> 執行應用程式 >> 完成硬體雕刻作業。

- 本書將每一步驟流程做有系統的條列式說明且以圖解方式做敘述，不須死背，過程中會先導入大原則後在做內部細項功能介紹，主要是讓使用者能較容易看懂，因過程幾乎都是一樣的；通常考認證只要有依照本書步驟來做練習，熟練度夠，百分之百一定會通過，無法通過的原因大部分都是熟練度不足以致無法在規定時間內完成，故反覆練習是很重要的。

- 內文中加入快速檢視項目，使考生能了解監評委員所要檢查之重點項目，如此考生勢必可事半功倍，輕鬆考取專業級證照。

- 因 PADS Layout 內之功能介面與 PADS Logic 雷同，故使用者在學習上會變得較容易上手。

李智強 謹誌

2016.4

目錄

3 PADS Layout 基本功能介紹

4 第一階段解題（電路圖繪製（含零件創建））

5　第二階段解題（電路板佈線）

《 **學科篇** 》

6 電路板設計國際能力認證學科試題 400 題題庫

附錄 A 專業級電路板設計國際能力認證術科題目

▌ **範例下載**

本書範例及解答請至碁峰網站 http://books.gotop.com.tw/download/AER044700 下載。檔案為 ZIP 格式，讀者自行解壓縮即可運用。其內容僅供合法持有本書的讀者使用，未經授權不得抄襲、轉載或任意散佈。

1

術科重點導讀

1-1 PADS 9.X 版系統架構

PADS 是一套功能強大的高速電路設計軟體，它提供了完整的電路設計所需之功能，包括 PADS Logic、DxDesigner、PADS Layout、PADS Router、Hyperlynx 等幾大部分，以下為各軟體簡介：

- PADS Logic 是使用者最熟悉之電路繪製軟體，其介面與 PADS Layout 雷同，故較易上手。

- DxDesigner 是新加入 PADS 系列中的電路繪製軟體，具有電路模擬功能。

- PADS Layout 主要以電路板設計為主軸，提供零件佈置、電路板輸出、列印等功能。

- PADS Router 屬智慧型佈線軟體，具有自動佈線功能。

- Hyperlynx 電路板信號分析軟體，可以分析電路板信號的衰減、延遲、干擾等狀況。

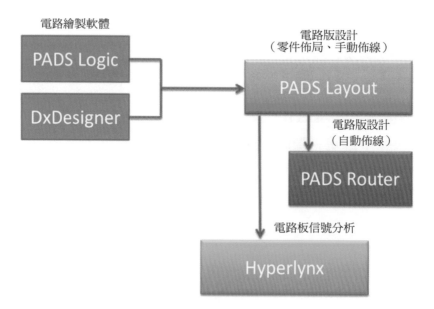

第一階段（共 4 個繪圖產生檔＋2~3 個零件圖檔）

一、零件編修創建

（需存放在 C：\MentorGraphics\9.5PADS\SDD_HOME\Libraries\temi）

❖ 試題一

1. **零件外觀符號（Symbol、CAE Decal）**

   （每個格點之間的間距為 100 mils）

   零件符號名稱：

   （1）U1：**CA-7SEG-S** >> 自建

   （2）R1：**RES-B4R8P-S** >> 複製 misc
   中 RESZ-H1P 做修改

   （3）U2：**NEW-74LS47** >>「Parts 中」
   建立複製 ti 中 74LS247

 註·解

考題中創建部分無須建立（3）U2，但因後方 IO.SCH 電路圖需匯入（3）U2 零件，為避免考生不知該元件位置，故在此一併說明製作，統一放置 temi 底下。

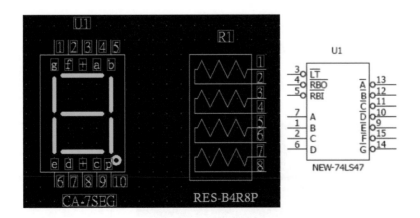

2. **零件腳座包裝（Footprint、PCB Decal）**

   （每個格點之間的間距為 100 mils）

零件包裝名稱：

（1）**U1：CA-7SEG-D** >> 自建

　　Logic Family：DIP

　　Ref Prefix：U

（2）**R1：RES-B4R8P-D** >> 複製 common 中 SIP-8P 做修改

　　Logic Family：RES

　　Ref Prefix：R

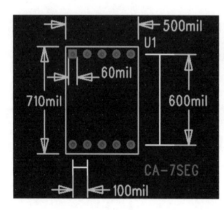
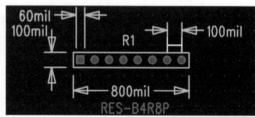

❖ 試題二

1. **零件外觀符號（Symbol、CAE Decal）**

（每個格點之間的間距為 100 mils）

零件符號名稱：

（1）**U1：OPTO-4P-S** >> 複製 motor-ic 中 OPTO-ISO 做修改

（2）**R1：RES-A8R9P-S** >> 複製 misc 中 RESZ-H1P 做修改

（3）**U5-A：74LS240** >>「Parts 中」建立複製 ti 中 74LS240（同試題一 "註" 中解釋）

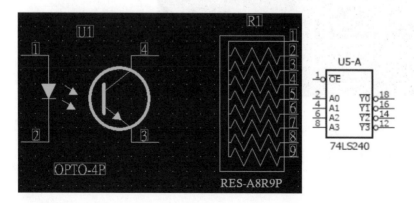

2. **零件腳座包裝（Footprint、PCB Decal）**

（每個格點之間的間距為 100 mils）

零件包裝名稱：

（1）**U1：OPTO-4P-D** >> 複製 common 中 DIP6 做修改

　　Logic Family：TTL

　　Ref Prefix：U

（2）**R1：RES-A8R9P-D** >> 複製 common 中 SIP-8P 做修改

　　Logic Family：RES

　　Ref Prefix：R

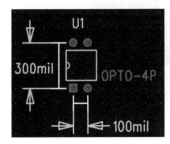 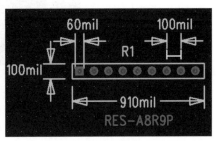

❖ 試題三

1. **零件外觀符號（Symbol、CAE Decal）**

（每個格點之間的間距為 100 mils）

零件符號名稱：

（1）**S1：DIPSW-4U8P-S** >> 考場提供 LIB（TEMI1）中 DIP_SW8U 做修改

（2）**U1：DIPLED-8U16P-S** >> 複製 common 中 LED 做修改

（3）**R1：RES-A8R9P-D** >> 複製 misc 中 RESZ-H1P 做修改

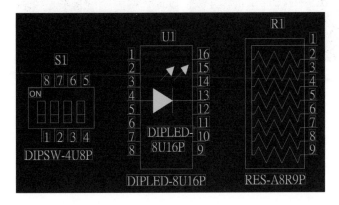

2. **零件腳座包裝（Footprint、PCB Decal）**

（每個格點之間的間距為 100 mils）

零件包裝名稱：

（**1**）**S1：DIPSW-4U8P-D** >> 複製 common 中 DIP8

　　Logic Family：SWI

　　Ref Prefix：S

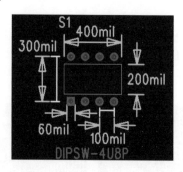

（**2**）**U1：DIPLED-8U16P-D** >> 複製 common 中 DIP16

　　Logic Family：DIP

　　Ref Prefix：U

（**3**）**R1：RES-A8R9P-D** >> > 複製 common 中 SIP-8P 做修改

　　Logic Family：RES

　　Ref Prefix：R

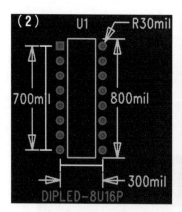
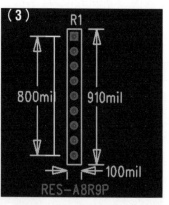

❖ 試題四

1. **零件外觀符號（Symbol、CAE Decal）**

（每個格點之間的間距為 100 mils）

零件符號名稱：

（1）**S1：TACKSW-2U4P-S** >> 考場提供 LIB（TEMI1）中 TACK_SW 做修改

（2）**R1：RES-A8R9P-S** >> 複製 misc 中 RESZ-H1P 做修改

（3）**U1-A：74LS139** >>「Parts 中」建立複製 ti 中 74LS139（同試題一 "註" 中解釋）

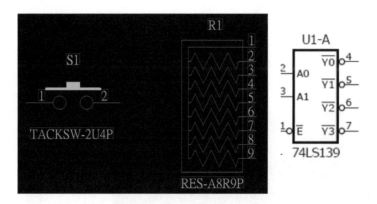

2. **零件腳座包裝（Footprint、PCB Decal）**

（每個格點之間的間距為 100 mils）

零件包裝名稱：

（1）**S1：TACKSW-2U4P-D** >> 複製 common 中 DIP6 做修改

Logic Family：SWI

Ref Prefix：S

（2）**R1：RES-A8R9P-D** >> 複製 common 中 SIP-8P 做修改

Logic Family：RES

Ref Prefix：R

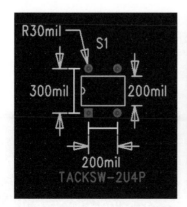
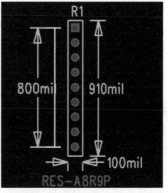

❖ 試題五

1. **零件外觀符號**（**Symbol**、**CAE Decal**）

 （每個格點之間的間距為 100 mils）

 零件符號名稱：

 （1）**U1：DC-4506-S** >> 自建

 （2）**J1：CON-SIP2P-S** >> 自建

 （3）**U1-A：74LS244** >>「Parts 中」建立複製 ti 中 74LS244（同試題一 "註"
 中解釋）

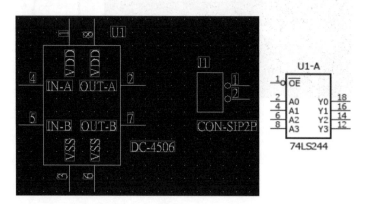

2. **零件腳座包裝**（**Footprint**、**PCB Decal**）

 （每個格點之間的間距為 100 mils）

 零件包裝名稱：

 （1）**U1：DC-4506-D** >> 複製 common 中 DIP8

 Logic Family：DIP

 Ref Prefix：U

 （2）**J1：CON-SIP2P-D** >> 自建

 Logic Family：CON

 Ref Prefix：J

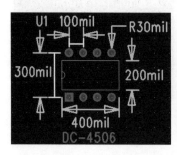 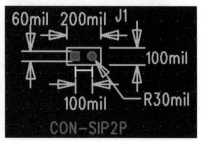

二、圖框編輯設定

（需存放在 **C：\MentorGraphics\9.5PADS\SDD_HOME\Libraries\temi**）

1. 請在 PADS Logic 軟體環境之下，選擇使用 A4 大小的圖紙進行繪圖作業。

2. 請將圖紙上原有的標題欄之圖框先行刪除，再依照下列所提供的規格與內容，在圖紙的右下方處編輯設計出一個新的標題欄之圖框，圖框內部各欄位的文字則全部使用 8pts 的標楷體，內容若為中文字則文字之間請空一格；實際所完成之圖框內容如下所示。

3. 完成圖框編輯設定作業之後，請將新的圖框樣式以 "TEMI-A4" 為名稱，儲存在後面指定的磁碟路徑檔案裡面，C：\MentorGraphics\9.5PADS\ SDD_HOME\Libraries\temi。

4. 在本階段測試中，所有電路圖的繪製都必須套用這個名為 "TEMI-A4" 的圖框樣式。

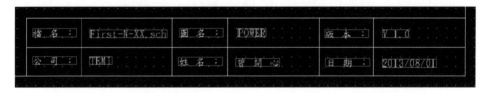

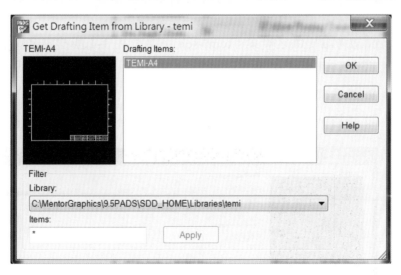

三、電路圖繪製（含階層電路）

（需另存放在新建資料夾中 One，檔名 First-N-XX）

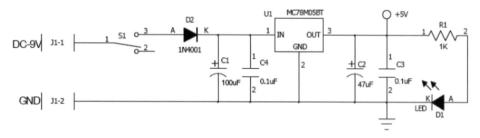

POWER.SCH 電路圖

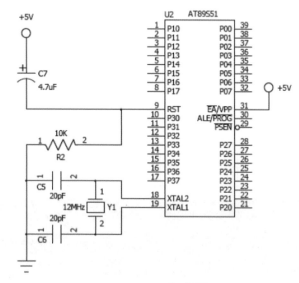

MCU.SCH 電路圖

1. 開啟考場提供之檔案「temi-sch」，並套用 1-1 所建立之 TEMI-A4 板框。

2. 新增一「IO」階層：Setup > Sheets。

3. 設定上、下層： >> 設定完後，按 File > Complete。

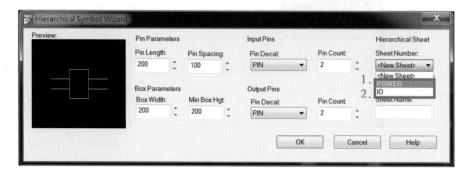

四、完成階層設定

❖ 試題一：檔名 First-1-XX（XX 代表工作崗位號碼）

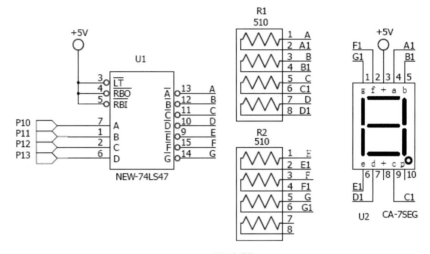

IO.SCH 電路圖

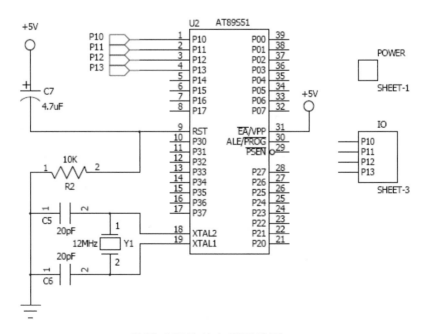

階層式電路的上層電路圖

❖ 試題二：檔名 First-2-XX（XX 代表工作崗位號碼）

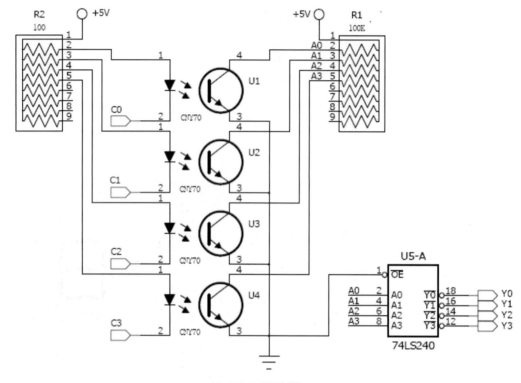

IO.SCH 電路圖

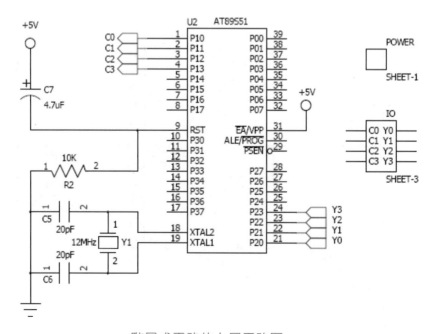

階層式電路的上層電路圖

❖ 試題三：檔名 First-3-XX（XX 代表工作崗位號碼）

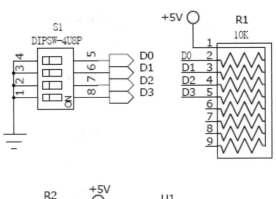

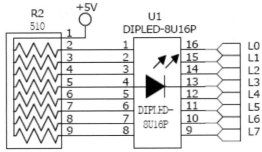

IO.SCH 電路圖

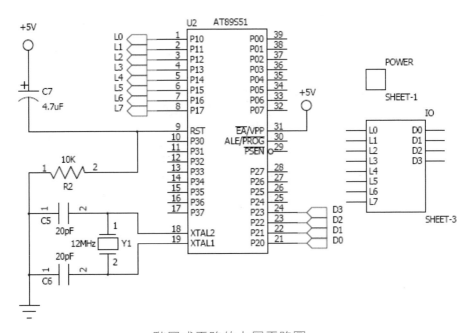

階層式電路的上層電路圖

❖ 試題四：檔名 First-4-XX（XX 代表工作崗位號碼）

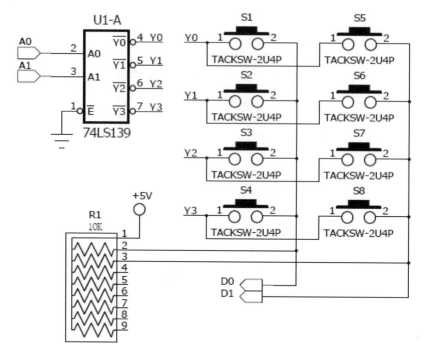

IO.SCH 電路圖

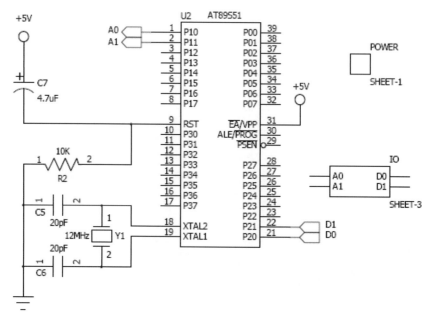

階層式電路的上層電路圖

❖ 試題五：檔名 First-5-XX（XX 代表工作崗位號碼）

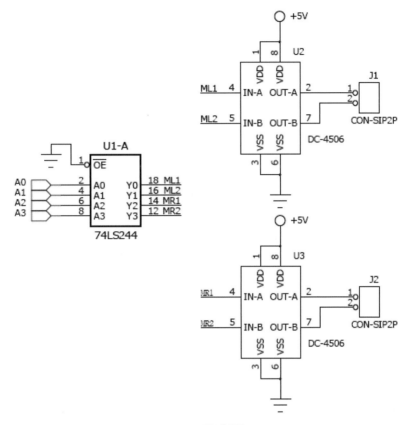

IO.SCH 電路圖

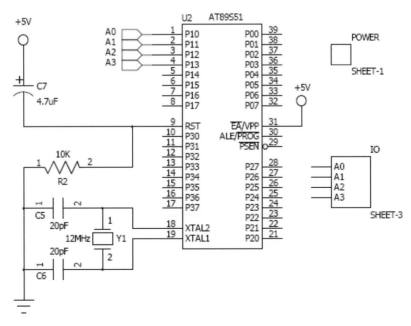

階層式電路的上層電路圖

五、文件檔案輸出

（需另存放在新建資料夾中 One，檔名 First-N-XX）

1. 輸出 PDF：File > Create PDF 存於指定資料夾（One）First-N-XX，共三張（POWER、MCU、IO）。

2. 輸出 ASC 檔：Tools > Layout Netlist 存於指定資料夾（One）First-N-XX。

SECTION 1-3 第二階段（共 3 個佈線產生檔＋7 個 CAM 檔）

一、板框編修

（需存放在 **C：\MentorGraphics\9.5PADS\SDD_HOME\Libraries\temi**）

板框樣式以〝Board-Outline〞為名稱，儲存在後面指定的磁碟路徑檔案裡面，C：\MentorGraphics\9.5PADS\SDD_HOME\Libraries\temi。

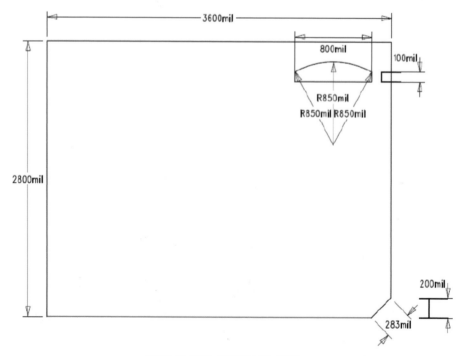

電路板框的規格與樣式圖

二、電路佈線（含零件擺放）

（存於新增資料夾（Two）PCB-N-XX）

1. 開啟 One 內 First-N-XX.asc 檔案。

2. 指定零件的擺放座標如下所述：
   J1（1500, 2350）、S1（350, 2500）、U1（200, 1500）、U2（2700, 2200）。

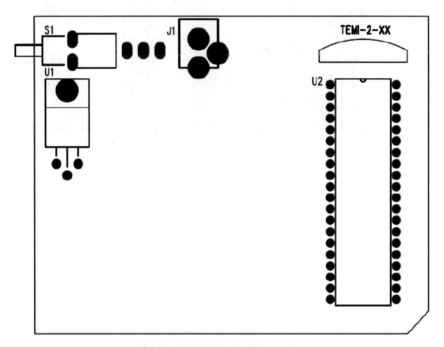

指定零件的佈局與樣式圖

3. 所有電源（VCC、VEE、V-in、+5V、+12V、+15V、-15V 等）、接地（GND）以及編號 J1 到 S1 再到 U1 的網絡走線（NET）寬度設定為 20 mils，其它網絡走線的寬度則設定為 8 mils。

4. 驗證設計：Tools > Verify Design 內 Clearance 及 Connectivity 檢查。

三、電路鋪銅

1. 必須在電路板的 Bottom 板層進行鋪銅，整個鋪銅的電路板座標範圍分別為（100,100）、（100,2700）、（3500,2700）、（3500,100）。

2. 切除鋪銅的電路板座標範圍分別為（2700,300）、（2700,2200）、（3300,2200）、（3300,300）。

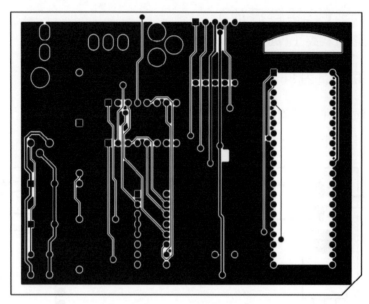

電路板鋪銅的規劃與樣式圖

四、文件製作

（存於新增資料夾（Two）PCB-N-XX）

1. **產生 PDF**：File > Create PDF 存於新增資料夾（Two）PCB-N-XX
   Assembly Bottom 與 Composite 二層刪除；PDF Document：Black and white、
   Bottom 將 Hatch Outlines 取消、Pour Outlines 打 ✓、Assembly Top Component
   Outlines Top 打 ✓；共三張。

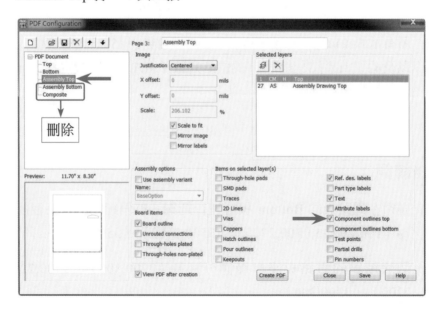

2. **ASC 檔**：File > Export 存於指定資料夾（Two）PCB-N-XX。

3. **底片檔 + 鑽孔檔**：File > CAM 存於指定資料夾（Two）；頂層（2 個）/ 底層（2 個）共 4 個、NC 鑽孔檔 3 個。

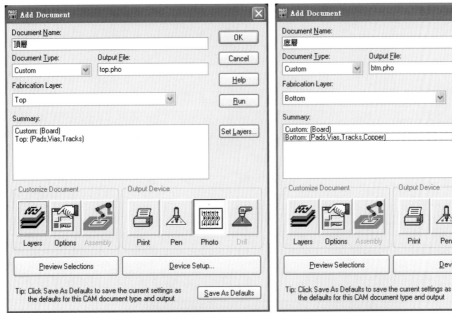

MENO

2

PADS Logic
基功能介紹

《 本章學習重點 》

- ☑ PADS Logic 電路繪圖環境簡介
- ☑ 基本功能操作
- ☑ 零件庫介紹
- ☑ 設計工具功能介紹

PADS Logic 電路繪製環境簡介

本章節針對認證題目會使用到的相關技巧做基本介紹及操作，如要深入了解其他細項功能，請參考 PADS 相關工具書。

❖ PADS Logic 電路編輯環境

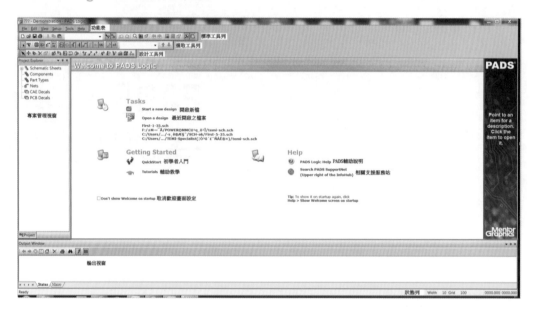

由功能表 File > New 開啟新檔或直接點擊「Start a new design」。

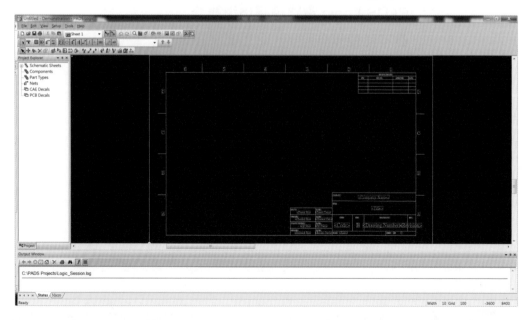

❖ 功能表標籤介紹

File

提供檔案操作動作。

New Ctrl+N	開新檔案
Open... Ctrl+O	儲存檔案
Save Ctrl+S	另存新檔
Save As...	匯入資料
Import...	匯出資料
Export...	輸出 PDF 檔案
Create PDF...	創建檔案
Archive...	零件庫
Library...	產生報表
Reports...	繪製電路圖
Plot...	預覽列印
Print Preview...	列印
Print... Ctrl+P	離開 / 取消選單
Exit	

Edit

提供內容之編輯動作。

Undo Ctrl+Z	還原
Redo Ctrl+Y	取消還原
Cut Ctrl+X	剪下
Copy Ctrl+C	複製
Paste Ctrl+V	貼上
Copy as Bitmap	複製為點陣圖
Save Selection to File	選取之物件存入檔案中
Paste from File	由檔案中貼上
Move Ctrl+E	搬移
Delete <Delete>	刪除
Duplicate Ctrl+<drag>	複製快貼
Properties... Alt+<Enter>	屬性
Attribute Manager...	屬性管理器
Select All on Sheet Ctrl+A	選取圖紙上所有現有物件
Select All on Schematic Ctrl+Shift+A	選取電路圖上所有現有物件
Filter... Ctrl+Alt+F	篩選器
Select Signal Pin Nets...	選取信號接腳網路
Insert New Object...	插入物件
Delete All OLE Objects	刪除所有 OLE 物件
Links...	連結
物件(O)	物件

View

Zoom	Ctrl+W	縮放
Sheet	<Home>	顯示整張圖紙畫面
Extents	Ctrl+Alt+E	顯示所有物件畫面
Selection	Alt+Z	顯示選取之物件（單物件）
Redraw	<End>	重畫
Push Hierarchy		進入階層畫面
Pop Hierarchy		跳出階層畫面
Output Window		輸出視窗啟閉
Project Explorer		專案視窗啟閉
Toolbars		選擇工具列
Status Bar		狀態列啟閉
Save View...		儲存顯示
Previous View	Alt+P	前次顯示
Next View	Alt+N	下一個顯示

Setup

設定電路圖名稱
字型設定

設計規則設定
板層定義

顯示顏色設定
1 物件恢復預設狀態
2 物件單色顯示

Tools

Part Editor		開啟零件編輯器
Update from Library...		從零件庫做更新端點連接器
Save Off-page to Library...		儲存端點連接器到零件庫
Compare/ECO...		比較 / 工程變更設計
Layout Netlist...		Layout 網路表
SPICE Netlist...		SPICE 網路表
PADS Layout...	Ctrl+Shift+O	連結到 PADS Layout
PADS Router...		連結到 PADS Router
Macros		新增巨集
Basic Scripts		-
Customize...		自訂
Options...	Ctrl+<Enter>	選項

Help

使用者可利用此功能來達到 PADS Logic 各項技巧說明（英文版）。

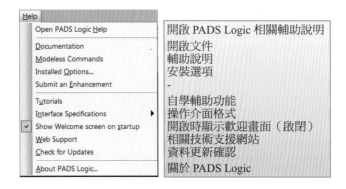

Open PADS Logic Help	開啟 PADS Logic 相關輔助說明
Documentation	開啟文件
Modeless Commands	輔助說明
Installed Options...	安裝選項
Submit an Enhancement	-
Tutorials	自學輔助功能
Interface Specifications	操作介面格式
Show Welcome screen on startup	開啟時顯示歡迎畫面（啟閉）
Web Support	相關技術支援網站
Check for Updates	資料更新確認
About PADS Logic...	關於 PADS Logic

❖ 工具列符號介紹

標準工具列（執行操作一般工具等按鈕）

編號	符號屬性說明	英文名稱	鍵盤快捷鍵
①	開啟新檔	New	Ctrl＋N
②	開啟檔案	Open	Ctrl＋O
③	儲存檔案	Save	Ctrl＋S
④	列印	Print	-
⑤	剪下	Cut	Ctrl＋X
⑥	複製	Copy	Ctrl＋C
⑦	貼上	Paste	Ctrl＋V
⑧	選擇電路圖名稱	Sheets	-
⑨	開啟、關閉選取工具列	Selection Toolbar	-
⑩	開啟、關閉設計工具列	Schematic Editing Toolbar	-
⑪	還原上一步	Undo	Ctrl＋Z
⑫	取消還原	Redo	Ctrl＋Y
⑬	放大、縮小	Zoom	Ctrl＋W
⑭	顯示整張編輯區	Board	<Home >
⑮	重置畫面	Redraw	<End >
⑯	顯示前次比例	Previous View	Alt＋P
⑰	顯示下次比例	Next View	Alt＋N
⑱	資料移轉至 PADS Layout	PADS Layout	-
⑲	資料移轉至 PADS Router	PADS Router	-
⑳	屬性編輯	Layout/Router Link Properties	-
㉑	開啟、關閉輸出視窗	Output Window	-
㉒	開啟、關閉專案管理視窗	Project Explorer Window	-

選取工具列（用途：選取物件的各狀態等）

編號	符號屬性說明	英文名稱	鍵盤快捷鍵
①	可執行選取任何物件	Anything	-
②	取消選取任何物件	Nothing	-
③	選取零件	Parts	-
④	可執行點選邏輯閘	Gates	-
⑤	可執行點選網路 Nets	Nets	-
⑥	可執行點選接腳 Pin	Pins	-
⑦	可執行點選電路方塊圖	Hierarchical Symbols	-
⑧	可執行點選端點連接器	Off-Page Symbols	-
⑨	可執行點選匯流排	Buses	-
⑩	可執行點選匯流排線段	Bus Segments	-
⑪	可執行點選兩零件間連接線	Connections	-
⑫	可執行點選連接線線段	Connection Segments	-
⑬	可執行點選接點	Tie-dots	-
⑭	可執行點選網路名稱	Labels	-
⑮	可執行點選 2D Line	2D Line Items	-
⑯	可執行點選文字	Text Items	-
⑰	搜尋物件	Search and Select	-
⑱	前次搜尋物件	Previous Object	-
⑲	下次搜尋物件	Next Object	-

設計工具列（用途：零件搬移、旋轉、線路繪製等）

編號	符號屬性說明	英文名稱	鍵盤快捷鍵
①	選取狀態	Select	-
②	搬移	Move	-
③	快速複製	Duplicate	-
④	刪除	Delete	-
⑤	零件屬性	Properties	Alt＋Enter
⑥	新增零件	Add Part	-
⑦	新增連接線	Add Connection	F2
⑧	新增零件，並可編輯屬性	New Hierarchical Symbol	-
⑨	互換零件序號	Swap RefDes	-
⑩	互換零件接腳	Swap Pins	-
⑪	新增匯流排	Add Bus	-
⑫	編輯匯流排現有線段	Spilit Bus	-
⑬	延長匯流排線段	Extend Bus	-
⑭	新增文字	Create Text	-
⑮	繪製 2D 線	Create 2D Line	-
⑯	編輯 2D 線	Modify 2D Line	-
⑰	群組 / 取消群組功能	Conbine/Unconbine	-
⑱	從零件庫選取 2D 物件	Add 2D Line from Library	-
⑲	新增 Field	Add Field	-

SECTION 2-2 基本功能操作

2-2-1 開啟檔案

❖ 開啟新檔

當一個新案編輯前，需建一空白檔案，您可選擇〝Start a new design〞；

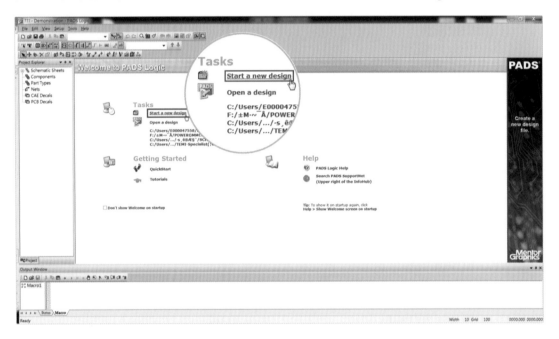

或直接選取 File > New 開啟一空白表。

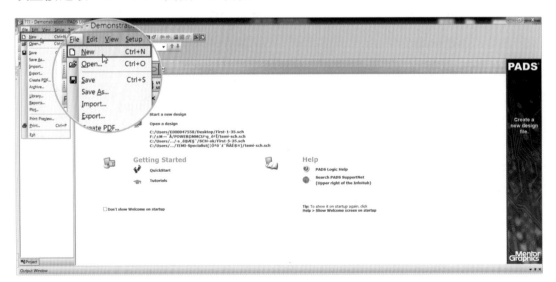

初次使用 PADS Layout 開啟新檔時，皆會出現此預設對話框（工作環境設定），直接選擇 "OK"。

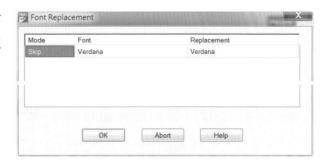

空白編輯工作畫面。

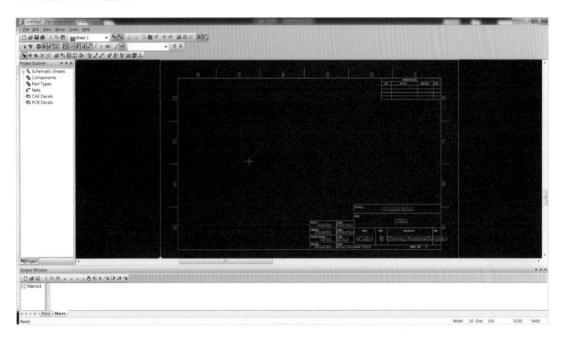

❖ 開啟舊檔

如需開啟一舊有檔案，直接選取 File > Open 後到指定路徑開啟舊檔（副檔只能開啟 *.sch）。

2-2-2 繪製電路環境設定

❖ Options

依個人使用習慣設定，建議在此一開始設定走線移動距離及顯示畫面格點。由功能表 Tools > Options > General，出現對話盒，進行設定，選項「Grids」建議 50，選項「Display Grid」建議 100。

■ Tools > Options > Design：電路圖紙設定，依所要設計之要求進行設定。

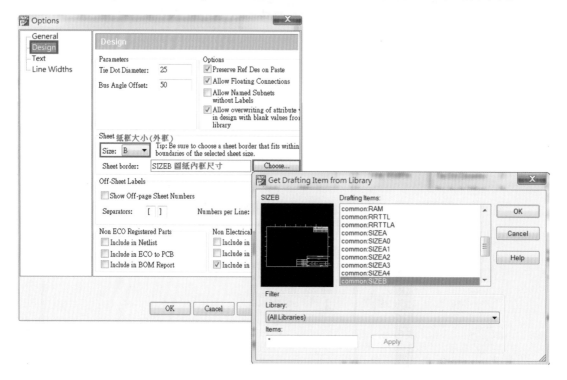

■ Tools > Options > Text：電路中文字設定，依所要設計之要求進行設定。

■ Tools > Options > Line Widths：電路線寬設定，依所要設計之要求進行設定。

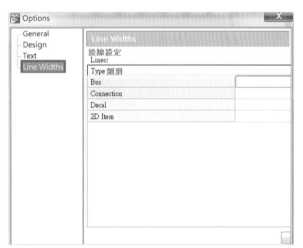

❖ 顏色設定 Setup > Display Colors

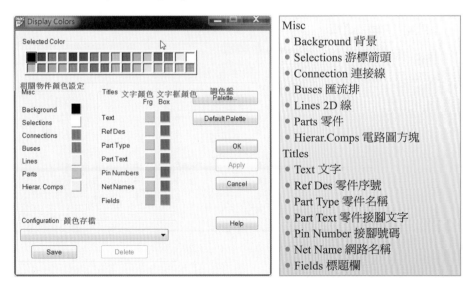

Misc
- Background 背景
- Selections 游標箭頭
- Connection 連接線
- Buses 匯流排
- Lines 2D 線
- Parts 零件
- Hierar.Comps 電路圖方塊

Titles
- Text 文字
- Ref Des 零件序號
- Part Type 零件名稱
- Part Text 零件接腳文字
- Pin Number 接腳號碼
- Net Name 網路名稱
- Fields 標題欄

❖ 設計規則概念

此項主要是針對接線時所需遵守之安全間距、走線規則…等做事前定義作業設定。

路徑：Sutup > Design Rules

設計規則優先順序 Default（最低）< Class < Net（最高）

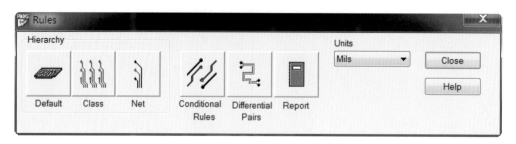

▪ （標準設計規則設定）**整體線路預設值**：此項主要設定線路之安全間距。

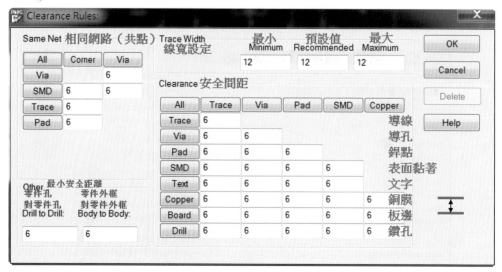

■ 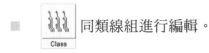 同類線組進行編輯。

■ 此項可針對特定之訊號線做線寬設定。

■ 具有條件式的規則設定。

■ 不同配線對之定義設定。

■ 報告。

2-2-3 視窗畫面簡易操控

❖ 游標顯示

十：沒有下任何指令的狀態下所呈現之圖形。

十：當選擇任一指令時之游標圖形。

❖ 滑鼠操控

■ **左鍵**：做物件選取（點選方式）、框選（按住左鍵不放）。

■ **右鍵**：右鍵選單選擇、物件選單（需先選擇物件後再點右鍵）。

■ **中間滾輪**：畫面上下移（單滾輪控制）、畫面放大縮小（須配合鍵盤 Ctrl＋滾輪）、畫面左右移動（須配合鍵盤 Shift＋滾輪）。

❖ 常用快速鍵

一般可配合鍵盤上之按鍵達到快速操控之目的。

■ **座標移動**：如按鍵盤 S 即會出現此設定框。

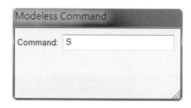

接下來直接輸入您要的座標（滑鼠移動的位置），如 X：1000 Y：500（X,Y 中間需空格）。

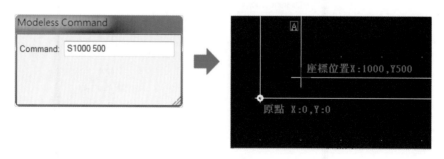

■ **移動距離設定**：如按鍵盤 G 即會出現此設定框。

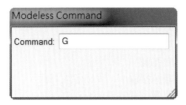

接下來直接輸入您要的距離（走線最小移動的距離），如 50。

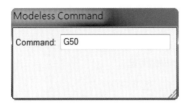

螢幕下方會直接出現您所修改之數據 Grid 50 。

■ **線寬設定**：如按鍵盤 W 即會出現此設定框。

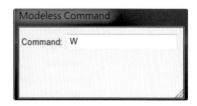

接下來直接輸入您要的線寬（所選取之線寬），如 20；一般會用在修改線路時使用。

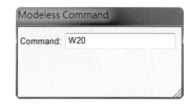

螢幕下方會直接出現您所修改之數據 Width 20 。

■ 以上中途按鍵盤上 "Esc" 就會取消設定。

2-2-4 滑鼠右鍵選單介紹

針對試用版可用之選項做中文註記。

❖ 滑鼠點選位置：工具列處

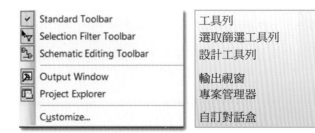

❖ 滑鼠點選位置：在編輯區但未選擇任何物件處

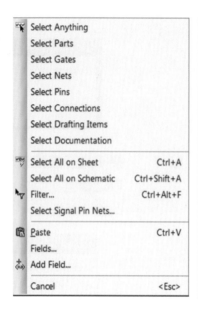

Select Anything		選取任何物件
Select Parts		選取零件
Select Gates		選取單元零件
Select Nets		選取網路
Select Pins		選取接腳
Select Connections		選取連接線
Select Drafting Items		選取非電器物件
Select Documentation		選取文件
Select All on Sheet	Ctrl+A	選取本電路圖內所有物件
Select All on Schematic	Ctrl+Shift+A	選取本電路圖內所有物件
Filter...	Ctrl+Alt+F	篩選器
Select Signal Pin Nets...		選取信號腳網路
Paste	Ctrl+V	貼上
Fields...		開啟 Fields-Design 設定框
Add Field...		新增標題欄
Cancel	<Esc>	取消／離開選單

當您無法選擇您要的物件或走線時，請先選取「Select Anything」後再繼續後續作業。

❖ 滑鼠點選位置：在編輯區但選取任何物件處

走線

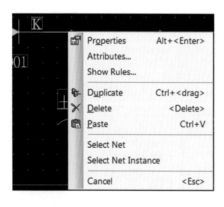

Properties	Alt+<Enter>	開啟序號屬性設定盒
Attributes...		開啟參數屬性設定盒
Show Rules...		開啟設計規則設定盒
Duplicate	Ctrl+<drag>	搬移
Delete	<Delete>	刪除
Paste	Ctrl+V	貼上
Select Net		選取網路
Select Net Instance		選取網路連接
Cancel	<Esc>	取消／離開選單

零件

Properties	Alt+<Enter>	開啟零件屬性設定盒
Attributes...		開啟零件參數屬性設定盒
Visibility...		開啟零件文字能見度設定盒
Edit Part		編輯零件
Move	Ctrl+E	搬移
Rotate 90	Ctrl+R	旋轉 90 度
X Mirror	Ctrl+F	零件左右翻轉
Y Mirror	Ctrl+Shift+F	零件上下翻轉
Detach		零件接腳斷線
Cut	Ctrl+X	剪下
Copy	Ctrl+C	複製
Paste	Ctrl+V	貼上
Duplicate	Ctrl+<drag>	快速複製
Delete	<Delete>	刪除
Swap Ref.Des.		互換零件序號
Save to Library		儲存至零件庫
Update ▶		更新零件庫
Preserve Connections		開啟關閉保持連接
Select Part		選取零件
Select All Parts of This Type		選取同類型之全部零件
Select Nets		選取網路連接
Cancel	<Esc>	取消／離開選單

文字

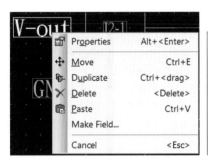

Properties	Alt+<Enter>	開啟文字屬性設定盒
Move	Ctrl+E	搬移
Duplicate	Ctrl+<drag>	快速複製
Delete	<Delete>	刪除
Paste	Ctrl+V	貼上
Make Field...		轉換成標題欄
Cancel	<Esc>	取消／離開選單

序號

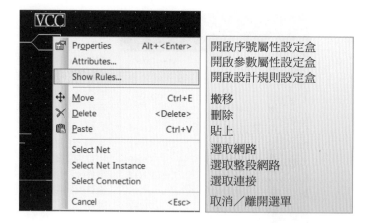

物件多重選擇

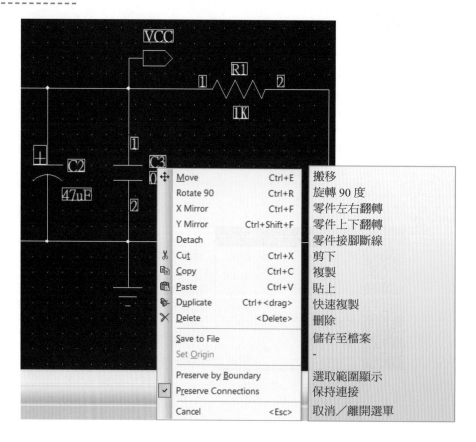

2-2-5 儲存、報表輸出

❖ 儲存檔案

當電路圖會置完成後，就需做存檔動作，否則一旦檔案遺失，就要重新繪製；選擇
File > Save，出現對話框後，選擇指定存放路徑，輸入檔名，按存檔即完成儲存動作。

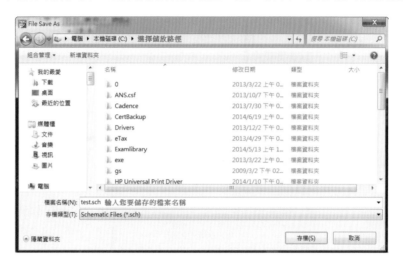

❖ 產生 PDF 檔

電路圖存檔後如要輸出 PDF，則開啟 File > Create PDF 選項，會出現一儲存位置
對話框，選擇存放路徑輸入檔名，按存檔。

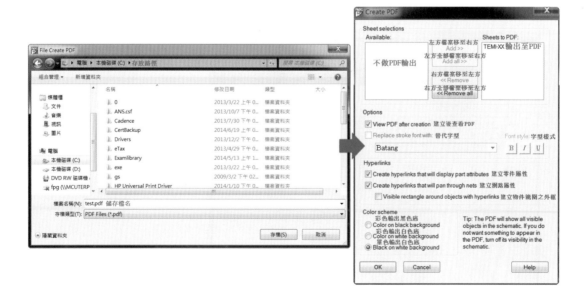

❖ 產生報表

路徑：File>Reports   Attributes:

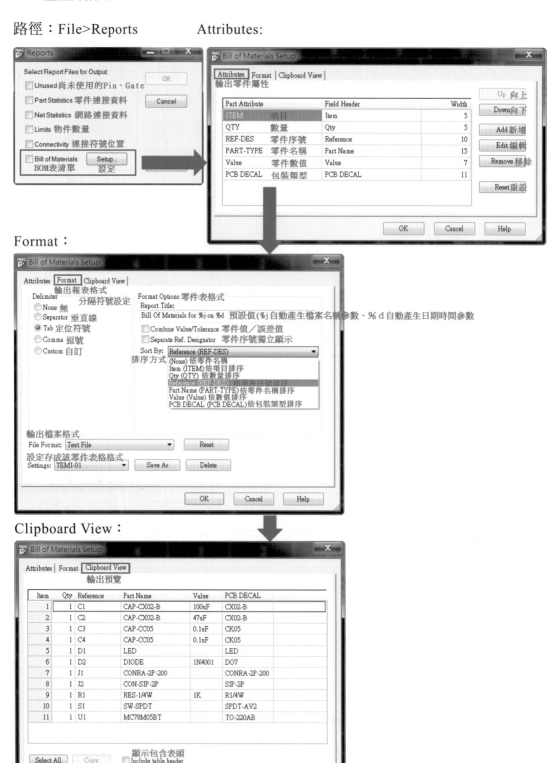

零件庫介紹

要繪製一張電路圖，首先會用到的就是零件，如果該零件庫沒有您要的零件時，這時就須建立屬於自己的零件。

2-3-1 基本零件觀念

❖ 2D Lines

任何繪製之線條物件（副檔為 .ln9），如板框…等。

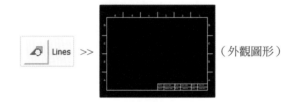

（外觀圖形）

❖ 零件

■ Part Type（PADS 中零件名稱）：也就是 Decal 與 CAE 的組合；元件資料檔（副檔為 .pt9），包含元件名稱、Gate、Pin、屬性等資訊。

■ PCB Decal（PADS Layout 中零件包裝）：接腳圖形檔（副檔為 .pd9，設定元件之銲點、Pin Number 等；在零件包裝中可包含多個閘（如 LM324 就包含 4 組閘（OPA））。

■ CAE Symbol（PADS Logic 中零件符號）：電路符號檔（副檔為 .ld9），繪製元件符號外觀;每一零件符號可視為一個閘（如 uA741 只有一個放大器（OPA））。

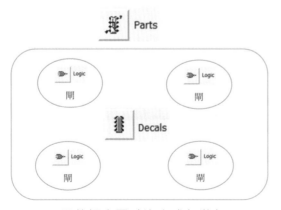

元件概念圖（複合式包裝）

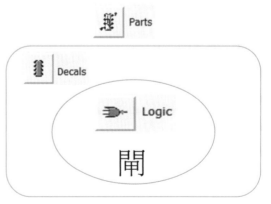

元件概念圖（分立式包裝）

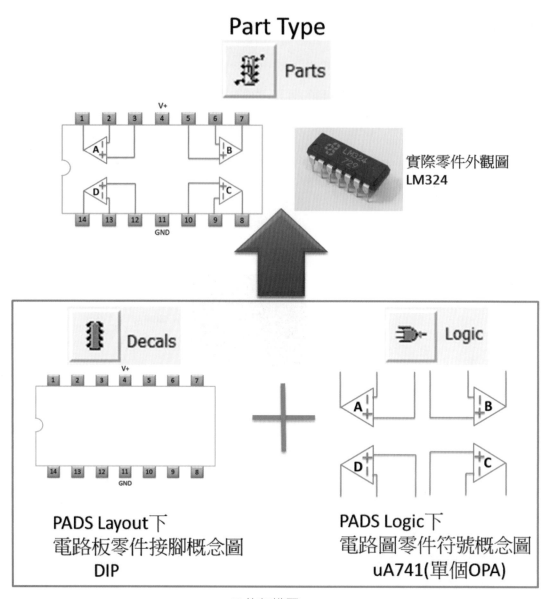

元件架構圖

一個完整的零件（Parts）建立需有 CAE Decal（在 PADS Logic 中建立）及 PCB Decal（在 PADS Layout 中建立）兩者，缺一不可；在自創零件時使用者需先了解該零件之屬性，才可正確完整的建立您所需要之零件，所以基本的電子電路零件知識是相當重要的，使用者可利用零件之 datasheet 來查看相關資料。

2-3-2 零件庫管理環境

我們可透過開啟零件庫來完成零件
之新建、編輯、複製、刪除等。

路徑為 File > Library Manager。

零件搜尋功能：先輸入 * 零件關鍵
字 * 後按 Apply 即可，注意開頭一
定要先輸入萬用字元「*」。

❖ Library 建立

■ **Create New Library**：如系統尚無您要之零件就需新建，點選此鈕後輸入零件
庫名稱並存放在您要的指定位置，再進行零件建置。

▨ Manager Lib. List：加入系統已現有之零件庫，不需再做新建動作。

作法：點選 "Add" 後找到該零件庫名稱，再按 "開啟舊檔" 即完成零件庫匯入動作；如要移除現有零件庫點選 Remove 即可。

❖ 資料庫內種類（在 PADS Logic 中）

▨ **[Decals]** 按鈕下狀態：因為在 PADS Logic 裡不提供腳座包裝相關編輯，故相關按鈕會變成「灰色」狀態，無法選取使用。

▨ **[Parts]** 按鈕下狀態：可開啟零件資訊並做相關設定。

▨ **[Logic]** 按鈕下狀態：可執行編輯（New、Edit、Delete、Copy 等功能）。

▨ **[2D Lines]** 按鈕下狀態：可執行編輯（New、Edit、Delete、Copy 等功能）。

❖ 零件編輯（ Logic 外觀符號 ）

New（新建）

此鈕為建立新零件。

下圖為開啟後之畫面，繪製時需配合 繪圖工具列

來完成。

繪圖工具列簡介

1. Select：選取狀態當您點選此狀態時滑鼠游標在編輯區呈 十字狀，如選取其他編輯項目時滑鼠游標在編輯區呈 ；按鍵盤 Esc 鍵則回直接回到選取狀態 。

2. 搬移：物件選取後可任意移動。

a. 選取物件　　　　　　　　　　　　b. 物件移動中

3.   快速複製：做零件快速複製。

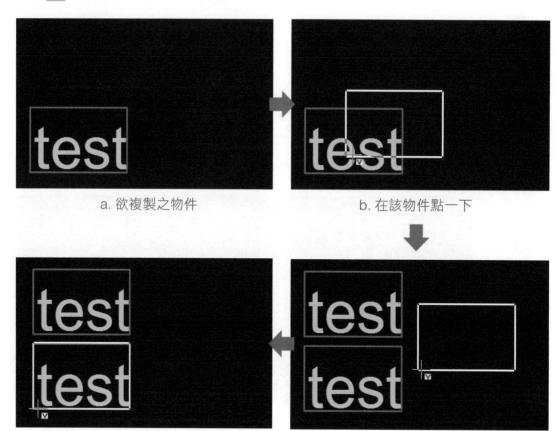

a. 欲複製之物件   b. 在該物件點一下

c. 移至指定位置後點一下   d. 除非按 Esc 否則會不斷的做複製

4.   刪除：刪除所選取之物件。

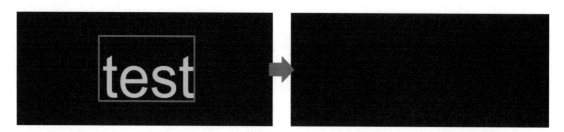

5.   屬性編輯：針對物件做屬性編輯。

6. 　🖑 新增文字：放置文字。

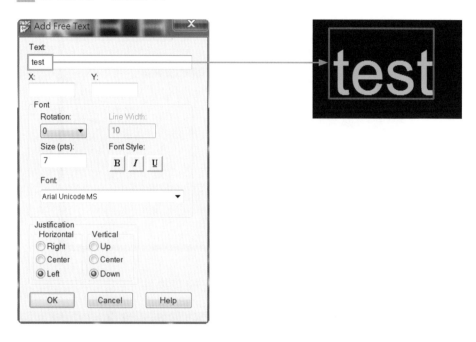

7. 　✏ 2D 線：繪製線條用。

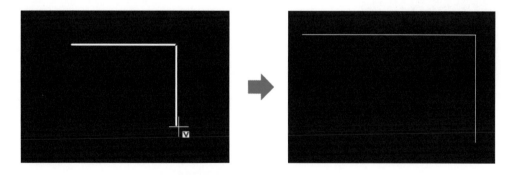

8. 　✏ 修改 2D 線：可修改已繪製完成之線條。

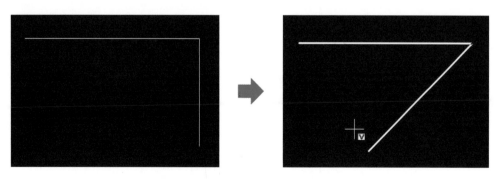

9. 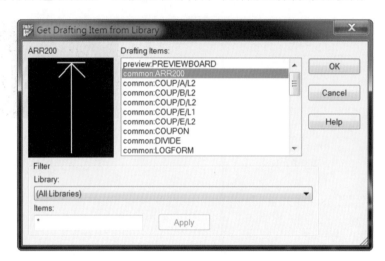 從零件庫選取線條：直接選取零件庫中所需之線條來做使用。

10. 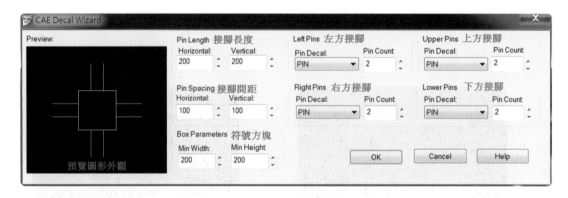 零件設定精靈：直接使用設定精靈來完成該物件。

11.  新增零件屬性：需增加零件屬性時使用此功能。

12. ⬆ **新增零件接腳**：增加零件接接腳時使用，開啟時有許多接腳型態可選擇。

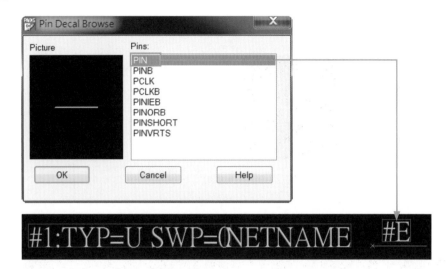

接腳型態：

PIN （長接腳）		PINIEB （IE 接腳）	
PINB （反相接腳）		PINORB （OR 接腳）	
PCLK （時脈接腳）		PINSHORT （短接腳）	
PCLKB （反相時脈接腳）		PINVRTS （垂直接腳）	

13. ⛭ **變更修改現有零件接腳型態**

作法如下：

a. 現有接腳型態

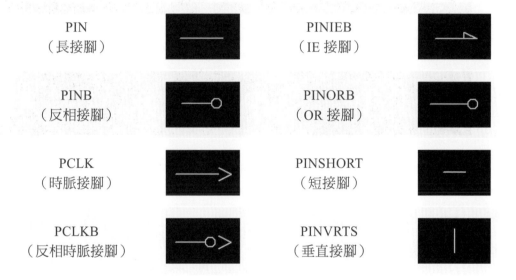

b. 點選 ⛭ 後選擇您要變更之接腳型態

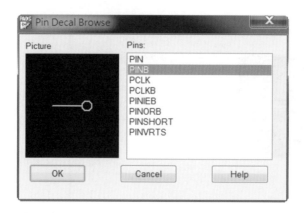

c. 在現有接腳點一下滑鼠左鍵

d. 即完成變更

![#1:TYP=U SWP=0 NETNAME #E]

14. 設定接腳編號 ⎫
15. 編輯接腳編號 ⎬
16. 設定接腳名稱 ⎬ CAE Decal 無法使用此 6 項功能
17. 編輯接腳名稱 ⎬
18. 設定接腳型態 ⎬
19. 設定接腳互換 ⎭

20. 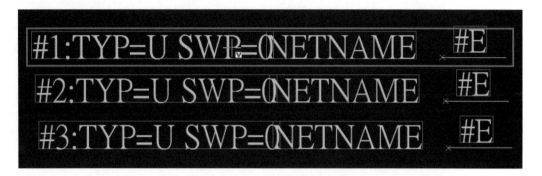 改變零件接腳序號

作法如下：

a. 選擇 後，在您欲改變之接腳點一下滑鼠左鍵。

b. 會出現此對話框，輸入您要改變之序號，在此以輸入序號 3 作為範例。

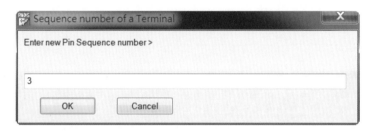

c. 完成後即可將 #1 與 #3 互換。

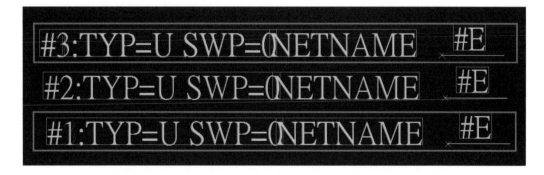

Edit（編輯）

當選取好指定零件時，再按此鈕則可編輯現有零件；繪製時一樣使用繪圖工具列。

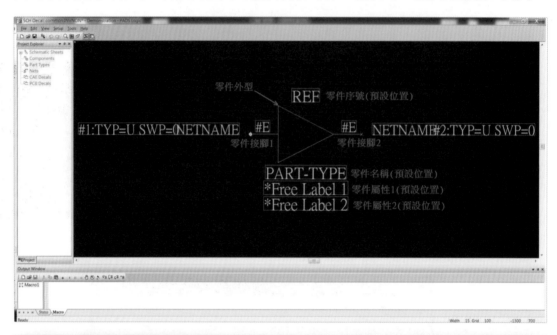

Delete（刪除）

可刪除現有零件。

Copy（複製）

複製現有零件所有資料，但記得變更零件名稱，否則系統會覆蓋該名稱。

❖ 零件符號編輯注意事項

在 Logic 下做零件創建主要是繪製零件外觀，相關技巧請自行參閱本書 4-4-1 零件外觀符號建立。

1. 接腳編號、型式、擺放位置需注意。

2. 符號外觀需與設計之零件一致。

3. 通常外觀大小如無硬性規定可參考其他元件做比例繪製。

SECTION
2-4
設計工具功能介紹

依 PADS Logic 之工具作介紹及使用方法。

2-4-1 標準工具列

標準工具列（執行操作一般工具等按鈕）

1. ▢ **開啟新檔**：建立一個新的空白檔案。

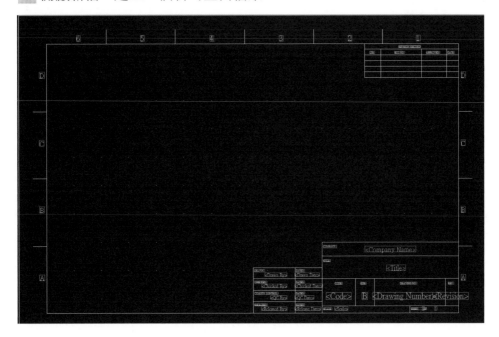

2.   📂 開啟檔案：開啟舊有檔案（*.sch）。

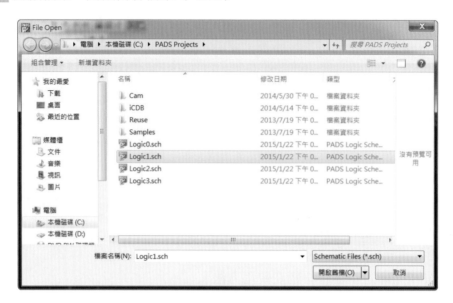

3.   💾 儲存檔案：將設計好之電路圖做存檔動作。

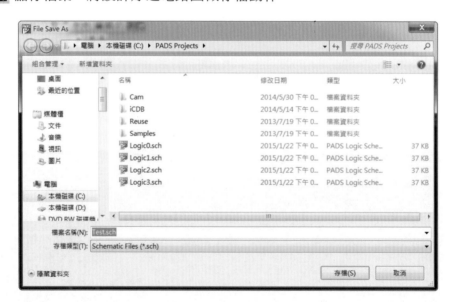

4.   🖨 列印：印製電路圖。

5.   ✂ 剪下：點取欲剪下之物件後，再按下「剪下鈕」，即完成剪下動作。

6.   📋 複製：點取欲複製之物件後，再按下「複製鈕」，即完成複製動作。

7.   📋 貼上：將剪下或複製之物件做貼上動作。

8.   選擇電路圖名稱：如有多張電路圖則可利用下拉式選單做篩選。

此新增電路圖方法為選取 Setup > Sheets 之後出現設定框，就可新增電路圖名稱。

9.   開啟、關閉選取工具列。

10.   開啟、關閉設計工具列。

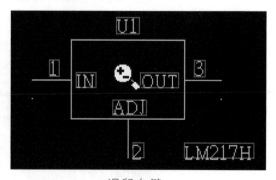

11.   還原上一步：在編輯區內還原前一動作。

12.   取消還原：在編輯區內取消還原前一動作。

13.   放大、縮小：點選此鈕後需配合滑鼠左、右鍵。

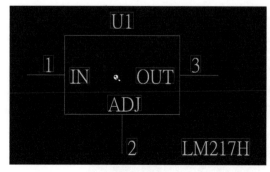
滑鼠左鍵

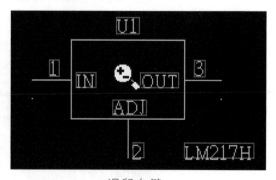
滑鼠右鍵

14. 🔲 顯示整張編輯區。

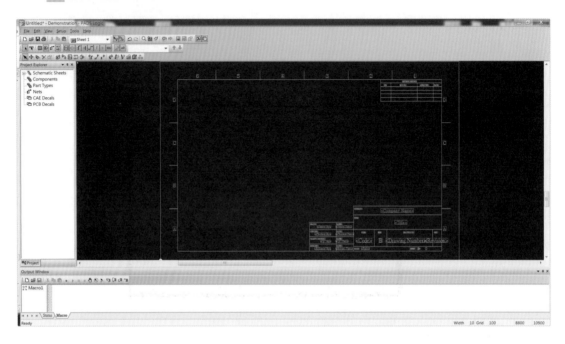

15. 🖌 **重置畫面**：如果有物件或線條刪除後會留下部分殘影，影響觀看畫面，此時可按鍵盤的「End 鍵」或此「重置鈕」。

16. 前次顯示比例。

17. 取消顯示前次比例。

18. 資料移轉至 PADS Layout。

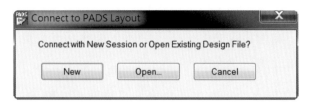

19. 資料移轉至 PADS Router。

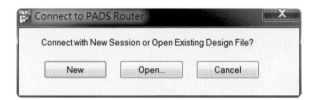

20. 屬性編輯。

21. 開啟、關閉輸出視窗。

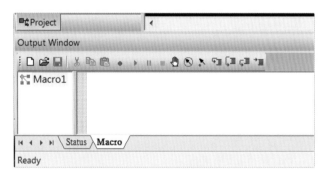

22. 開啟、關閉專案管理視窗。

2-4-2 選取工具列

選取工具列（用途：選取物件的各狀態）

當您在繪製電路時如有選取物件之任何問題，請務必確認此工具列中是否有需點選的功能未執行，而造成點取失敗。

1. ▥ 執行選取任何物件：點選此鈕後，系統會直接將 4、6~16 做選取。

2. ▥ 執行取消選取任何物件

3. ▥ 執行選取零件

4. ▣ 可執行點選邏輯閘

5. ▣ 可執行點選網路 Nets

6. ▣ 可執行點選接腳 Pin

7. ▣ 可執行點選電路方塊圖

8. ▣ 可執行點選端點連接器

9. ▣ 可執行點選匯流排

10. ▣ 可執行點選匯流排線段

11. ▣ 可執行點選兩零件間連接線

12. ▣ 可執行點選連接線線段

13. ▣ 可執行點選接點

14. ▣ 可執行點選網路名稱

15. ▣ 可執行點選 2D Line

16. ▣ 可執行點選文字

17. ▢ 搜尋物件

18. ▲ 前次搜尋物件

19. ▼ 下次搜尋物件

2-4-3 設計工具列

設計工具列（用途：零件搬移、旋轉、線路繪製等）

1. ▣ 選取狀態：當你點選此狀態時滑鼠游標在編輯區呈 ╋ 十字狀，如選取其他編輯項目時滑鼠游標在編輯區呈 ▣；按鍵盤 Esc 鍵則回直接回到選取狀態 ▣。

2. ✛ 搬移：物件搬移。

作法：點選此鈕後，再點選物件（含線條）就可移至您要的指定位置。

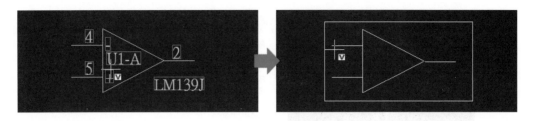

3. ▷ 快速複製：

作法：點選此鈕後，再點選物件，就可快速複製物件移至您要的指定位置，要取消按鍵盤「Esc」鍵。

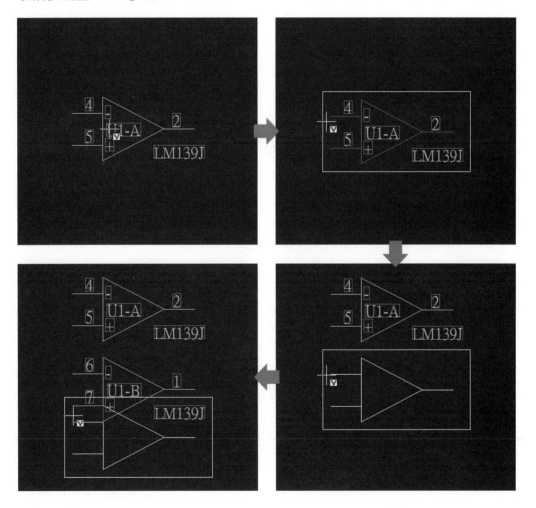

4. ✕ 刪除：刪除物件。

5. 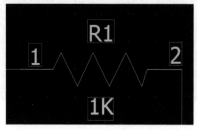 物件屬性：點選物件後，按此鈕即可查看設定該物件之屬性。

範例：以電阻為例。

▨ 該區顯示零件序號並可進行編輯：

 ● Reference Designator 複合式包裝零件之零件序號。

 ● Rename Part 單一包裝零件之零件序號。

▨ 該區顯示零件名稱並可進行編輯更換：

 ● Change Type 可變更選取之零件名稱。

▨ 顯示零件相關資料：

 ● PCB Decal: 電路板零件包裝名稱

 ● Pin Count 接腳總數

 ● Logic Family: 邏輯總類

 ● ECO Registered: 可使用工程變更設計

 ● Signal Pin Count 信號接腳數

 ● Gate Count 邏輯閘數

 ● Unused: 無使用之邏輯閘數

● Statistics... 零件接腳表，開啟後可知道該元件之接線資料。

如：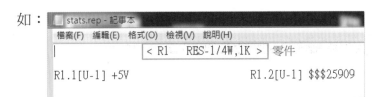

● Gate Decal: 邏輯閘之符號外觀圖，利用下拉選單可變更該元件之符號圖。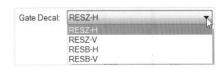

如：

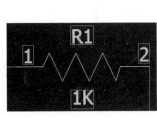  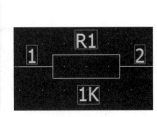 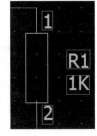

RESZ-H   RESZ-V   RESB-H   RESB-V

■ Modify 此區為修改零件之相關工具。

● abc 能見度；設定要顯示零件之相關屬性名稱。

Visibility

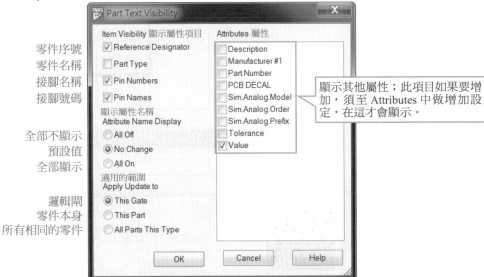

● 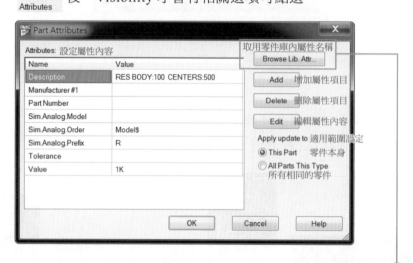 屬性；設定零件屬性，如要顯示其他屬性名稱，則需在此先做設定後，Visibility 才會有相關選項可點選。

Attributes

如需增加項目，點擊 Add 後於 Name 項目最下方中點選下拉選單，選擇欲顯示之選項；Value 可直接填入數值。

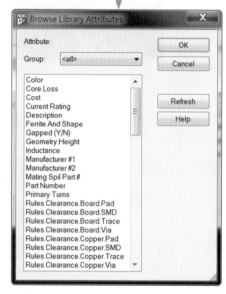

● 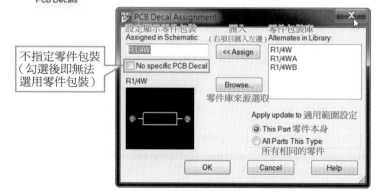 零件包裝之相關設定。

PCB Decals

- 信號接腳之相關設定；在 IC 零件中有隱藏腳（VCC、GND）此兩隻腳並不會出現在符號中，故如果電路中電源或接地形式改變則須在此做設定，如 AGND，否則兩者會無法對應。

SigPins

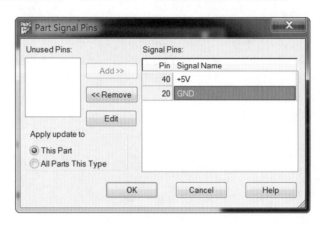

6. 新增物件：將所需零件新增至電路圖上。

   作法：對話框內可利用「Items」功能來搜尋您要的零件，確定零件後按「Add」即可將零件新增至電路圖上。

   零件變化快捷鍵：Ctrl＋Tab（變更零件外型）、Ctrl＋R（零件旋轉）、Ctrl＋F（水平鏡射）、Ctrl＋Shift＋F（垂直鏡射）。

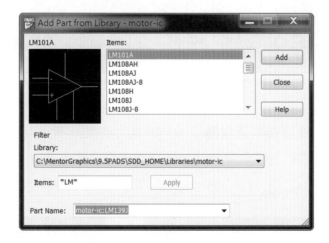

7. 新增連接線、電源、接地、端點連接器：各零件端點走線連接。

※ 連接線

   作法：點選此鈕後將滑鼠移至 A 零件起始端點，點一下滑鼠左鍵後，移動滑鼠至 B 零件的尾端，點一下滑鼠左鍵即完成線路連接。

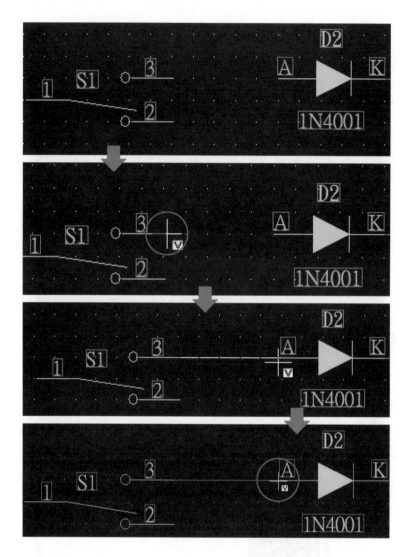

■ 電源、接地符號

作法：點選此鈕後將滑鼠移至 A 零件起始端點，點一下滑鼠左鍵後，移動滑鼠，點一下滑鼠右鍵選取 Power 即完成線路連接。

● 電源符號（Power）：

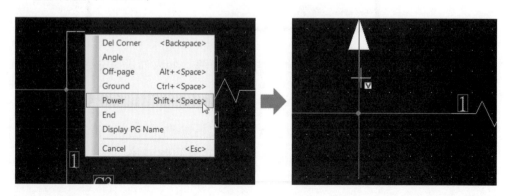

點選鍵盤 Ctrl+Tab 即可切換改變電源符號外觀。

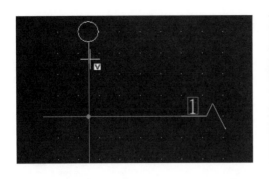 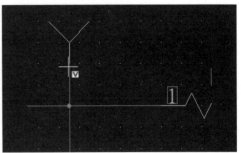

選擇確定後點選滑鼠左鍵即完成電源符號建置。

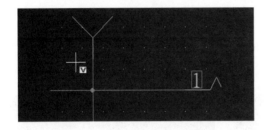

● 接地符號（Ground）：同電源作法，只是需選擇 Ground。

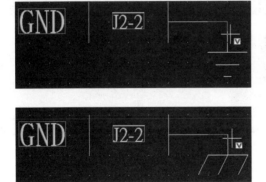 

● 端點連接器符號（Off-page）：同電源作法，只是需選擇 Off-page。

8. 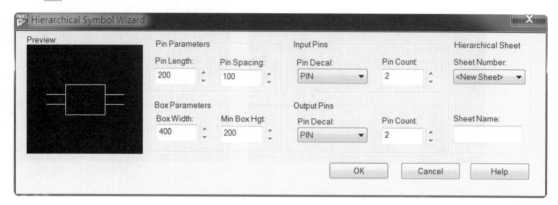 新增物件，並可編輯屬性。

9. 互換零件序號

作法：點選此鈕後，滑鼠移至 A 零件點擊左鍵一下，之後再移至 B 零件點擊
滑鼠左鍵一下，即完成零件序號互換。

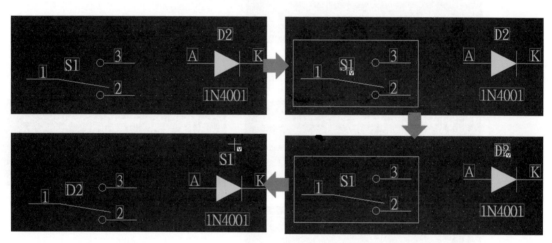

10. 互換零件接腳

作法：點選此鈕後，滑鼠移至零件 A 接腳（腳 3 為例）點擊左鍵一下，之後
再移至 B 接腳（腳 2 為例）點擊滑鼠左鍵一下，即完成接腳互換。

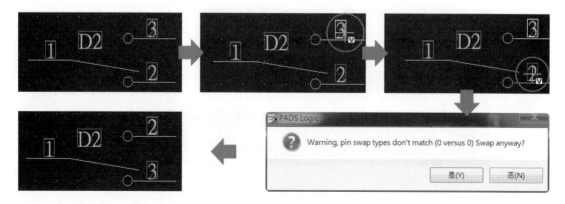

11. 新增匯流排：電路圖上需有匯流排，則需用此功能繪製

作法：點選此鈕後，於編輯空白區點一下滑鼠左鍵，移動滑鼠（如需轉彎可點一下滑鼠左鍵一下），到達指定位置後點滑鼠左鍵二下，會出現一對話框，此時需輸入匯流排名稱（不可隨意輸入），輸入完成後，擺放至您要顯示位置點一下左鍵即完成匯流排繪製。

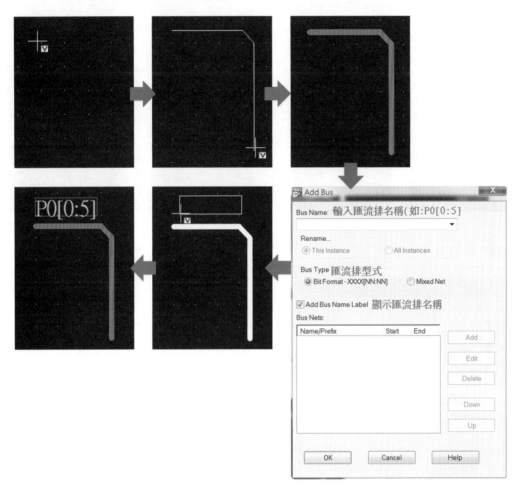

12. 編輯匯流排現有線段：針對已繪製完成之匯流排做編輯修改。

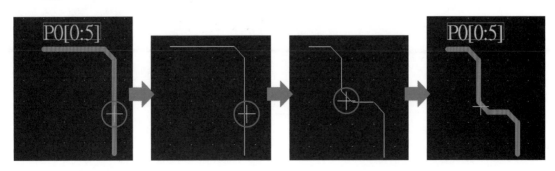

13. 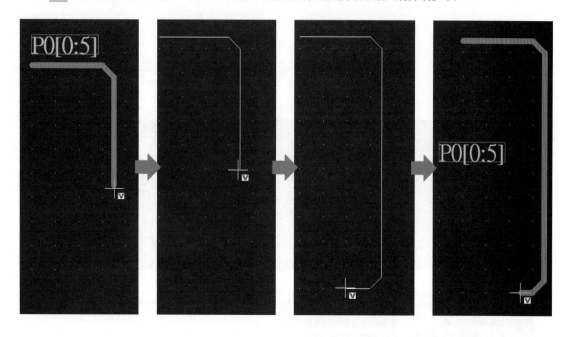 延長匯流排線段：針對已繪製完成之匯流排做延長編輯修改。

14. 新增文字：放置文字。

15. 繪製 2D 線：繪製物件外觀（可利用滑鼠右鍵選單選擇圓形、矩形、多邊形、弧線等）。

16. 編輯 2D 線：編輯修改現有利用 2D 線繪製之物件。

17. 群組 / 取消群組功能。

18. 從零件庫選取 2D 物件。

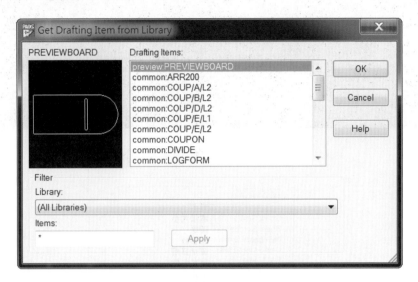

19. 新增標題欄：在電路圖中如需新增標題欄，則點選此鈕。

如現有電路圖需輸入標題欄內容請參閱下方各細項名稱。

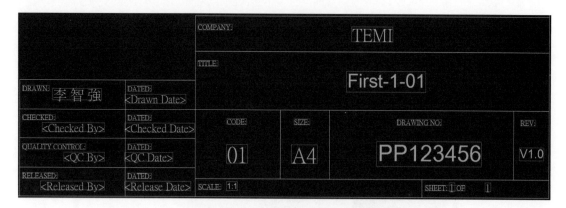

3

PADS Layout
基本功能介紹

PADS Layout 環境簡介

本章節針對認證題目會使用到的相關技巧做基本介紹及操作，如要深入了解其他細項功能，請參考 PADS 相關工具書。

❖ PADS Layout 電路編輯環境

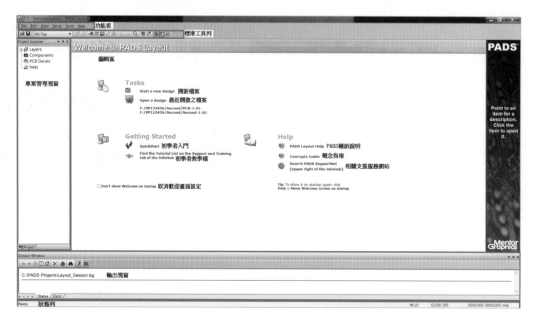

由功能表 File > New 開啟新檔或直接點擊「Start a new design」。

❖ 功能表標籤介紹

File

提供檔案操作動作。

New	Ctrl+N	開新檔案
Open...	Ctrl+O	開啟檔案
Save	Ctrl+S	儲存檔案
Save As...		另存新檔
Import...		匯入資料
Export...		匯出資料
Create PDF...		輸出 PDF 檔案
Archive...		創建檔案
Save as Start-up File...		另存起始檔案
Set Start-up File...		設定起始檔案
Library...		零件庫
Reports...		產生報表
CAM...		CAM 文件
CAM Plus...		開啟 CAM Plus
Print Setup...		印表機設定
3 F:\PADS認證書本製作\...\第二階段\佈線完成		
4 F:\PADS認證書本製作\...\第二階段\零件擺放完成		近期開啟之檔案
Exit		離開 / 取消選單

Edit

提供內容之編輯動作。

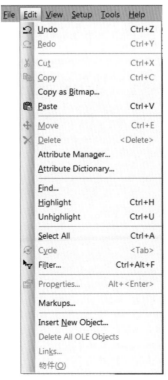

Undo	Ctrl+Z	還原
Redo	Ctrl+Y	取消還原
Cut	Ctrl+X	剪下
Copy	Ctrl+C	複製
Copy as Bitmap...		複製為點陣圖
Paste	Ctrl+V	貼上
Move	Ctrl+E	移動
Delete	<Delete>	刪除
Attribute Manager...		屬性管理器
Attribute Dictionary...		屬性編輯
Find...		尋找
Highlight	Ctrl+H	突出
Unhighlight	Ctrl+U	取消突出
Select All	Ctrl+A	選擇全部
Cycle	<Tab>	循環切換
Filter...	Ctrl+Alt+F	篩選器
Properties...	Alt+<Enter>	屬性編輯
Markups...		標記
Insert New Object...		插入新物件
Delete All OLE Objects		刪除全部 OLE 物件
Links...		連結
物件(O)		物件

View

Setup

Tools

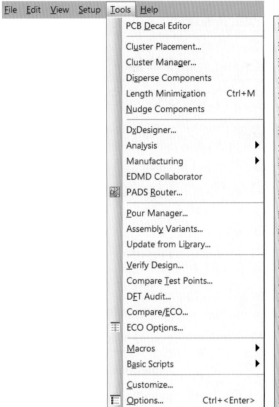

PCB Decal Editor	PCB 包裝編輯器
Cluster Placement...	叢集零件佈置
Cluster Manager...	叢集管理器
Disperse Components	分散零件
Length Minimization　Ctrl+M	最短路徑處理
Nudge Components	重疊零件排列
DxDesigner...	連結 DxDesigner
Analysis ▶	分析
Manufacturing ▶	製造
EDMD Collaborator	EDMD 協作
PADS Router...	連結 PADS Router
Pour Manager...	鋪銅管理器
Assembly Variants...	組裝變異
Update from Library...	更新零件庫
Verify Design...	驗證設計
Compare Test Points...	比較測試點
DFT Audit...	DFT 審核
Compare/ECO...	比較 / 變更設計
ECO Options...	變更設計選項
Macros ▶	巨集
Basic Scripts ▶	開啟 Basic Scripts
Customize...	環境自訂
Options...　Ctrl+<Enter>	環境選項

Help

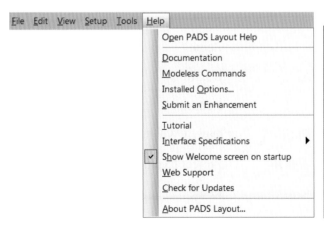

Open PADS Layout Help	輔助說明
Documentation	文件檔案
Modeless Commands	相關命令說明
Installed Options...	安裝選項說明
Submit an Enhancement	提交連結
Tutorial	連結教學
Interface Specifications ▶	介面規格檢視
✓ Show Welcome screen on startup	開器顯示歡迎畫面
Web Support	支援網站
Check for Updates	更新
About PADS Layout...	關於 PADS Layout

❖ 工具列符號介紹

標準工具列（執行操作一般工具等按鈕）

編號	符號屬性說明	英文名稱	鍵盤快捷鍵
①	開啟檔案	Open	Ctrl＋O
②	儲存檔案	Save	Ctrl＋S
③	選擇板層位置	Layer	-
④	選項設定	Properties	Alt＋Enter
⑤	循環選取	Cycle	＜Tab＞
⑥	繪圖工具列	Drafting Toolbar	-
⑦	設計工具列	Design Toolbar	-
⑧	尺寸標註工具列	Dimensioning Toolbar	-
⑨	變更設計工具列	ECO Toolbar	-
⑩	BGA 設計工具列	BGA Toolbar	-
⑪	還原上一步	Undo	Ctrl＋Z
⑫	取消還原	Redo	Ctrl＋Y
⑬	放大、縮小	Zoom	Ctrl＋W
⑭	顯示電路板完整畫面	Board	＜Home＞
⑮	重置畫面	Redraw	＜End＞
⑯	開啟、關閉輸出視窗	Output Window	-
⑰	開啟、關閉專案管理視窗	Project Explorer Window	-
⑱	佈線	Route	-

繪圖工具列（用途：繪製板框、文字編輯、鋪銅等）

編號	符號屬性說明	英文名稱	鍵盤快捷鍵
①	選取狀態	Select Mode	-
②	繪製 2D 線	2D Line	-
③	繪製覆銅	Copper	-
④	繪製切除覆銅	Copper Cut Out	-
⑤	鋪銅	Copper Pour	-
⑥	切除鋪銅	Copper Pour Cut Out	-
⑦	繪製板框	Board Outline and Cut Out	-
⑧	繪製禁置區域	Keepout	-
⑨	文字備註	Text	-
⑩	倒滿銅	Flood	-
⑪	在零件庫選取 2D 物件	From Library	-
⑫	繪製分割板層	Plane Area	-
⑬	切除板層	Plane Area Cut Out	-
⑭	自動分割板層	Auto Plane Separate	-
⑮	線化鋪銅	Hatch	-
⑯	新增標籤	Add New Label	-
⑰	輸入 DXF 檔案	Import DXF File	-
⑱	繪製選項	Drafting Options	-

設計工具列（用途：零件搬移、旋轉、線路佈線等）

編號	符號屬性說明	英文名稱	鍵盤快捷鍵
①	選取狀態	Select Mode	-
②	搬移	Move	-
③	放射狀方式搬移	Radial Move	-
④	90 度旋轉	Rotate	-
⑤	任意角度旋轉	Spin	-
⑥	互換零件	Swap Part	-
⑦	搬移零件編號	Move Reference Designator	-
⑧	顯示群集	View Cluster	-
⑨	新增轉角	Add Corner	-
⑩	調整線路	Split	-
⑪	人工佈線	Add Route	F2
⑫	動態佈線	Dynamic Route	F3
⑬	描繪佈線	Sketch Route	-
⑭	自動佈線	Aote Route	F7
⑮	匯流排佈線	Bus Route	Ctrl＋Alt＋B
⑯	跳線	Add Jumper	Ctrl＋Alt＋J
⑰	新增測試點	Add Test Point	-
⑱	重複使用圖件	Make Like Reuse	-
⑲	設計選項	Design Options	Ctrl＋Alt＋D

標示尺寸工具列（用途：尺寸相關標示等）

編號	符號屬性說明	英文名稱	鍵盤快捷鍵
①	選取狀態	Select Mode	-
②	自動標示尺寸	Autodimension	-
③	標示水平	Horizontal	-
④	標示垂直	Vertical	-
⑤	標示斜角	Aligned	-
⑥	標示角度	Rotated	-
⑦	標示內角	Angular	-
⑧	標示圓弧	Arc	-
⑨	標示文字	Leader	-
⑩	尺寸標註選項	Dimension Options	-

變更設計工具列（用途：修改編輯完成後之走線、零件等）

編號	符號屬性說明	英文名稱	鍵盤快捷鍵
①	選取狀態	Select Mode	-
②	增加預拉線	Add Connection	F2
③	人工佈線	Add Route	-
④	選取零件庫零件	Add Component	-
⑤	重新命名網路名稱	Rename Net	-
⑥	重新命名零件序號	Rename Component	-
⑦	改變零件包裝	Change Component	-
⑧	刪除預拉線	Delete Connection	-
⑨	刪除佈線	Delete Net	-
⑩	刪除零件	Delete Component	-
⑪	互換接腳	Swap Pin	-
⑫	互換閘	Swap Gate	-
⑬	設計規則	Design Rules	-
⑭	自動重新編號	Auto Renumber	-
⑮	自動互換接腳	Auto Swap Pin	-
⑯	自動互換閘	Auto Swap Gate	-
⑰	自動取消互換	Auto Terminator Assign	-
⑱	重複使用物件	Add Reuse	-
⑲	ECO 設計選項	ECO Options	-

當選擇 ECO Tooler 時會出現此對
話盒，直接按 OK 即可。

SECTION
3-2 基本功能操作

3-2-1 開啟檔案

❖ 開啟新檔

當一個新案編輯前，需建一空白檔案，你可選擇「Start a new design」；

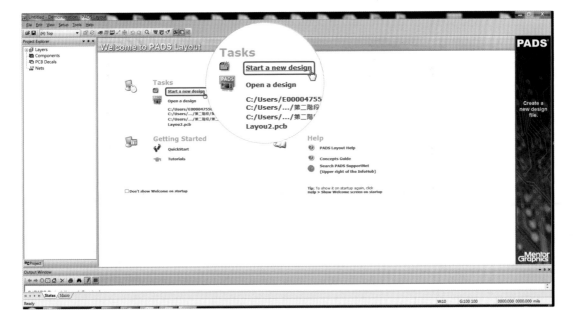

或直接選取 File > New 開啟一空白表。

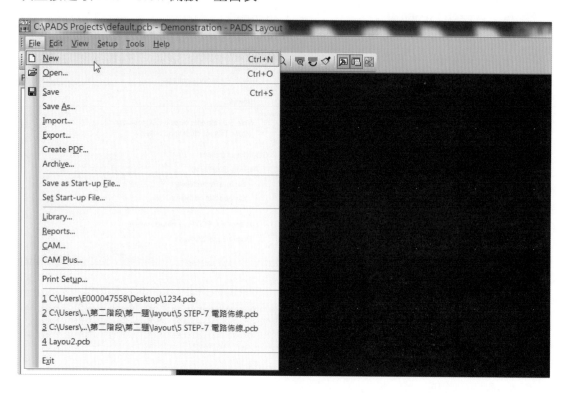

初次使用 PADS Layout 開啟新檔時，皆會出現此預設對話框（工作環境設定），直接選擇 "OK"。

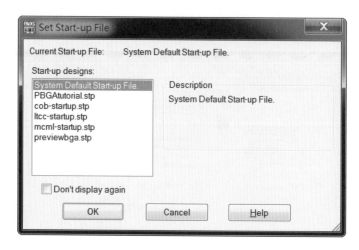

空白編輯工作畫面：

❖ **開啟舊檔**

如需開啟一舊有檔案，直接選取 File > Open 後到指定路徑開啟舊檔。

本項可開啟 4 種類型之副檔（ *.pcb、*.job、*.reu、*.* ）。

PADS Layout Files (*.pcb)
Perform job Files (*.job)
PADS Layout Reuse Files (*.reu)
All Files (*.*)

3-2-2 繪製電路環境設定

❖ Options

依個人使用習慣設定，建議在此一開始設定走線移動距離及顯示畫面格點。

由功能表 Tools > Options，出現對話盒，點擊 General 進行設定，單位設定建議使用 Mils；點擊 Grids 進行設定，選項「Design grid」建議 X：50、Y：50、選項「Display grid」建議 X：100、Y：100；文字設定依其需求再做設定。

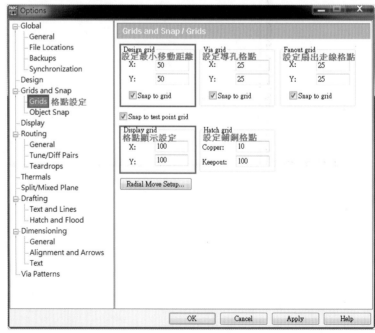

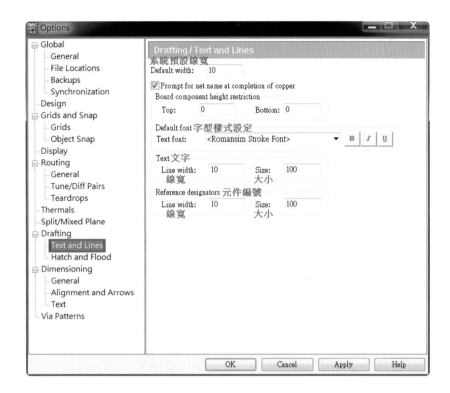

❖ 顏色設定 Setup > Display Color（快捷鍵 Ctrl＋C）

當您需要設定顯示顏色時，可在此做相關設定。

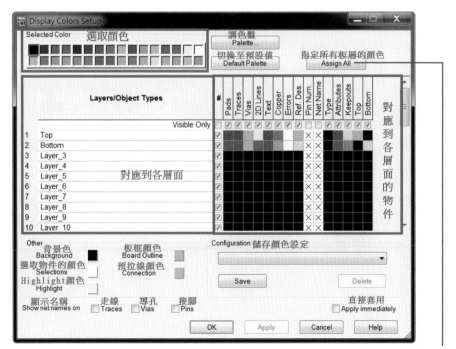

（延續箭頭接下頁）

（延續箭頭接上頁）

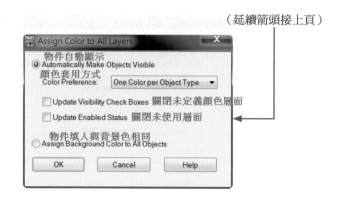

Pads	銲點	Pin Num	接腳名稱
Traces	走線	Net Name	網路名稱
Vias	導孔	Type	零件名稱
2D Line	2D 線	Attributes	屬性
Text	文字	Keepout	禁置板層
Copper	銅膜	Top	頂層
Errors	錯誤標記	Bottom	底層
Ref.Des.	零件序號		

板層觀念

一般常見 PCB 板其結構大致分為單面板、雙面板、多層板。

■ **單層板**：此種結構相當簡單，適合簡單電路使用，因為其結構為一面有鋪銅，另一面則沒有；故零件可放置於未鋪銅面，走線則設計在鋪銅面。

■ **雙面板**：此種結構設計為 2 面電路板接有鋪銅，而上方板層我們稱為頂層（Top），下方稱為底層（Bottom），適合當走線較複雜之電路。

■ **多層板**：一般業界較常使用，就是有多個鋪銅層面的電路板，它是由多個數片雙面板組成，層與層中皆有做絕緣，其中間層為導線層、信號層、電源層或接地層等，如層與層要導通則需靠貫孔來進行連接。

在 PADS Layout 編輯區中開始佈線時需先選擇佈線板層，可利用下拉選單選擇：

● 選擇 Top 層：零件接腳及走線會變藍色。

● 選擇 Bottom 層：零件接腳及走線會變紅色。

3-2-3 視窗畫面簡易操控

❖ 游標顯示

十：沒有下任何指令的狀態下所呈現之圖形。

十：當選擇任一指令時之游標圖形。

❖ 滑鼠操控

■ **左鍵**：做物件選取（點選方式）、框選（需按住左鍵不放）。

■ **右鍵**：右鍵選單選擇、物件選單（需先選擇物件後再點右鍵）。

■ **中間滾輪**：畫面上下移（單滾輪控制）、畫面放大縮小（須配合鍵盤 Ctrl＋滾輪）、畫面左右移動（須配合鍵盤 Shift＋滾輪）。

❖ 常用快速鍵

一般可配合鍵盤上之按鍵達到快速操控之目的。

■ **座標移動**：如按鍵盤 S 即會出現此設定框。

接下來直接輸入您要的座標（滑鼠移動的位置），如 X：1000 Y：500（X,Y 中間需空格）。

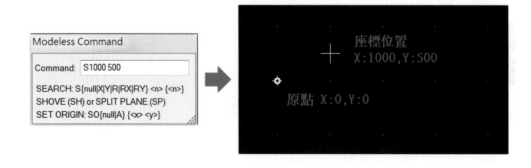

- **移動距離設定**：如按鍵盤 G 即會出現此設定框。

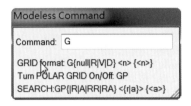

接下來直接輸入您要的距離（走線最小移動的距離），如 X：100 Y：100（X,Y 中間需空格）。

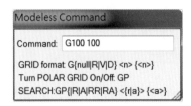

螢幕下方會直接出現您所修改之數據。 G:100 100

- **線寬設定**：如按鍵盤 W 即會出現此設定框。

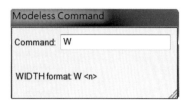

接下來直接輸入您要的線寬（所選取之線寬），如 20；一般會用在修改線路時使用。

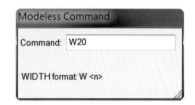

- 以上中途按鍵盤上 "Esc" 就會取消設定。

3-2-4 滑鼠右鍵選單介紹

針對試用版可用之選項做中文註記。

❖ 滑鼠點選位置：工具列處

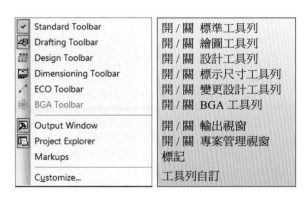

❖ 滑鼠點選位置：在編輯區但未選擇任何物件處

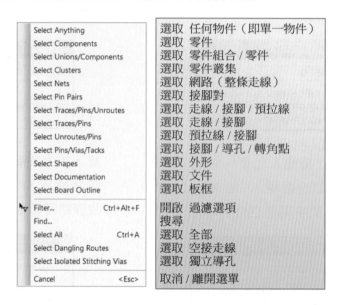

Select Anything	選取 任何物件（即單一物件）
Select Components	選取 零件
Select Unions/Components	選取 零件組合 / 零件
Select Clusters	選取 零件叢集
Select Nets	選取 網路（整條走線）
Select Pin Pairs	選取 接腳對
Select Traces/Pins/Unroutes	選取 走線 / 接腳 / 預拉線
Select Traces/Pins	選取 走線 / 接腳
Select Unroutes/Pins	選取 預拉線 / 接腳
Select Pins/Vias/Tacks	選取 接腳 / 導孔 / 轉角點
Select Shapes	選取 外形
Select Documentation	選取 文件
Select Board Outline	選取 板框
Filter...　　　Ctrl+Alt+F	開啟 過濾選項
Find...	搜尋
Select All　　　Ctrl+A	選取 全部
Select Dangling Routes	選取 空接走線
Select Isolated Stitching Vias	選取 獨立導孔
Cancel　　　<Esc>	取消 / 離開選單

當您無法選擇您要的物件或走線時，請先選取「Select Anything」後再繼續後續作業。

❖ 滑鼠點選位置：在編輯區但選擇任何物件處

走線

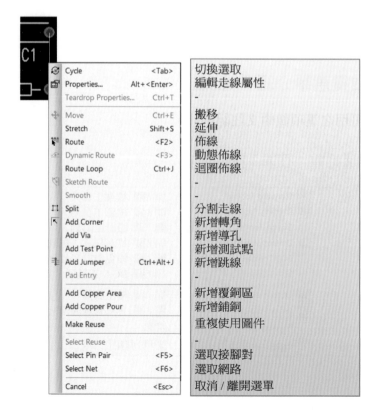

Cycle　　　<Tab>	切換選取
Properties...　　　Alt+<Enter>	編輯走線屬性
Teardrop Properties...　　　Ctrl+T	-
Move　　　Ctrl+E	搬移
Stretch　　　Shift+S	延伸
Route　　　<F2>	佈線
Dynamic Route　　　<F3>	動態佈線
Route Loop　　　Ctrl+J	迴圈佈線
Sketch Route	-
Smooth	
Split	分割走線
Add Corner	新增轉角
Add Via	新增導孔
Add Test Point	新增測試點
Add Jumper　　　Ctrl+Alt+J	新增跳線
Pad Entry	
Add Copper Area	新增覆銅區
Add Copper Pour	新增鋪銅
Make Reuse	重複使用圖件
Select Reuse	-
Select Pin Pair　　　<F5>	選取接腳對
Select Net　　　<F6>	選取網路
Cancel　　　<Esc>	取消 / 離開選單

跳線

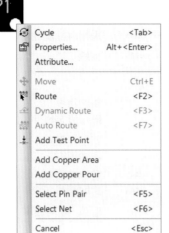

Cycle	<Tab>	切換選取
Properties...	Alt+<Enter>	編輯跳線屬性
Attribute...		設定物件
Move	Ctrl+E	搬移
Route	<F2>	佈線
Dynamic Route	<F3>	-
Auto Route	<F7>	-
Add Test Point		新增測試點
Add Copper Area		新增覆銅區
Add Copper Pour		新增鋪銅
Select Pin Pair	<F5>	選取接腳對
Select Net	<F6>	選取網路
Cancel	<Esc>	取消 / 離開選單

零件

Cycle	<Tab>	切換選取
Properties...	Alt+<Enter>	編輯跳線屬性
Attribute...		設定物件
Add New Label...		新增新標籤
Edit Decal		編輯零件
Move	Ctrl+E	搬移
Radial Move		放射狀搬移
Rotate 90	Ctrl+R	逆時針旋轉 90 度
Rotate Group 90		群組逆時針旋轉 90 度
Spin	Ctrl+I	任一角度旋轉
Flip Side	Ctrl+F	左右翻轉
Flip Group		群組左右翻轉
Align...	Ctrl+L	-
Nudge...		-
Disperse		零件散開至板框外
Show Rules...		顯示設定零件設計規則
Make Reuse		重複使用圖件
Create Cluster	Ctrl+K	建立叢集
Create Union	Ctrl+G	-
Create Array		-
Move Sequential		連續搬移
Auto Place...		開啟 Clusterm Placement 設定框
Save to Library...		儲存至零件庫
Unroute Attached Segments		拆除零件上走線
Deselect Glued		-
Select Reuse		-
Select Cluster Parts		-
Select Union		-
Select Pin Pair	<F5>	選取接腳對
Select Nets	<F6>	選取網路
Cancel	<Esc>	取消 / 離開選單

預拉線

Cycle	\<Tab\>		切換選取
Properties...	Alt+\<Enter\>		編輯跳線屬性
Route	\<F2\>		佈線
Dynamic Route	\<F3\>		-
Auto Route	\<F7\>		-
Add Via			新增導孔
Show Rules...			顯示設定零件設計規則
Add Copper Area			新增覆銅區
Add Copper Pour			新增鋪銅
Select Pin Pair	\<F5\>		選取接腳對
Select Net	\<F6\>		選取網路
Cancel	\<Esc\>		取消 / 離開選單

銲點

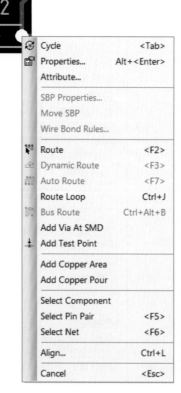

Cycle	\<Tab\>		切換選取
Properties...	Alt+\<Enter\>		編輯跳線屬性
Attribute...			設定物件
SBP Properties...			-
Move SBP			-
Wire Bond Rules...			-
Route	\<F2\>		佈線
Dynamic Route	\<F3\>		-
Auto Route	\<F7\>		-
Route Loop	Ctrl+J		迴圈佈線
Bus Route	Ctrl+Alt+B		-
Add Via At SMD			新增導孔到 SMD 銲點
Add Test Point			新增測試點
Add Copper Area			新增覆銅區
Add Copper Pour			新增鋪銅
Select Component			選取零件
Select Pin Pair	\<F5\>		選取接腳對
Select Net	\<F6\>		選取網路
Align...	Ctrl+L		開啟編輯 Align Parts 設定框
Cancel	\<Esc\>		取消 / 離開選單

❖ 滑鼠點選位置：在佈線狀態下

Add Corner	<Space>	新增轉角
Add Via	Shift+LButton+<Click>	新增導孔
Add Jumper	Ctrl+Alt+J	新增跳線
Complete	<Enter>	自動走線（單條線路）
End	Ctrl+LButton+<Click>	結束（中斷走線）
Backup	<Backspace>	回復上一動作
Layer Toggle	<F4>	板層切換
Swap End		切換至另一接點走線
End Via Mode	▶	結束導孔模式
Add Arc		新增弧形
Coordinate	{S[R]<x,y>}	-
Width...	{W<nn>}	線寬設定
Layer...	{L<nn>}	板層切換
Via Type...		導孔型態
Ignore Clearance		-
Angle Mode	▶	角模式
Ignore Teardrop		-
Select Target	Ctrl+Shift+Z	-
Other Net Connect On Click		-
Derive Net Name from Pin Function		-
Rename Current Net		-
Cancel	<Esc>	取消 / 離開選單

3-2-5 板框設計

板框就是電路板之外框，主要為因應產品組裝設計而定。

❖ 操作方法

點擊標準工具列 按鈕（繪圖工具列），選取繪圖工具列「繪製板框」 按鈕，將游標移至空白處點擊右鍵選取快顯方塊中的選項，如：Polygon（多邊形）、Circle（圓形）、Rectangle（矩形）等，在繪製過程中可選擇 Add Corner、Arc 等來變化板框外觀。

Complete	LButton+<DoubleClick>	完成板框繪製
Add Corner	LButton+<Click>	新增轉角
Add Arc		新增弧線
Width...	{W<nn>}	線寬設定
Layer...	{L<nn>}	板層
Auto Miter		自動導角
✓ Polygon	{HP}	繪製多邊形外觀
Circle	{HC}	繪製圓形
Rectangle	{HR}	繪製矩形
Path	{HH}	線
Chamfered Path		導角線
Orthogonal	{AO}	直角
✓ Diagonal	{AD}	45-90 度角
Any Angle	{AA}	任何角度
Cancel	<Esc>	取消

選擇完後（已設定 Polygon 為例）在起點處點一下滑鼠左鍵後放開移動滑鼠，拉出一條線。可搭配鍵盤上 S（x,y）鍵到指定位置。

如要轉角點一下左鍵即可或要改變外觀點一下滑鼠右鍵選擇 Arc（弧線）、自動導角等。

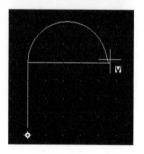

最後頭尾相接時點滑鼠左鍵二下即完成板框繪製；當在繪製過程中點擊滑鼠二下也會直接做頭尾相接動作形成一個封閉的圖形。

板形修改

當您的外框已繪製完成需做修改，可利用此方法來做，而不必重新繪製。

作法：在 ![游標] 狀態下於編輯空白區按滑鼠右鍵會出現對話方塊，選擇 Select Board Outline（板框）後，再將滑鼠移至板框任一線上按滑鼠左鍵（此時所選取的線會變得較亮白），再依其需求選擇您要修改的形式如 Split、Add Corner、Pull Arc、Move Miter 等功能（注意您所選擇的點即是起點），下圖以 Split 為例。

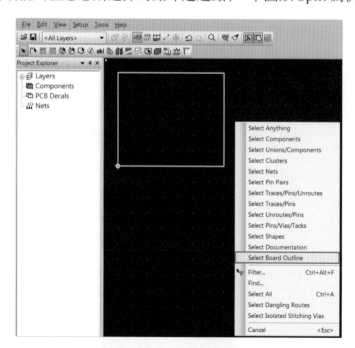

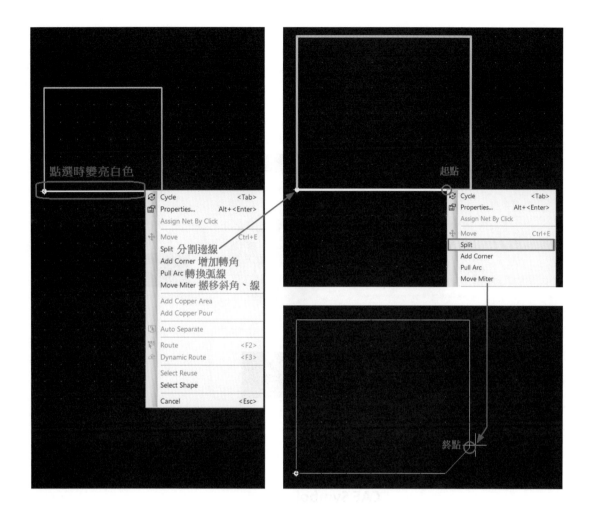

3-3 零件庫介紹

當我們要設計一硬體電路後，接下來就是要將所設計之電路實現做成硬體板（不管
是用雕刻機或蝕刻機來完成）；故首先需繪製電路圖（PADS Logic（本書所使用之
電路繪圖程式）），而在電路圖中需在零件庫中找尋對應之零件符號，電路繪製完
成後，接下來就是設計電路板（PADS Layout（本書所使用之電路板佈線程式），
而在零件屬性中一定需對應到其零件包裝，二者（零件符號與零件包裝）合併再一
起，就是 PADS 中統稱之 Part Type。所以在 PADS 中所使用之零件我們稱為 Part
Type；而在編輯 PADS Layout 中所使用之零件包裝稱為 PCB Decal，PADS Logic
中電路零件符號統稱 CAE Symbol。

❖ 零件庫概念圖

所有零件建置完成後皆須放置零件庫內，日後要使用時再做取出動作，下圖以 IC
AT89S51 零件為例說明。

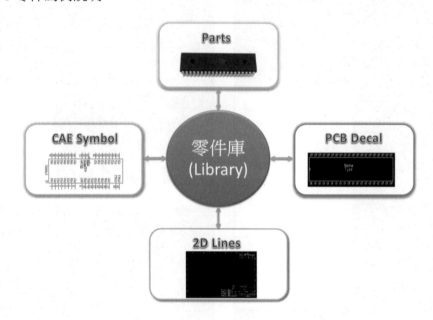

❖ 零件概念圖（以電晶體 2N3053 為例）

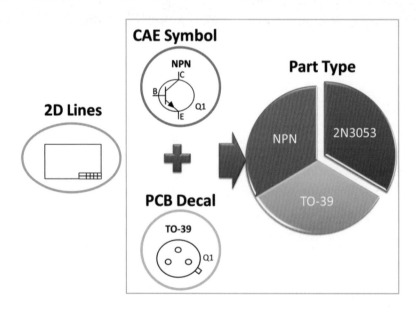

3-3-1 基本零件觀念

❖ 2D Lines

任何繪製之線條物件（副檔為 .ln9），如板框…等。

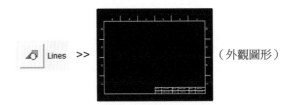

（外觀圖形）

❖ 零件

▦ Part Type（PADS 中零件名稱）：也就是 Decal 與 CAE 的組合；零件資料檔（副檔為 .pt9），包含零件名稱、Gate、Pin、屬性等資訊。

▦ PCB Decal（PADS Layout 中零件包裝）：接腳圖形檔（副檔為 .pd9，設定零件之銲點、Pin Number 等。

▦ CAE Symbol（PADS Logic 中零件符號）：電路符號檔（副檔為 .ld9），繪製零件符號外觀。

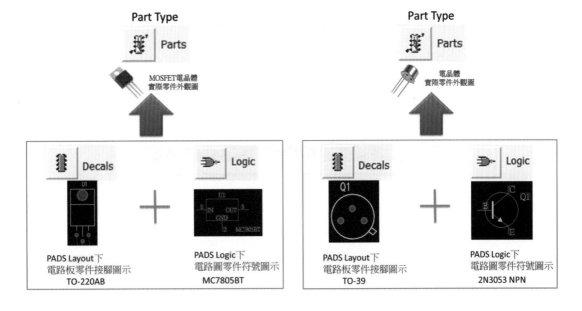

3-3-2 零件庫管理環境

我們可透過開啟零件庫來完成零件之新建、編輯、複製、刪除等。

路徑為 File > Library Manager。

零件搜尋功能：先輸入 <u>＊零件關鍵字＊</u> 後按 Apply 即可，注意開頭一定要先輸入萬用字元「＊」。

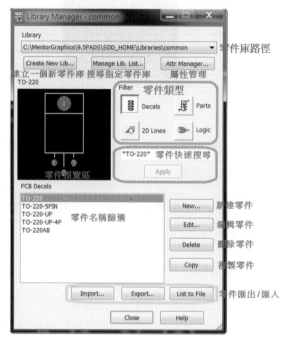

❖ 零件庫建立

■ Create New Library：如系統尚無您要之零件就需新建，點選此鈕後輸入零件庫名稱並存放在您要的指定位置，再進行零件建置。

■ Manager Lib. List：加入系統已現有之零件庫，不需再做新建動作。

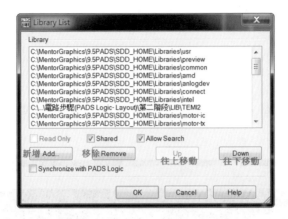

作法：點選"Add"後找到該零件庫名稱，再按"開啟舊檔"即完成零件庫匯入動作；如要移除現有零件庫點選 Remove 即可。

❖ 資料庫內種類（在 PADS Layout 中）

■ 　Decals 按鈕下狀態：可執行編輯（New、Edit、Delete、Copy 等功能）。

■ 　Parts 按鈕下狀態：可開啟零件資訊並做整合相關設定。

■ 　Logic 按鈕下狀態：無法執行編輯，因為在 PADS Layout 裡無電路圖零件符號，故相關按鈕會變成「灰色」狀態，無法選取使用。

■ 　2D Lines 按鈕下狀態：無法執行編輯，因為在 PADS Layout 裡不提供圖案相關編輯，故相關按鈕會變成「灰色」狀態，無法選取使用。

❖ 零件編輯 1（ **Decals** 腳座包裝）

New（新建）

此鈕為建立新零件。

下圖為開啟後之畫面，繪製時需配合 繪圖工具列 來完成。

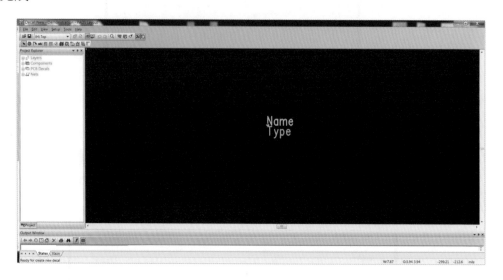

認識 PCB Decal 零件

當我們要設計一包裝零件時就需對相關建立之基礎觀念有所了解，組成約分為零件接腳（Pin）、零件外框（Outline）、相關關鍵文字（Name Type）等 3 項。

1. **零件接腳（Pin）**：其接腳型態概分為貫穿孔（Through）和表面黏著（SMD）。

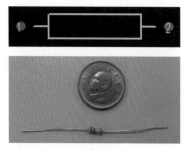

貫穿孔

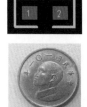

表面黏著

2. **零件外框（Outline）**：每一零件皆有大小之分，故與其他物件之安全距離需由此零件外觀來判斷。

3. 文字（Name Type）：零件相關文字可分為零件序號（Ref.）、零件名稱（Name）、零件接腳編號（Pin Number）及零件屬性（Attribute）等。

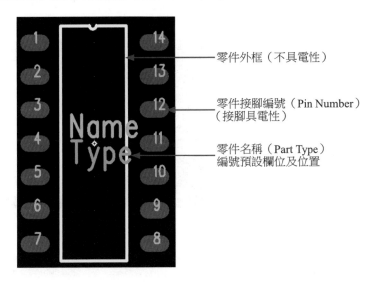

零件外框（不具電性）

零件接腳編號（Pin Number）
（接腳具電性）

零件名稱（Part Type）
編號預設欄位及位置

繪圖工具列簡介

1. ![Select] Select：選取狀態當你點選此狀態時滑鼠游標在編輯區呈 ![十字] 十字狀，如選取其他編輯項目時滑鼠游標在編輯區呈 ![十字] ；按鍵盤 Esc 鍵則回直接回到選取狀態 ![Select] 。

2. ![Terminal] Terminal：擺放銲點（Pad）。

接腳編號(字首)　接腳編號(字尾)

增量設定值：

編號累計方式

JEDEC 標準編制接腳號碼

例：使用者請自行測試 ①②③④　①③⑤⑦　⑪⑫⑬⑭ 。

■ 細項說明：Pad 設定，依據廠商提供之資料做設定。

● 先於空白處點滑鼠右鍵，選擇 Select Terminals 後，再點取 Pad，再進入  做細部設定。

● 細部設定如下：

● 銲點參數設定：

◆ ● 圓形銲點：

銲點大小（外徑）設定如： >>

◆ ■ 方形銲點：

銲點大小（邊長）設定如：  >>

切角型式設定（有三種）：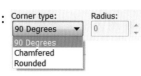

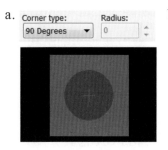 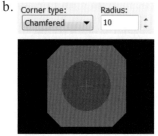 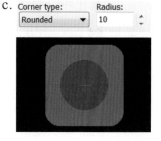

◆ ◎ 同心圓形銲點：僅適用於佈線板層上之銲點。

銲點大小（外徑）設定如：

銲點大小（內徑）設定如：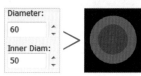

◆ ● 橢圓形或圓角矩形銲點：

銲點寬度

銲點長度

銲點方向

銲點上鑽孔偏移量

◆ ■ 矩形銲點，相關參數設定
請自行測試。

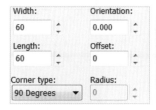 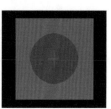

◆ ♣ 奇形銲點：

銲點大小（外徑）設定如 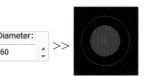 >>

3. 2D Line：繪製 2D 線，如您需繪製 2D 線時，點選此鈕即進入繪製狀態。

4. abl Text：文字備註，該項可在電路板中放置文字說明，中英文皆可。

5. Copper：繪製覆銅，即在一個封閉區域做覆銅，須注意在此區域內不可有零件銲點，否則將會被覆蓋進而產生短路。

6. Copper Cutout：繪製切除覆銅，即在覆銅區內將挖除不覆銅範圍。

7. Keepout：繪製禁置區域，顧名思義就是所繪製之區域無法放置任何物件。

8. From Library：在零件庫選取 2D 物件，選取該選項則由該零件庫放置 2D 物件。

9. Decal Wizard：開啟零件精靈。

■ Dual 屬於雙併排式包裝 DIP（可使用針腳式（稱 PGA 包裝）、SMD 式（稱 BGA 包裝））。

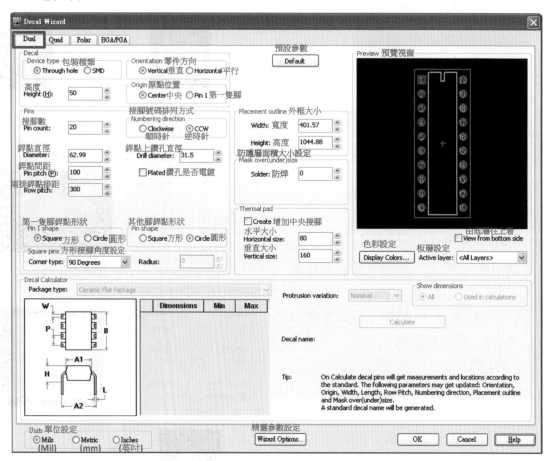

註·解

使用者可修改其參數
並在預覽視窗觀察其
零件變化。

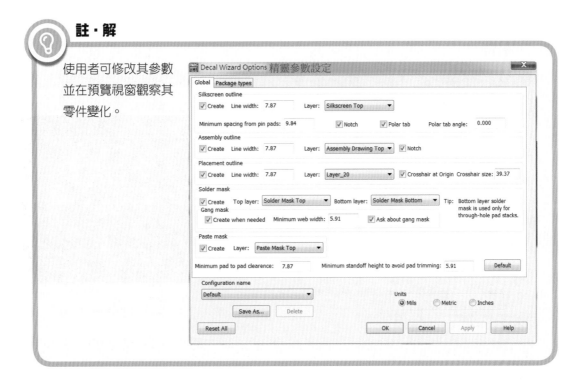

■ Quad 屬於 SMD 包裝

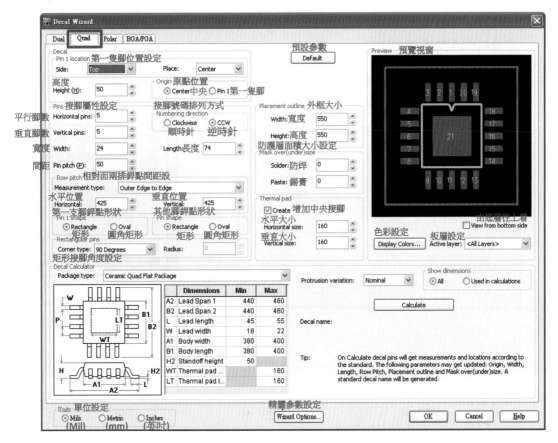

■ Polar 屬於圓形環繞式包裝（可使用針腳式（稱 PGA 包裝）、SMD 式（稱 BGA 包裝））。

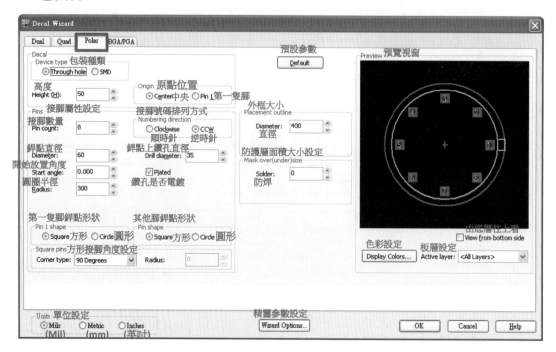

■ BGA/PGA 屬於格點陣列包裝（可使用針腳式（稱 PGA 包裝）、SMD 式（稱 BGA 包裝））。

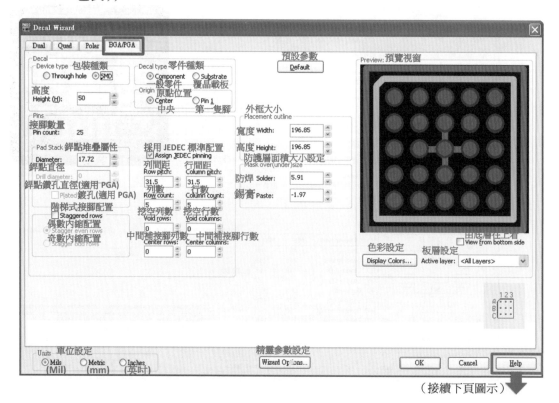

（接續下頁圖示）

註·解

可多加利用 Help 功能,來查看相關參數說明。

10. Add New Label:新增標籤,針對物件增加標籤,此項較少使用,故在此先不做說明。

11. Import DXF File:輸入 DXF 檔案,此項較少使用,故在此先不做說明。

12. Wizard Option:開啟精靈屬性設定。

13. Option:繪製選項,選擇該項繪出現 Optioons 視窗,依其做設定。

▨ Edit(編輯):當選取好指定零件時,再按此鈕則可編輯現有零件;繪製時一樣使用繪圖工具列。

▨ Delete(刪除):可刪除現有零件。

▨ Copy(複製):複製現有零件所有資料,但記得變更零件名稱,否則系統會覆蓋該名稱。

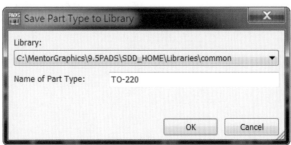

❖ 零件編輯 2（  Parts 零件屬性），相關設定請參閱 4-4-3。

General

PCB Decals 連結零件包裝

Gates 零件的閘

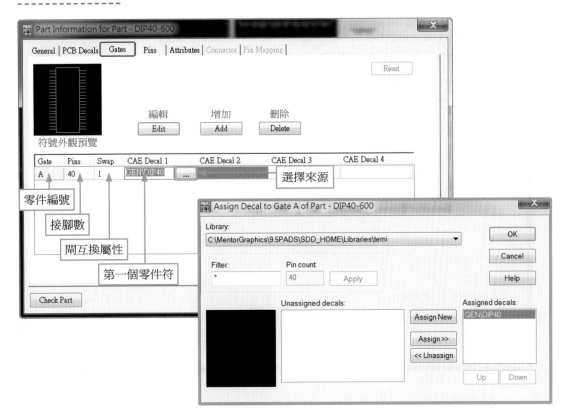

Pins 編輯接腳

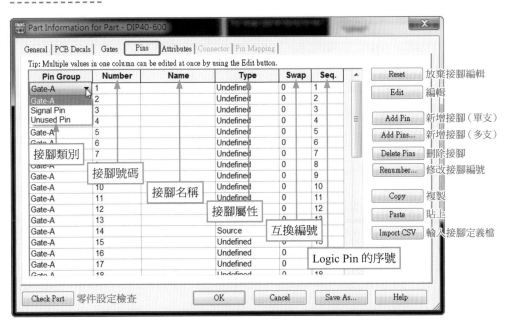

Attributes 編輯零件屬性

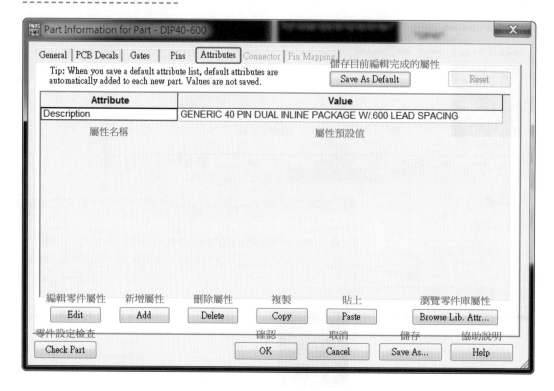

❖ 零件符號編輯注意事項

在 Layout 下做零件創建主要是建立腳座包裝（Decals）及整合零件（Parts），相關技巧請自行參閱本書 4-4-2 零件腳座包裝建立及 4-4-3 整合零件符號與包裝。

1. Pad 擺放、型式、擺放位置等需注意。

2. 需依原設計圖上規定各 Pad 與 Pad 的間距，外框形狀大小，Pad 與外框間距等規定；可利用 Grid 之相關設定來輔助繪製，記得此項很重要，因為如 Pad 間距錯誤，您所製作出電路板，零件是無法做插入定位，

3. 封裝各層設定，依設計圖設定。

4. 部分腳座包裝繪製可使用 ※ 精靈功能來輔助繪製。

設計工具功能介紹

依 PADS Layout 之工具作介紹及使用方法。

3-4-1 繪圖工具列

繪圖工具列（用途：繪製板框、文字編輯、鋪銅等）

①②③④⑤⑥⑦⑧⑨⑩⑪⑫⑬⑭⑮⑯⑰⑱

1. 選取狀態：當你點選此狀態時滑鼠游標在編輯區呈 十字狀，如選取其他編輯項目時滑鼠游標在編輯區呈 ；按鍵盤 Esc 鍵則回直接回到選取狀態 。

2. 繪製 2D 線：如您需繪製 2D 線時，點選此鈕即進入繪製狀態。

作法：選擇此鈕後於編輯區點選右鍵會跳出選單，如下圖（較不常用之選項在這不做說明）：

Complete	LButton+\<DoubleClick\>	完成繪製
Add Corner	LButton+\<Click\>	增加轉角
Add Arc		增加弧線
Width...	{W\<nn\>}	線寬設定
Line Style	▶	線條樣式
Layer...	{L\<nn\>}	板層設定
Auto Miter		自動導角
Polygon	{HP}	多邊形
Circle	{HC}	圓形
✓ Rectangle	{HR}	矩形
Path	{HH}	線
Chamfered Path		-
Snap to Objects	{OS}	-
Snap to...	▶	-
Orthogonal	{AO}	直角
✓ Diagonal	{AD}	45 度角
Any Angle	{AA}	任意角度
Cancel	\<Esc\>	取消或離開

選取您所要繪製之圖形（如矩形；如需繪製有導角則加選自動導角即可產生導角形狀），鍵盤上直接輸入「W30」表示線寬 30mm，點選左鍵一下放開拉至您要的大小後再點一下左鍵即完成繪製，直線、圓形、多邊形皆相同此法。

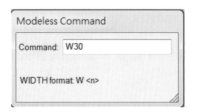
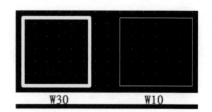

3. ▤ **繪製覆銅**：即在一個封閉區域做覆銅，須注意在此區域內不可有零件銲點，否則將會被覆蓋進而產生短路。

作法：先點選 ▤ 鈕後在繪圖區按右鍵取則您要繪製之線型（在此以矩形為例），再做繪製動作完成一個封閉區域，出現一設定對話框（在此設定板層為 bottom 層），您可發現區域內已完成覆銅。

滑鼠由左至右下繪製一矩形

Add Drafting 設定

4. 　繪製切除覆銅：即在覆銅區內將挖除不覆銅範圍。

作法：沿用先前覆銅步驟後（例如一矩形），再點選 　鈕，先點右鍵選取欲繪製之線型（在此以矩形為例），再至需挖除的範圍做繪製，此時如果是在覆銅範圍內，會看不到您所繪製之銅形，請點選 　鈕將覆銅範圍選取起來，再點右鍵選擇 combine（結合），完成後就會看到挖除部分。

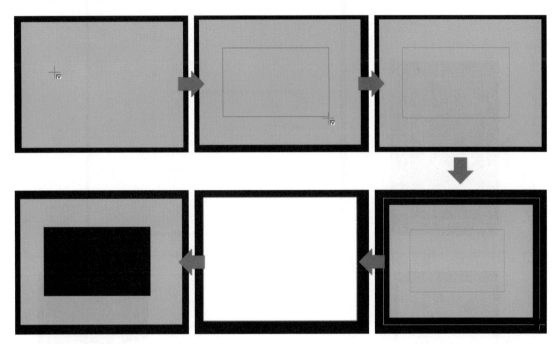

5. 　鋪銅：即在一個封閉區域做鋪銅，與覆銅的差別在於區域內如有零件銲點，會有一安全間距，不會被覆蓋。

作法：與覆銅動作相同；a. 先點選 　鈕後在繪圖區按右鍵取則您要繪製之線型（本範例為矩形），再做繪製動作當完成一個封閉區域；b. 會跳出一 Add Drafting 對話盒，輸入板層及線寬等條件，完成後該區域不會反白，矩形顏色為橘色（以 Bottom 層為例），如內部沒有要做挖孔切除動作則進行倒滿銅項目；c. 滑鼠直接點選 　後會出現一確認對話盒，按「是」；d. 所選取之範圍會變成橘色，即完成鋪銅動作（是否發現零件銲點與鋪銅有一安全間距）。

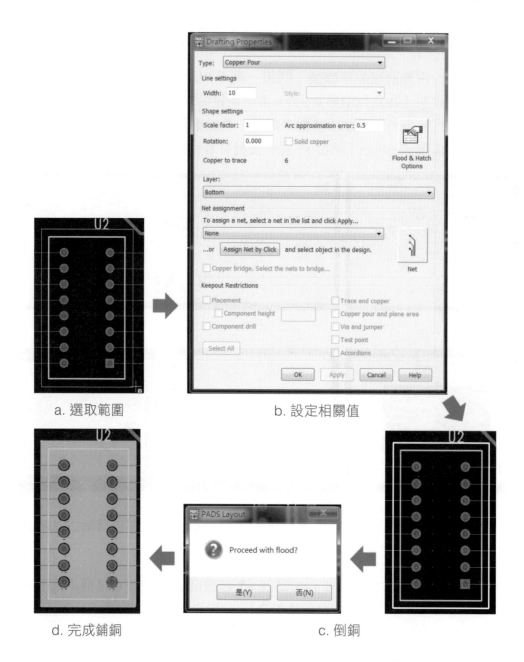

a. 選取範圍　　　　　　b. 設定相關值

d. 完成鋪銅　　　　　　c. 倒銅

6. 　切除鋪銅：即在一個鋪銅封閉區域內切除挖空不要之銅區域。

作法：與切除覆銅動作類似，沿用先前鋪銅步驟後（例如一矩形）；a. 再點選　鈕，會出現一對話盒，按確定；b. 再點滑鼠右鍵選取欲繪製之線型（在此以矩形為例），再至需挖除的範圍做繪製；c. 完成後會出現藍色線條（TOP層）；d. 請點選　鈕將鋪銅範圍選取起來，點滑鼠左鍵不要放由左上移至到右下位置後放開；e. 所選取範圍之線條皆為白色，即完成選取動作；f. 再點右鍵選擇 combine（結合）；g. 點選　倒銅，出現對話盒，按是；h. 完成後就會看到挖除部分。

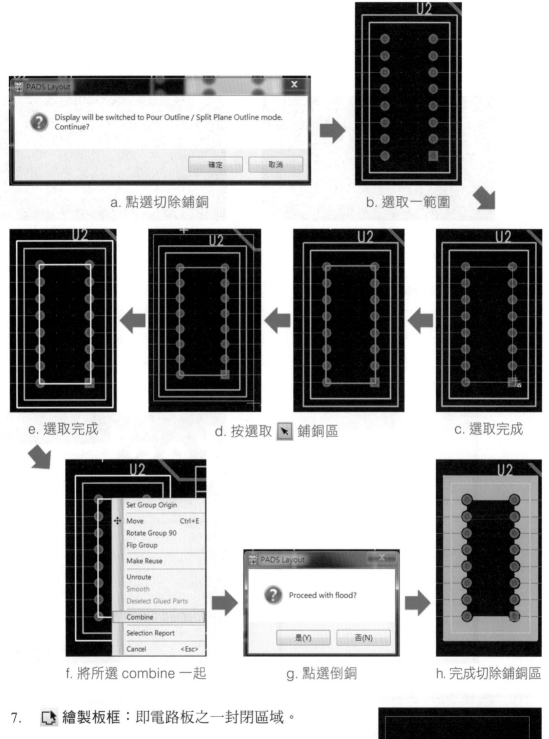

a. 點選切除鋪銅

b. 選取一範圍

e. 選取完成

d. 按選取 ▶ 鋪銅區

c. 選取完成

f. 將所選 combine 一起

g. 點選倒銅

h. 完成切除鋪銅區

7. ⬚ 繪製板框：即電路板之一封閉區域。

作法：與繪製 2D 線不同，在此繪製為一封閉區
域；點選 ⬚ 後，於編輯區點滑鼠右鍵選擇線型
（矩形 Rectangle），再按滑鼠左鍵由左上到右下畫
一板框，即完成板框繪製。

8. 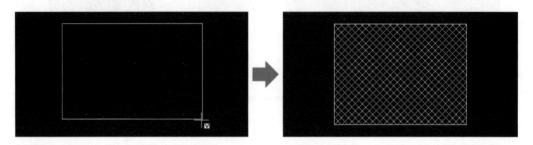 繪製禁置區域：顧名思義就是所繪製之區域無法放置任何物件。

   作法：點選 後，於編輯區點滑鼠右鍵選擇線型（矩形 Rectangle），再按滑鼠左鍵由左上到右下畫一板框，即完成繪製禁置區域，注意到該區域以網狀呈現。

9. **ab|** 文字備註：該項可在電路板中放置文字說明，中英文皆可。

   作法：點選 **ab|** 後，會出現設定對話框（Add Free Text），在 Text 欄位輸入您要輸入的文字，以及 Font 字型、板層（Layer）、大小（Size）等設定。完成後（以 test 為例）在該文字點滑鼠右鍵則可設定該文字之各細項設定，讀者可自行測試。（註：如你無法點選到該文字，請先點右鍵選擇 Select Anything 此項，就可點選文字。

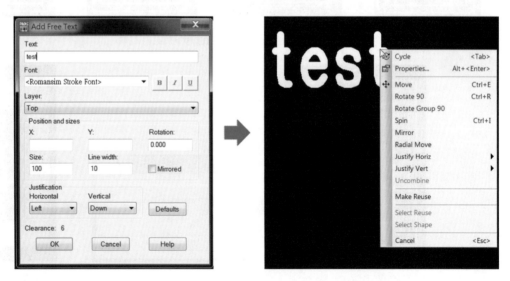

10. 倒滿銅：針對所繪製之鋪銅區域做倒銅動作，故一定是先做 鋪銅才做倒銅。

    作法：請參閱項 5 說明。

11. 在零件庫選取 2D 物件：選取該選項則由該零件庫放置 2D 物件。

    作法：點選 ，出現 Get Drafting Item from Library 對話框，即可找尋您要的物件。

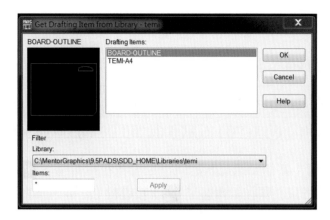

12. 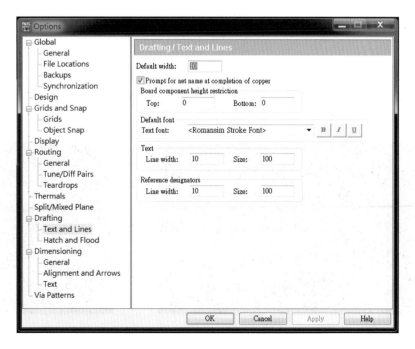 繪製分割板層：其步驟同繪製鋪銅，此項較少使用，故在此先不做說明。

13. 切除板層：其步驟同繪製切除鋪銅，此項較少使用，故在此先不做說明。

14. 自動分割板層：針對已繪製完成之區域做切割動作，此項較少使用，故在此先不做說明。

15. 線化鋪銅：針對已繪製完成之鋪同區域做線化鋪銅動作，此項較少使用，故在此先不做說明。

16. 新增標籤：針對物件增加標籤，此項較少使用，故在此先不做說明。

17. 輸入 DXF 檔案：此項較少使用，故在此先不做說明。

18. 繪製選項：選擇該項繪出現 Options 視窗，依其做設定。

3-4-2 設計工具列

設計工具列（用途：零件搬移、旋轉、線路佈線等）

① ② ③ ④ ⑤ ⑥ ⑦ ⑧ ⑨ ⑩ ⑪ ⑫ ⑬ ⑭ ⑮ ⑯ ⑰ ⑱ ⑲

1. 選取狀態：當你點選此狀態時滑鼠游標在編輯區呈 十字狀，如選取其他編輯項目時滑鼠游標在編輯區呈 ；按鍵盤 Esc 鍵則回直接回到選取狀態 。

2. 搬移：即搬移物件移動至指定位置。

   作法：1.點選 後；2.將滑鼠移至欲移動之零件點一下滑鼠左鍵即可移動至您要放置的指定位置後，再按一下左鍵就完成搬移動作；如有規定 X,Y 位置則移動時須看螢幕由下之 X,Y 實際移動位置 650　　-200　　mils 。

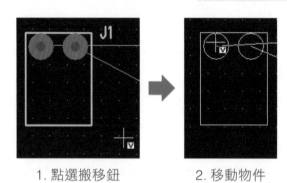

1. 點選搬移鈕　　　　　　2. 移動物件

3. 放射狀方式搬移：搬移物件時是以放射狀為導向放置，如下圖所示，物件在每一角度都不一樣。

   作法：點選 後將滑鼠移至欲移動之零件點一下滑鼠左鍵即可移動至您要放置的指定位置後，再按一下左鍵就完成搬移動作。

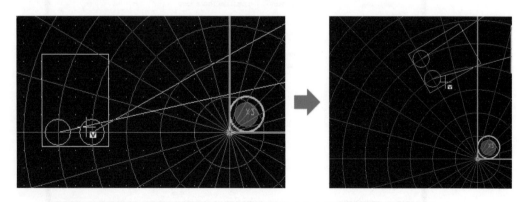

註·解

在搬移過程中可點選滑鼠右鍵，會出現設定選單如下：

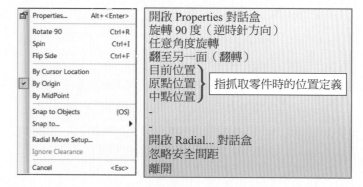

讀者可自行練習測試各功能（如 Rotate 90、Spin…等）。

目前針對 Radial Move Setup 設定作介紹：

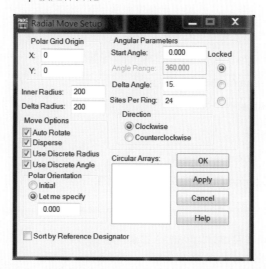

- Polar Grid Origin：X,Y 表示同心圓離開基準點之位置，如下範例：

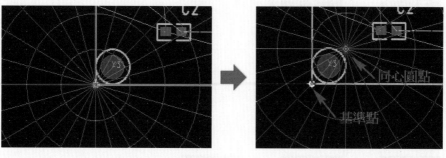

X：0,Y：0 　　　　　　　　　　X：200,Y：200

- Inner Radius：每格點之寬度
- Delta Radius：每格點之長度
- Move Options：移動選項
  a. Auto Rotate：自動旋轉
  b. Disperse：散開方式
  c. Use Discrete Radius：使用不連續直徑（即零件須放置在現有固定直徑上，如取消此項則直徑位置就不受限制）
  d. Use Discrete Angle：使用不連續角度（即零件須放置在現有固定角度上，如取消此項則角度位置就不受限制）
- Polar Orientation：極座標方向設定
  a. Initial：旋轉時零件方向固定
  b. Let me specify：旋轉時零件之角度可設定
- Angular Parameters：相關角度設定
  a. Start Angle：起始點之角度
  b. Angle Range：角度之範圍（即最大角度）
  c. Delta Angle：每格之角度
  d. Sites Per Ring：每格點之數量
- Direction：旋轉方向
  a. Clockwise：順時針方向
  b. Counterclockwise：逆時針方向

4. 90 度旋轉：即零件逆時針旋轉 90 度。

作法：滑鼠點選 後，再選至該零件點滑鼠左鍵即完成旋轉 90 度動作。

5. 任一角度旋轉：即零件可旋轉至您要的角度。

作法：滑鼠點選 後，再選至該零件點滑鼠左鍵做旋轉即完成角度設定動作。

6. 　互換零件：即 A 零件與 B 零件位置互換。

作法：滑鼠點選 　，點選 A 零件後再點選 B 零件即完成零件互換動作。

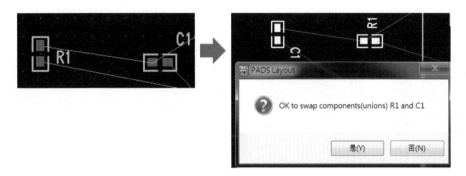

7. 　搬移零件序號：即零件序號移動。

作法：滑鼠點選 　，再點選零件序號，此時零件會呈現黃色，序號則可自由移動。

8. 　顯示群集：試用版無此功能；本項為模式的選擇。

9. 　新增轉角：可調整走線狀態。

作法：滑鼠點選 　，滑鼠移到走線上按一下左鍵不放，即可移動改變至您要的角度。

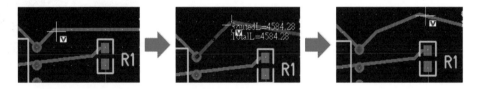

10. 　調整線路：可調整走線狀態。

作法：滑鼠點選 　，滑鼠移到走線上按一下左鍵不放，即可移動改變至您要的位置，注意到了嗎？拉線時是以 90 度呈現。

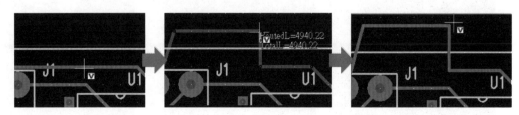

11. 👆 **人工佈線**：即手動佈線。

作法：滑鼠點選 👆，移至走線起點端點一下滑鼠左鍵放開，移動走線此時會呈現藍色（TOP 層），如要轉彎再點一下左鍵，到達另一零件銜接點（終點）會出現 ⊕ 此時再點一下左鍵即完成單條走線。

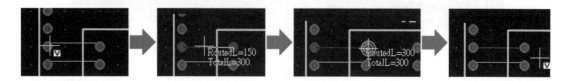

12. 〰️ **動態佈線**：試用版無此功能；一般考試時皆須手動佈線此項走線可隨者游標移動。

13. 🖋️ **描繪佈線**：試用版無此功能；走線時較能走空間較小之路徑位置。

14. ⚙️ **自動佈線**：試用版無此功能；即電腦自動完成走線。

15. ⚡ **匯流排佈線**：試用版無此功能。

16. 🔀 **跳線**：如果遇到線與線交叉時會產生短路，又無法避開此時就須用跳線方式。

作法：當走線與走線間發生交叉短路情形，此時就須用跳線方式解決，點選 🔀 後，滑鼠移至走線交接點附近點一下左鍵，游標跨過交叉處，再點一下左鍵即完成跳線動作。

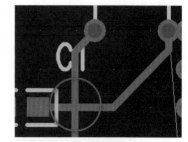

異常走線：走線與走線交叉短路

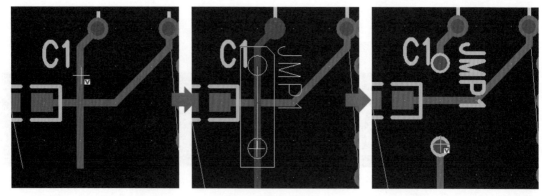

a. 點一下左鍵（起點）　　　b. 跨過交叉處　　　c. 終點點一下左鍵完成跳線

17. 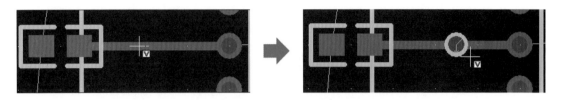 新增測試線：建立測試點。

18. 重複使用圖件：選擇此項需選取檔案，即可將重複使用之物件繪製電路板中。

19. 設計選項：Option 設定盒。

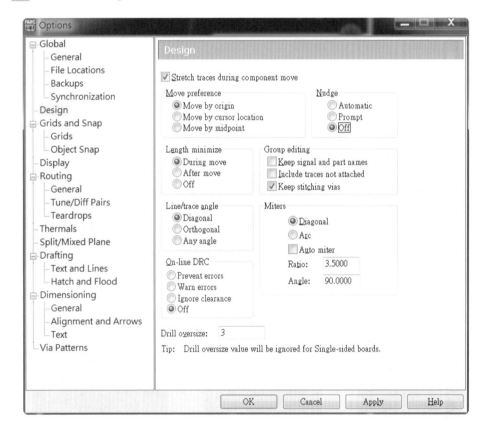

3-4-3 標示尺寸工具列

標示尺寸工具列（用途：尺寸相關標示等）

① ② ③ ④ ⑤ ⑥ ⑦ ⑧ ⑨ ⑩

1. ⬚ **選取狀態**：當你點選此狀態時滑鼠游標在編輯區呈 ⬚ 十字狀，如選取其他編輯項目時滑鼠游標在編輯區呈 ⬚；按鍵盤 Esc 鍵則回直接直接回到選取狀態 ⬚。

2. ⬚ **自動標示尺寸**：自動選示尺寸。

   作法：先點選 ⬚ 或先點選指定物件皆可出現尺寸標記，注意點選之位置會關係到零件顯示的寬或長。

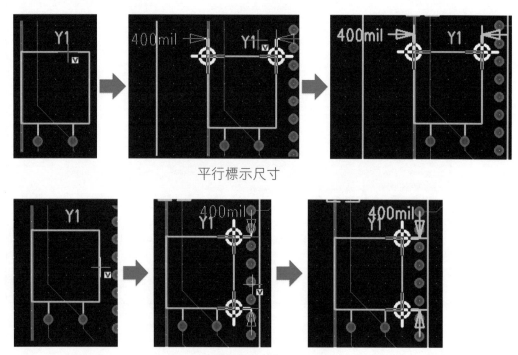

平行標示尺寸

垂直標示尺寸

3. ⬚ **標示水平**：針對線段、物件做水平尺寸標記。

4. ⬚ **標示垂直**：針對線段、物件做垂直尺寸標記。

5. 標示斜角：物件之斜角尺寸標記。

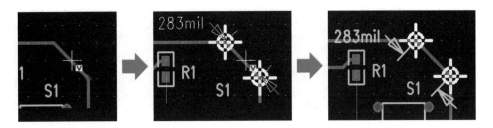

6. 標示角度：物件之斜角尺寸標記（範例以 30 度為例）。

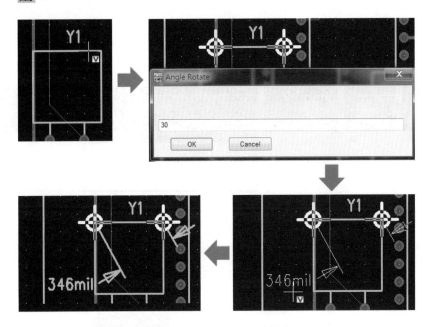

7. 標示內角：物件、線段之內角尺寸標記。

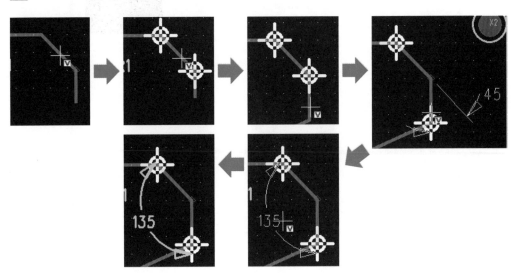

8. 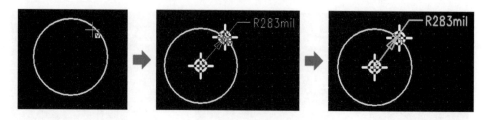 標示圓弧：物件之圓弧尺寸標記。

9. 標示文字：註解標記。

作法：點選 ，游標移至需註解之物件點一下滑鼠左鍵後移動線條，在點滑鼠左鍵二下，會出現設定框（範例以 test 為例），完成輸入後點 ok；如移動之線條需做轉彎則點滑鼠左鍵一下即完成轉彎動作。

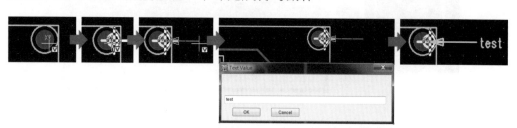

10. 尺寸標註選項：

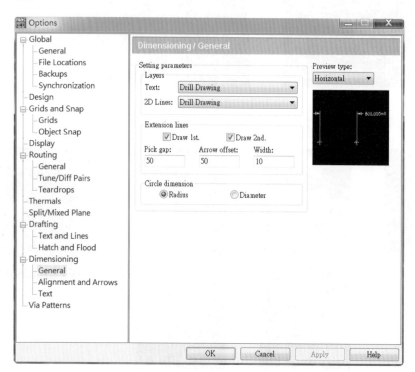

3-4-4 工程變更設計工具列

 變更設計工具列（用途：修改編輯完成後之走線、零件等）

1.  **選取狀態**：當你點選此狀態時滑鼠游標在編輯區呈 ，如選取其他編輯項目時滑鼠游標在編輯區呈 ![]；按鍵盤 Esc 鍵則回直接直接回到選取狀態 ![]。

2. **增加預拉線**：原兩接點無走線新增之走線。

3. **人工佈線**：滑鼠點選 ![]，移至走線起點端點一下滑鼠左鍵放開，移動走線此時會呈現藍色（TOP 層），如要轉彎再點一下左鍵，到達另一零件銜接點（終點）會出現 ![] 此時再點一下左鍵即完成單條走線。

4. **選取零件庫零件**：需要選用零件時，選擇 ![] 即會出現對話框，如下所示：

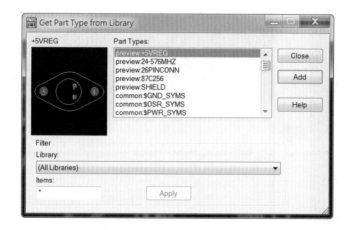

5. **重新命名網路名稱**：點選 ![]，滑鼠移至須變更之物件或線段點滑鼠左鍵二下即會出現此對話框，即可變更此線段名稱（如將 AGND 改為 +5）。

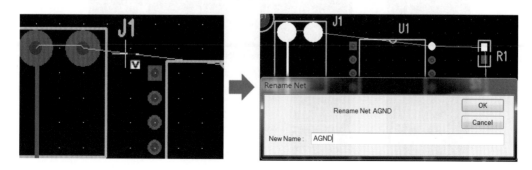

6. 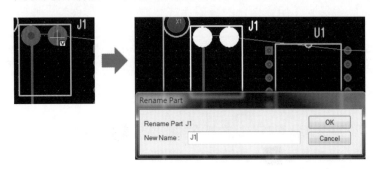 重新命名零件序號：點選 ，滑鼠移至須變更之物件點滑鼠左鍵二下即會出現此對話框，即可變更此物件序號（如將 J1 改為 U1）。

7. 改變零件包裝：點選 ，滑鼠移至須變更之物件點滑鼠左鍵二下即會出現此對話框，即可變更此物件包裝。

8. 刪除預拉線：將原預拉線作刪除（屬單一條走線）。

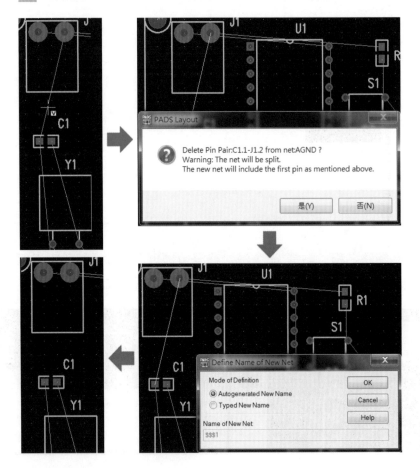

9. ✖ 刪除佈線：將原有走線作刪除（非單一走線，整斷線路屬於相關聯的全部刪除）。

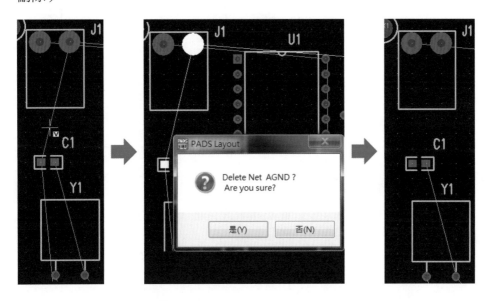

10. ✖ 刪除零件：將多餘的零件做刪除。

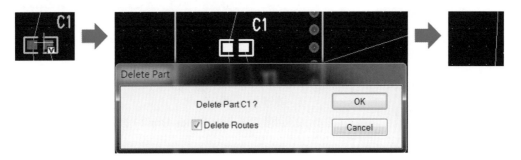

11. 互換接腳：將接腳互換。

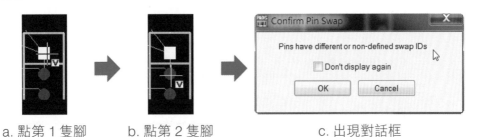

a. 點第 1 隻腳　　b. 點第 2 隻腳　　　　　c. 出現對話框

12. 互換閘：點選欲變更之接腳後，即完成互換。

13. 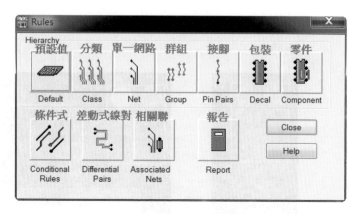 設計規則：零件相關設定。

另一開啟路徑 Setup > Design Rules。

優先等級	設計規則層級	介紹
低	Default	1. 此為預設設定值，也就是標準設計規則設定，此項較常使用。 2. 開啟 Default Rules Dialog Box.
	Class	1. 所有網路可歸在同一分類中。 2. 開啟 Class Rules Dialog Box.
	Net	1. 特定網路用，如 VCC、GND 等設定，此項較常使用。 2. 開啟 Net Rules Dialog Box.
	Group	1. 接腳對群組之設定。 2. 開啟 Group Rules Dialog Box.
	Pin Pairs	1. 接腳對之設定。 2. 開啟 Pin Pair Rules Dialog Box.
	Decal	1. 零件包裝之設定。 2. 開啟 Decal Rules Dialog Box.
	Component	1. 零件之設定。 2. 開啟 Component Rules Dialog Box.
	Conditional Rules	1. 針對特定零件旁之物件設定。 2. 開啟 Conditional Rule Setup Dialog Box.
	Differential Pairs	1. 差動式線對之設定。 2. 開啟 Differential Pairs Dialog Box.
	Associated Nets	1. 相關特定網路。 2. 開啟 Associated Net Rules Dialog Box.
高	Report	1. 報告，列印規則設定報表。 2. 開啟 Rules Report Dialog Box.

以下針對較常用之項目做介紹：

 選擇 （標準設計規則設定）會出現此 6 大選項

安全距離規則設定：此項針對預設之安全間距做編輯設定，會出現下方之設定框。

其中最常設定的值為 Minimum（設定最小線寬）、Recommended（建議標準線寬）、Maximum（設定最大線寬）。

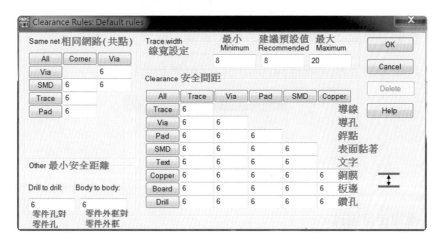

特定網路用，如 VCC、GND 等設定，會出現下方之設定框。

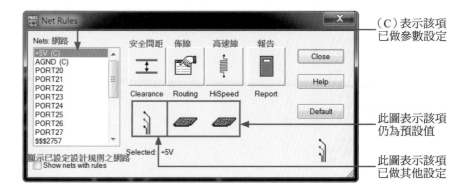

14.  自動重新編號：

15. 自動互換接腳：在佈線前做設定即可使用此功能。

16. 自動互換閘：在佈線前做設定即可使用此功能。

17. 自動取消互換：如選擇此項則會回復原初始狀態。

18. 重複使用物件：

19.  ECO 設計選項：

比對 ECO（Engineering Change Order 工程變更設計）

當我們完成佈線後，可使用此功能來確認所做之內容是否與原始內容有出入。

路徑：Tools >> Compare/ECO。

■ Documents：指定所要比對之檔案之輸出位置。

■ Comparison：比對選項設定。

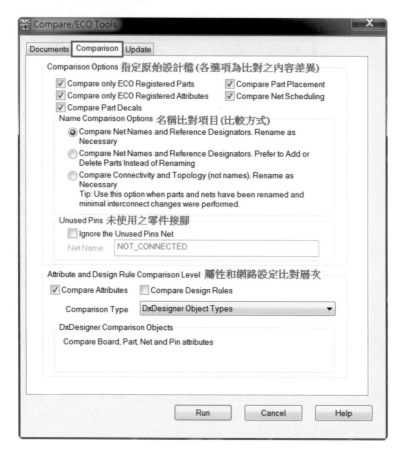

■ Update：更新選項。

CAM 管理

電腦輔助電路板製造 Computer Aided Manufacturing 簡稱 CAM。

由路徑：File >> CAM 開啟 Define CAM Documents 設定框，如果該圖未輸入任何的底片檔（Gerber File）（如有底片檔則可在此設定框進行編輯設定），則該視窗會是空白的，使用者只要點選 Add 就可進行設定。

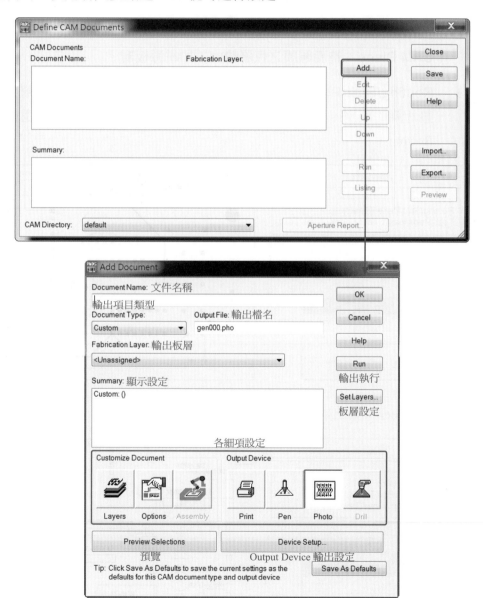

❖ 常用項目說明（以試題一為例）

◼ Document Name 欄位

本欄位為輸出文件名稱，為自訂，可做中、英文輸入皆可。

◼ Document Type 欄位

本欄位需視輸出項目在做類型選擇，共 10 項。

1. **Custom**：由使用者自行指定輸出項目並配合選取 Fabrication Layer 欄位中指定板層；如 Top、Bottom 等板層。

2. **CAM Plane**：整面銅膜之板層輸出，如電源板層。

3. **Routing/Split Plane**：輸出佈線 / 分割板層，即板層中除佈線層還包含了整片銅的板層，勾選此項會出現下面之指定板層對話盒，可選擇 Top 或 Bottom。

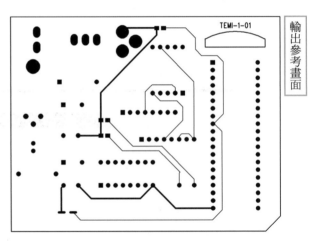

4. **Silscreen**：輸出娟印層。

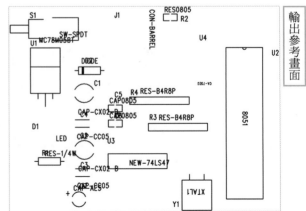

5. Paste Mask：輸出錫膏層（針對有 SDM 之零件而設）。

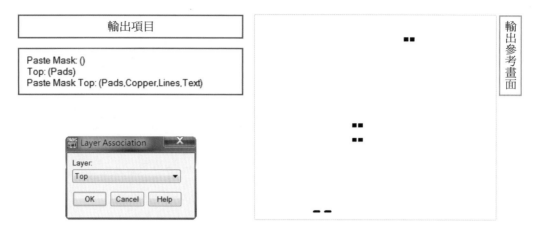

6. Solder Mask：輸出防銲層。

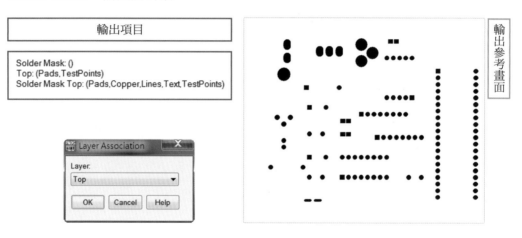

7. Assembly：零件組裝輸出。

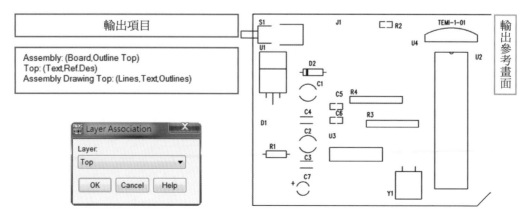

8. Drill Drawing：輸出鑽孔位置（含鑽孔表）。

輸出項目

Drill Drawing: (Board) Top: (Pads,Vias,Lines,Text) Drill Drawing: ()

SIZE	QTY	SYM	PLATED	TOL
125	3	+	YES	+/-0.0
35	92	×	YES	+/-0.0
73	5	⊔	YES	+/-0.0
40	3	◇	YES	+/-0.0
150	1	⊠	YES	+/-0.0
37	6	⋈	YES	+/-0 0

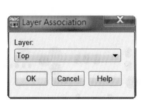

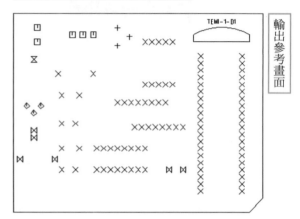

輸出參考畫面

9. NC Drill：輸出 NC 鑽孔檔，選擇此項輸出裝置會自動設定為 NC 鑽孔機。

輸出項目

NC Drill: (Plated Pins,Non-Plated Pins) Through vias;

10. Verify Photo：做驗證底片檔用。

■ Output File 欄位：

即輸出檔案名稱，使用者自訂。

■ Fabrication Layer 欄位：

板層輸出，此欄位依 Document Type 欄位自動做項目輸出調整。

■ Summary 欄位：

本欄位內會顯示所設定之內容。

■ Customize Document：

1. 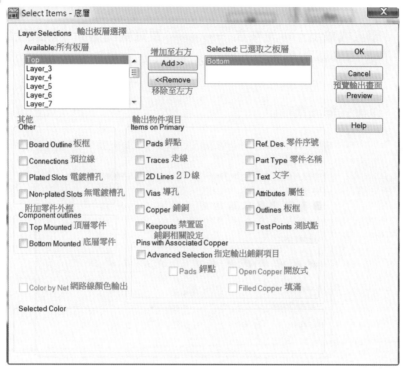 板層設定：此欄位為所要輸出之板層與物件。

2. 輸出繪製選項，此項不一定要做設定。

3. 輸出組裝變異。

4. 印表機輸出：可先檢查 Preview Selections 預覽輸出畫面，無誤後點選 🖨，再點擊 Device Setup... 查看印表機內之設定；如要輸出在按 Run 即可印出。

5. 以筆式繪圖機輸出。

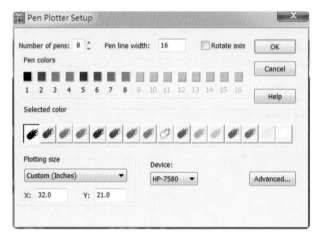

6. 以光學式繪圖機輸出。

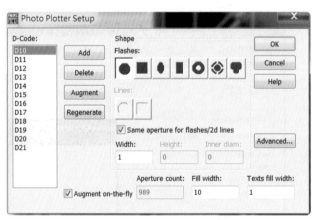

7. 輸出 NC 鑽孔檔。

4

第一階段解題
（電路圖繪製（含零件創建））

前置準備作業

❖ 建立資料夾

開始認證時考生必須先在考場電腦內所提供的隨身碟中，新增一個資料夾並以准考證號碼命名（範例以 PP123456 為例）；接著新增二個子資料夾，名稱為 One 和 Two。

💡 **註·解**

One 資料夾用來儲存第一階段相關檔案，Two 資料夾用來儲存第二階段相關檔案。

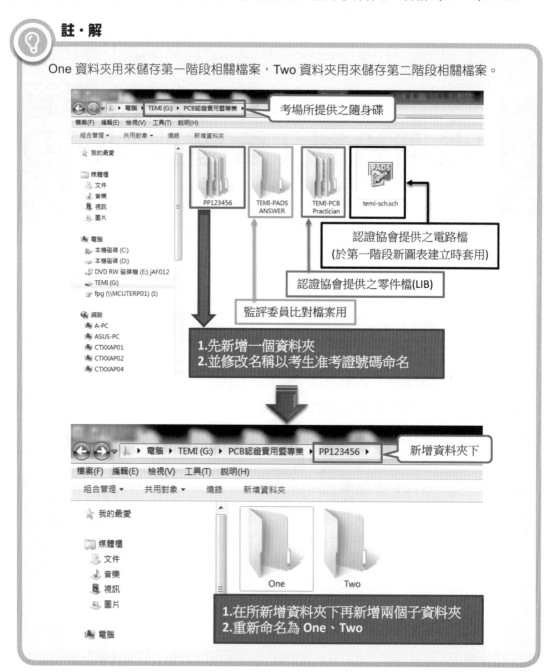

STEP-1 啟動系統 PADS Logic

Step 01 由桌面的開始 > 程式集 > Mentor Graphics SDD > PADS 9.5 > Design Entry > PADS Logic。

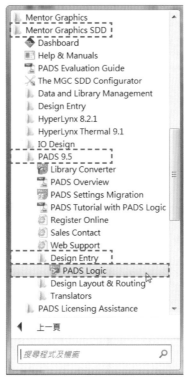

Step 02 啟動後會出現下面對話視窗（未授權訊息及試用版訊息），請依序按確定（出現原因：因為試用版，無 License）。

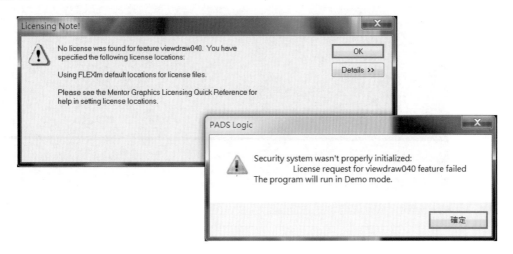

Step 03 開啟新專案：由 File > New、□ 開啟或直接點擊 "Start a new design"。

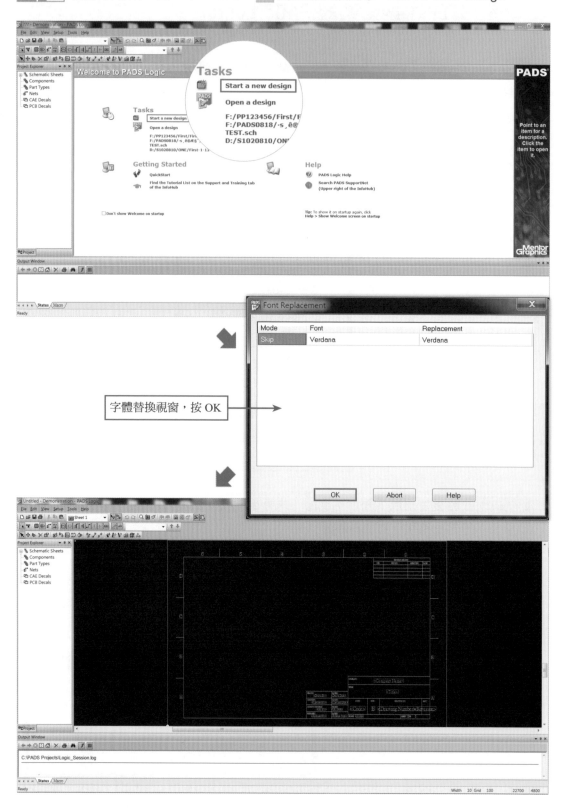

字體替換視窗，按 OK

STEP-2 建立零件庫環境

❖ 建立新零件庫

Step 01 開啟 File > Library，出現 Library Manager 對話框，點選 Create New Library
（建立一新零件庫），選至考題之指定路徑（C：\MentorGraphics\9.5PADS\SDD_
HOME\Library）將檔案名稱輸入「temi」後按存檔，即完成新建零件庫動作。

Step 02 檔案儲存完後，請在 Library 中點選下拉式選單，查詢零件庫中是否有此檔案（C：\MentorGraphics\9.5PADS\SDD_HOME\Library\temi）；如果沒有此檔案，可能情況為儲存路徑有誤或檔名輸入錯誤及儲存失敗造成。

4-4　STEP-3 零件編修創建

本章節之零件需自行創建，部分零件可直接套用或做修改後使用；依試題本規定自行編修創建的所有零組元件，統一儲存在 C：\MentorGraphics\9.5PADS\SDD_HOME\Libraries\temi 磁碟路徑檔案中。

4-4-1 Logic 零件外觀符號建立

❖ 建立零件

新零件建置時視零件庫是否有其相同、類似或完全沒有欲建置之零件外觀符號及包裝接腳其製作方法有三種；首先啟動 PADS Logic，由 File > New 建立一新檔，接下來做點擊功能表列中 Tools > Options，出現「Options 對話盒」，進行選項設定，先點擊「General」標籤設定「格點」（建議設定值 Design：20（物件最小移動距離）、Labels and Text：10（文字格點距離）、Display Grid：100（顯示格點距離）、單位：mils）。

※ 此設定目的在於配合題本規定顯示格點為 100mils 方便繪製符號。

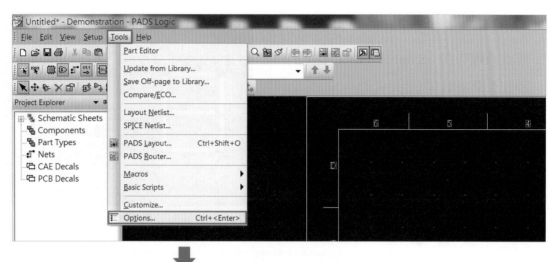

此項於零件編輯時可隨時依繪製時的**間距**需求做修改，以方便符號外觀繪製，數字設越小繪製準確，但相對地也較容易有放置點的錯誤

註·解

如果一開始未做設定，則在零件編輯前也可進入 Tools > Options 再做設定。

❖ 以試題一為例

零件外觀符號（Symbol、CAE Decal）

零件符號名稱：

（1）U1：CA-7SEG-S

（2）R1：RES-B4R8P-S

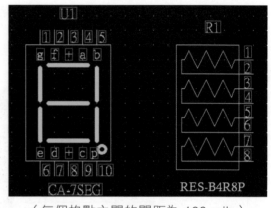

（每個格點之間的間距為 100 mils）

注·意·事·項

（1）U1：CA-7SEG-S >> 自行創建零件

（2）R1：RES-B4R8P-S >> 複製零件庫路徑 misc 中 RESZ-H1P 後再做編輯修改

模式一：複製套用現有零件外觀

如果零件庫中有一模一樣之零件外觀（指外觀符號 Logic 相同，包裝接腳 Decals 不同）則直接作外觀符號 Logic 複製。

因本試題無此模式可套用，故直接介紹其流程作法（作法類似模式二，差別在於不需做步驟三以後之動作，故如有需要請直接參考模式二，在此就不多做說明）。

▌步驟一：零件庫查詢

在新檔中環境中，直接選擇 File > Library Manager 對話盒，並做零件查詢。

註·解

Filter 選項需在 Logic 下查詢。

▌步驟二：複製零件

點擊欲複製之零件兩下，此時零件庫路徑會轉至該零件原有路徑，點擊 Copy 鈕，會出現儲存對話框，該框內容為原始零件路徑及名稱，利用下拉式選單，選至試題本規定之指定路徑 C:\MentorGraphics\9.5PADS\SDD_HOME\Libraries\temi ，並修改零件名稱「***」，完成複製套用現有零件外觀作業。

模式二：複製修改現有零件外觀

如果零件庫中有類似之零件外觀（指外觀符號 Logic 部分相同，包裝接腳 Decals 不同）則直接作外觀符號 Logic 複製後修改。

■ 此試題一零件為（2）R1：RSE-B4R8P-S

▌步驟一：零件庫查詢

在新檔中環境中，直接選擇 File > Library
Manager 對話盒，並做零件查詢。

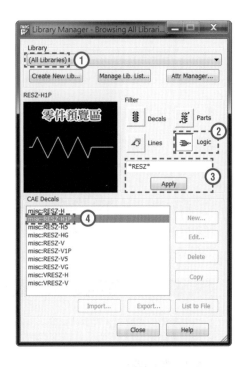

> ① 選擇 All Libraries 全部零件庫
>
> ② 選擇 Logic
>
> ③ 輸入關鍵字查詢，記的使用 *（萬字號），再
>   點擊 Apply
>
> ④ 選擇零件名稱並在預覽區查看是否正確

▌步驟二：複製零件

點擊欲複製之零件兩下，此時零件庫路徑會轉至該零件原有路徑，點擊 Copy 鈕，會
出現儲存對話框，該框內容為原始零件路徑及名稱，利用下拉式選單，選至試題本規定
之指定路徑 C:\MentorGraphics\9.5PADS\SDD_HOME\Libraries\temi ，並修改零件名稱為「RES-B4R8P-S」。

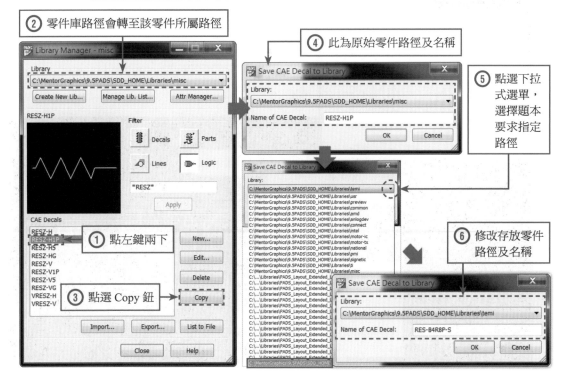

註・解

如果在零件名稱上（RESZ-H1P）又直接重複點了左鍵兩下，則該零件會直接進入零件編輯畫面等同點擊 Edit... ，如要取消直接點擊編輯視窗之 ✕ 鈕即可。

步驟三：確認零件

Step 01 完成零件複製動作後，需確認該零件是否存在在指定路徑下，如沒有就是有可能存錯位置或沒有複製成功。

Step 02 確認無誤後，點擊 Edit... 編輯該零件後，會直接進入零件編輯區，將 Library Manager 對話盒縮小 ▬ 即可繼續編輯，因為編輯畫面較大，故按鍵盤 Ctrl + 滑鼠中間滾輪即可調整畫面大小，以方便做零件編輯。

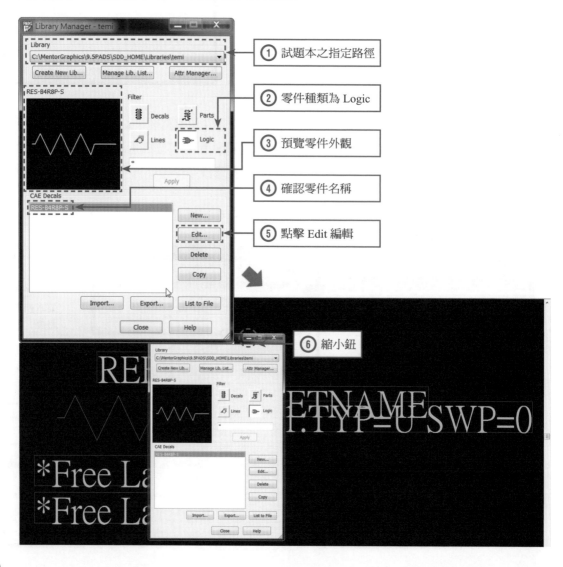

① 試題本之指定路徑
② 零件種類為 Logic
③ 預覽零件外觀
④ 確認零件名稱
⑤ 點擊 Edit 編輯
⑥ 縮小鈕

（接上頁圖示）

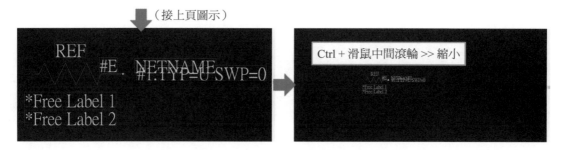

Step 03 依題本外觀做零件編輯繪製

■ 步驟四：零件符號繪製

■ **方法一**：此法主要在於說明「單一物件移動」之用法。

Step 01 點選 繪圖工具列，再點擊 將欲繪製之區域內預設位置文字移至旁邊。

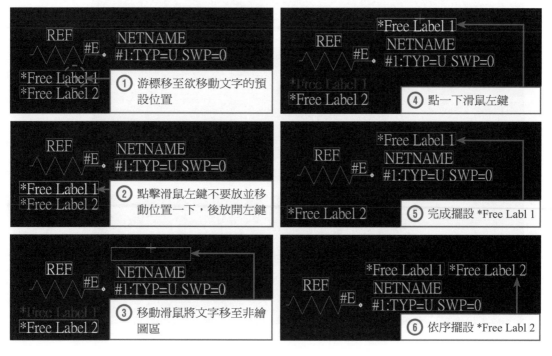

■ 方法二：直接選取移動。

Step 02 點擊 📝 2D Line 即可進行線條繪製。

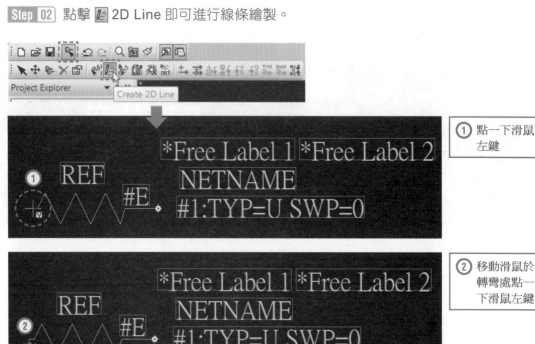

① 點一下滑鼠左鍵

② 移動滑鼠於轉彎處點一下滑鼠左鍵

③ 繼續移動滑鼠，點二下滑鼠左鍵

④ 完成階段性繪製

Step 03 因 線條外觀與後面要繪製之線條皆相同，故可利用複製方式來完成。

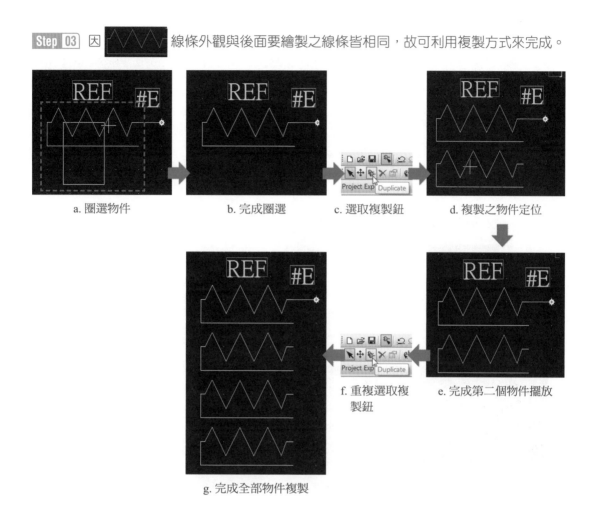

a. 圈選物件　　　　b. 完成圈選　　　　c. 選取複製鈕　　　　d. 複製之物件定位

f. 重複選取複　　　　e. 完成第二個物件擺放
製鈕

g. 完成全部物件複製

Step 04 繪製接腳

■ **方法一**：應試者可使用此法，較快速。

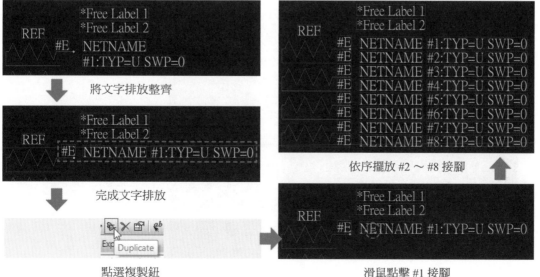

將文字排放整齊

完成文字排放

點選複製鈕

依序擺放 #2 ～ #8 接腳

滑鼠點擊 #1 接腳

■ 方法二：此法主要在於說明 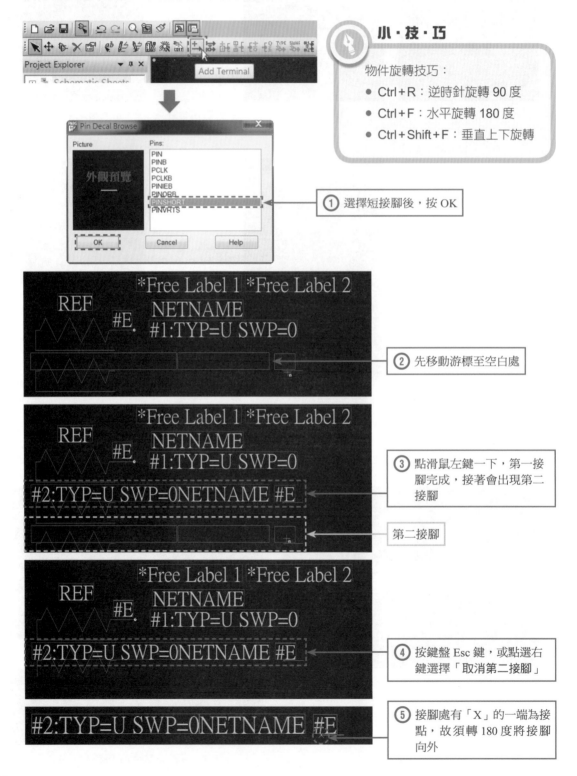 新增接腳之用法。

點擊 新增零件單一接腳，出現對話框後點選「PINSHORT」，因為此接腳為短接腳較符合試題本規定，其他接腳就較不適合。

小‧技‧巧

物件旋轉技巧：

● Ctrl＋R：逆時針旋轉 90 度
● Ctrl＋F：水平旋轉 180 度
● Ctrl＋Shift＋F：垂直上下旋轉

① 選擇短接腳後，按 OK

② 先移動游標至空白處

③ 點滑鼠左鍵一下，第一接腳完成，接著會出現第二接腳

第二接腳

④ 按鍵盤 Esc 鍵，或點選右鍵選擇「取消第二接腳」

⑤ 接腳處有「X」的一端為接點，故須轉 180 度將接腳向外

繼續完成後續接腳複製。

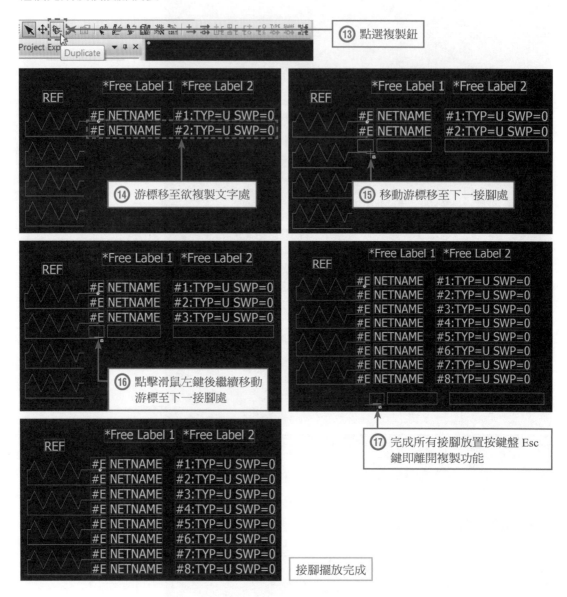

接腳擺放完成

Step 05 外框繪製

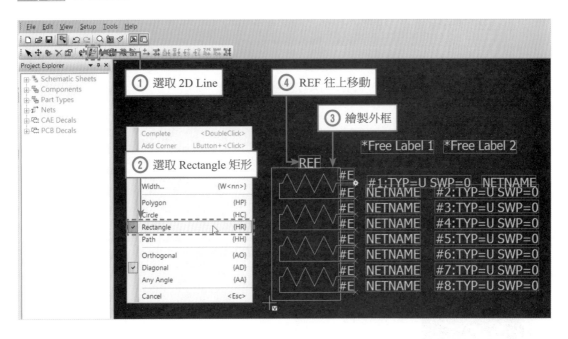

① 選取 2D Line
② 選取 Rectangle 矩形
③ 繪製外框
④ REF 往上移動

步驟五：存檔

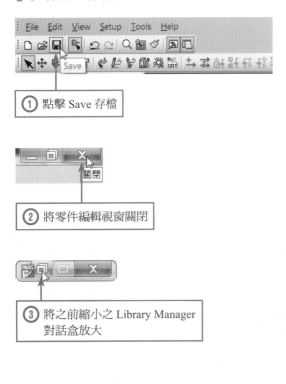

① 點擊 Save 存檔

② 將零件編輯視窗關閉

③ 將之前縮小之 Library Manager 對話盒放大

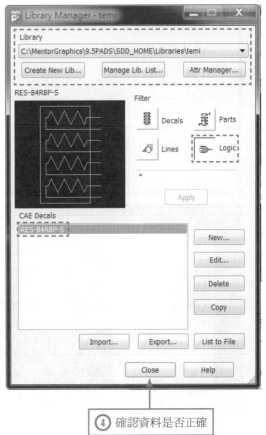

④ 確認資料是否正確

模式三：創建新零件外觀

如果零件庫中無類似之零件外觀（指外觀符號 Logic 及包裝接腳 Decals 皆不同），
則需自行建立。

■　此試題一零件為（1）U1：CA-7SEG-S。

▌步驟一：新零件建立

在新檔中環境中，直接選擇 File > Library Manager 對話盒，並利用下拉選單指向試題
本所規定之路徑「temi」。

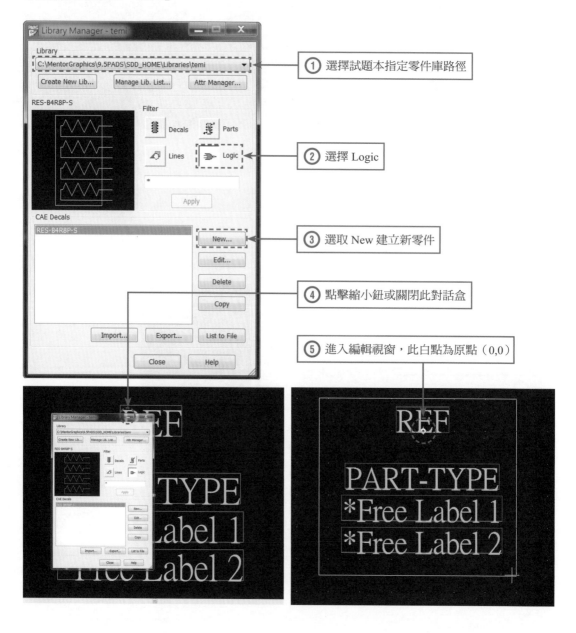

步驟二：繪製零件

Step 01 繪製前先將原點處之文字移開，以免妨礙繪製。

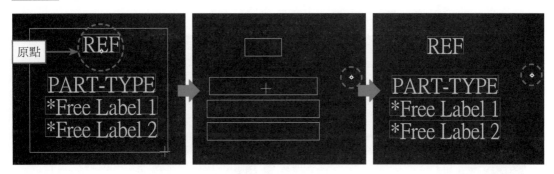

Step 02 開始進行繪製，點選 「2D Line」後於空白處點擊滑鼠右鍵選擇「Rectangle 矩形」，於原點處點擊滑鼠左鍵一下並移動滑鼠繪製一個寬 600 高 800(mils) 之矩形框，游標移至「X：600,Y：-800」處點左鍵一下，即完成矩形繪製，視窗內之顯示格點先前已設定為每一格點為 100mils。

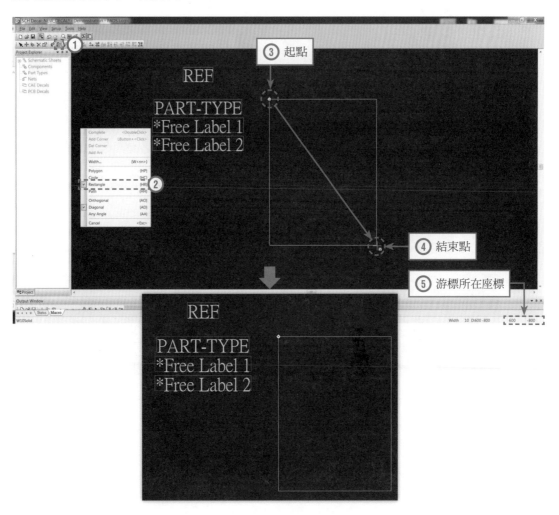

Step 03 繪製內部線條，點選 「**2D Line**」後於空白處點擊滑鼠右鍵選擇「**Path 直線**」，開始進行線條繪製；因此繪製為符號外觀，故繪製時與原試題外觀差不多即可，不一定要非常精準，但接腳位置一定不能有錯。

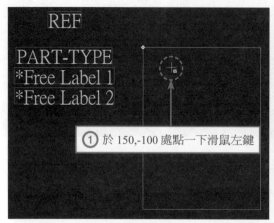

① 於 150,-100 處點一下滑鼠左鍵

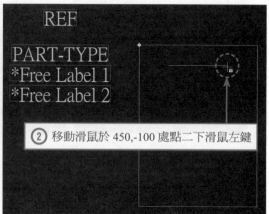

② 移動滑鼠於 450,-100 處點二下滑鼠左鍵

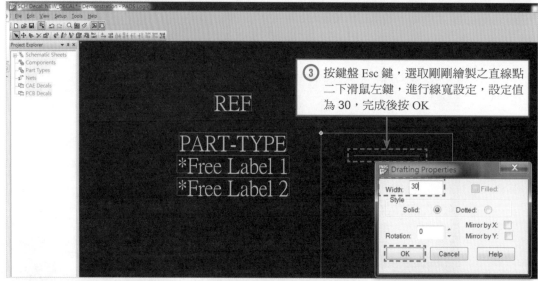

③ 按鍵盤 Esc 鍵，選取剛剛繪製之直線點二下滑鼠左鍵，進行線寬設定，設定值為 30，完成後按 OK

④ 完成第一條線

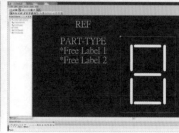

⑤ 依序完成其他線條

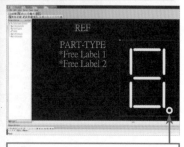

⑥ 完成直線繪製後，點選滑鼠右鍵選單，選擇 Cirde（畫圓）

註：**1.** 如需修改線可利用 ![] 來修改

    2. 如要縮短線間間距，將 Design 設小

    3. 可利用複製功能配合物件旋轉 Rotatiom 設 90 度，來完成繪製

Step 04 放置接腳：完成外觀符號繪製後，接下來就是放置接腳，注意接腳順序及方向要正確。

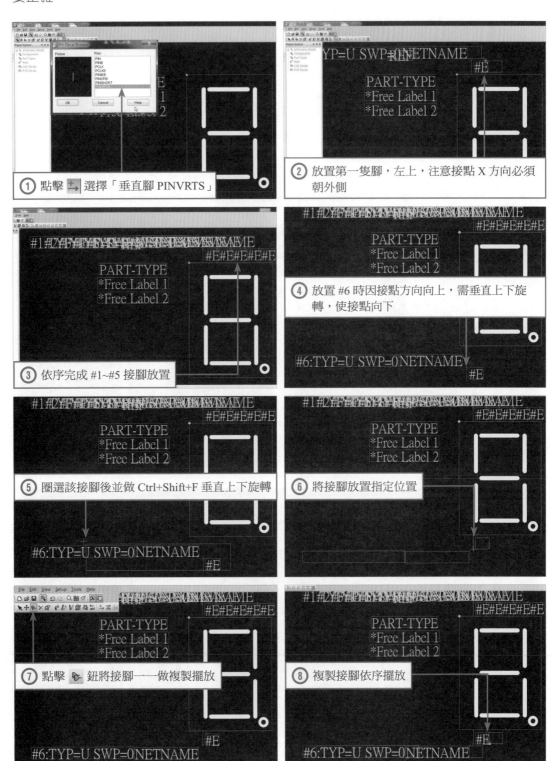

① 點擊 ➕ 選擇「垂直腳 PINVRTS」

② 放置第一隻腳，左上，注意接點 X 方向必須朝外側

③ 依序完成 #1~#5 接腳放置

④ 放置 #6 時因接點方向向上，需垂直上下旋轉，使接點向下

⑤ 圈選該接腳後並做 Ctrl+Shift+F 垂直上下旋轉

⑥ 將接腳放置指定位置

⑦ 點擊 ▷ 鈕將接腳一一做複製擺放

⑧ 複製接腳依序擺放

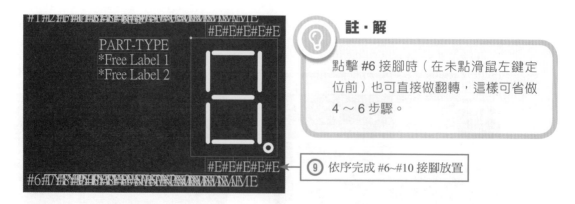

註 · 解

點擊 #6 接腳時（在未點滑鼠左鍵定位前）也可直接做翻轉，這樣可省做 4 ～ 6 步驟。

⑨ 依序完成 #6~#10 接腳放置

Step 05 文字備註：完成接腳定位後，接下來輸入接腳之相關文字備註。

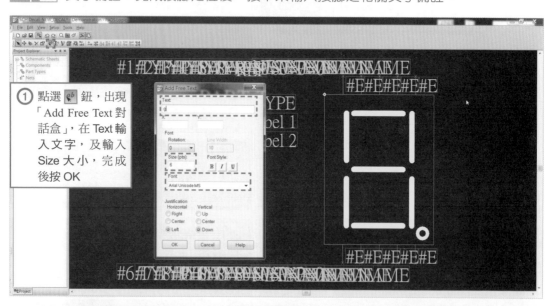

① 點選 e^b 鈕，出現「Add Free Text 對話盒」，在 **Text** 輸入文字，及輸入 **Size** 大小，完成後按 OK

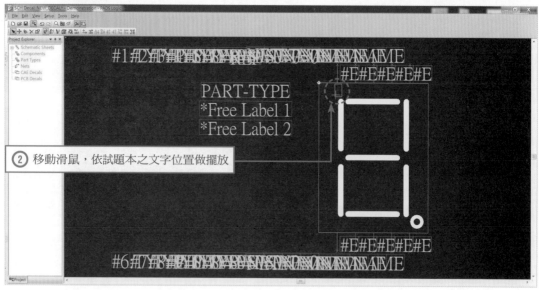

② 移動滑鼠，依試題本之文字位置做擺放

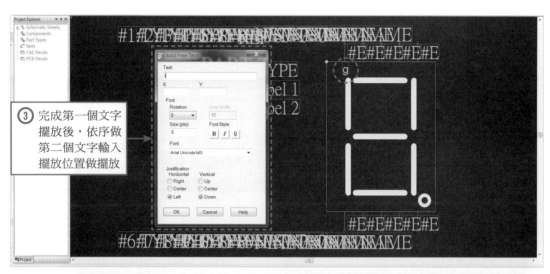

③ 完成第一個文字擺放後，依序做第二個文字輸入擺放位置做擺放

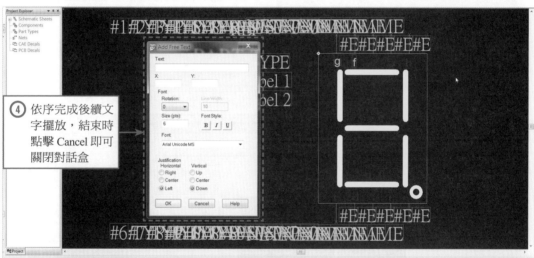

④ 依序完成後續文字擺放，結束時點擊 Cancel 即可關閉對話盒

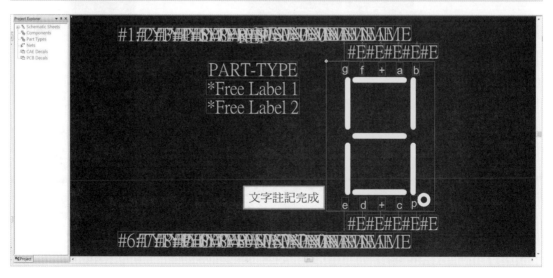

文字註記完成

▍步驟三：零件存檔

完成新零件繪製後，儲存至指定零件庫。

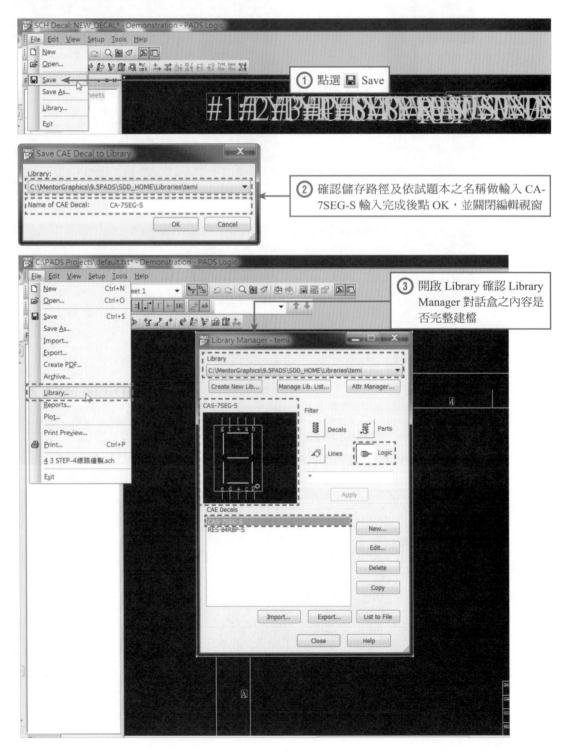

① 點選 Save

② 確認儲存路徑及依試題本之名稱做輸入 CA-7SEG-S 輸入完成後點 OK，並關閉編輯視窗

③ 開啟 Library 確認 Library Manager 對話盒之內容是否完整建檔

4-4-1-1 試題二～五零件外觀符號繪製要點

❖ 試題二

零件編修創建

零件外觀符號（Symbol、CAE Decal）

零件符號名稱：

（1）U1：OPTO-4P-S

（2）R1：RES-A8R9P-S

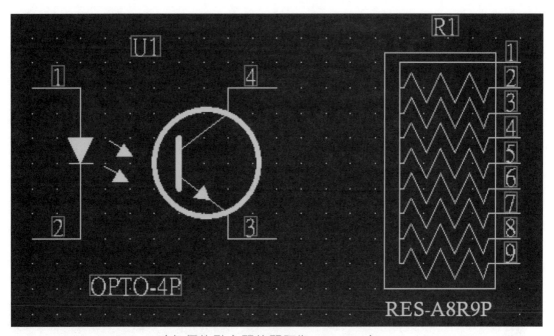

（每個格點之間的間距為 100 mils）

注・意・事・項

（1）U1：OPTO-4P-S >> 複製零件庫路徑 motor-ic 中 OPTO-ISO 後再做編輯修改

（2）R1：RES-A8R9P-S >> 複製零件庫路徑 misc 中 RESZ-H1P 後再做編輯修改

註記：可自行加註

（1）U1：OPTO-4P-S >> 複製零件庫路徑 motor-ic 中 OPTO-ISO 後再做編輯修改。

■ 使用模式二：複製修改現有零件外觀。

■ 細項相關操作請參閱範例（試題一），在此以使用者較不易上手或前面無相關敘述做說明。

▎步驟一：零件庫查詢 >> 步驟二：複製零件 >> 步驟三：確認零件

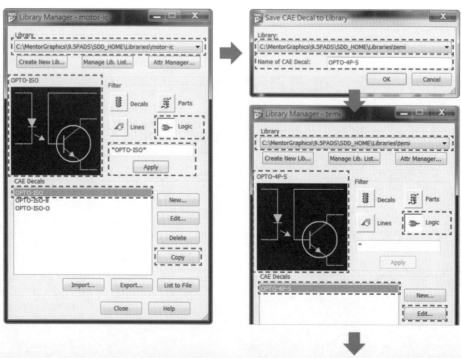

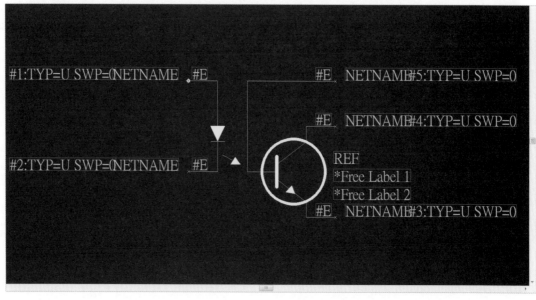

步驟四：零件符號繪製

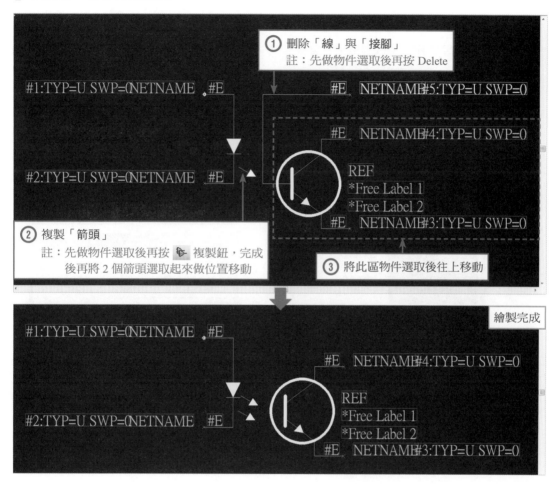

步驟五：存檔

繪製完成後按 Save 🖫，關閉 ▨▨▨ 零件編輯畫面，開啟 Library Manager 對話盒，確認零件是否無誤。

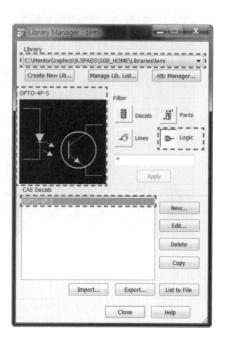

（2）R1：**RES-A8R9P-S** >> 複製零件庫路徑 misc 中 RESZ-H1P 後再做編輯修改。

■ 使用模式二：複製修改現有零件外觀。

■ 細項相關操作請參閱範例（試題一），在此以使用者較不易上手或前面無相關敘述做說明。

▌步驟一：零件庫查詢 >> 步驟二：複製零件 >> 步驟三：確認零件

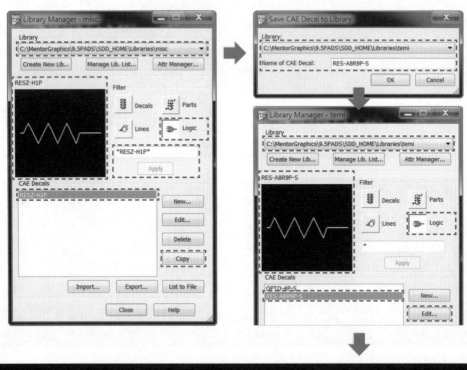

▌步驟四：零件符號繪製

此項做法類似範例試題一中之 RES-B4R8P-S，只需多複製幾個接腳及符號。

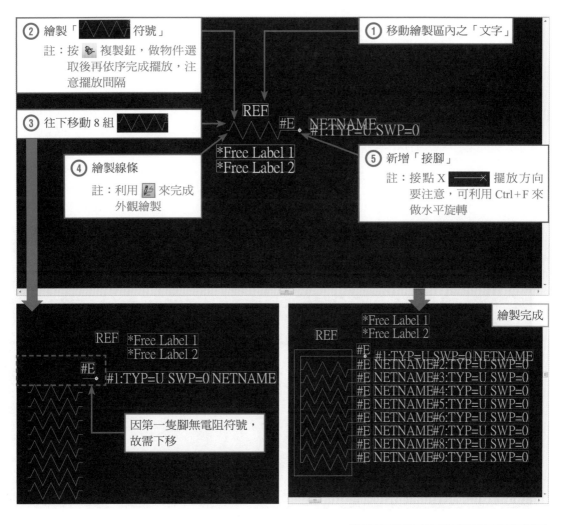

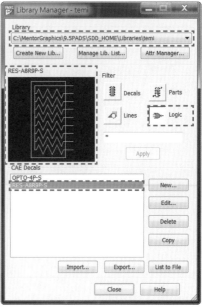

步驟五：存檔

繪製完成後按 Save ▣ ，關閉 ▬▬ 零件編輯畫面，
開啟 Library Manager 對話盒，確認零件是否無誤。

❖ 試題三

零件編修創建

零件外觀符號（Symbol、CAE Decal）

零件符號名稱：

（1）S1：DIPSW-4U8P-S

（2）U1：DIPLED-8U16P-S

（3）R1：RES-A8R9P-S

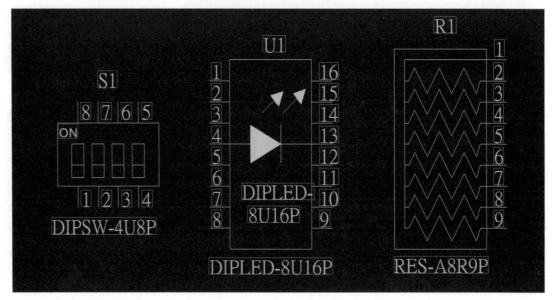

（每個格點之間的間距為 100 mils）

注・意・事・項

（1）S1：DIPSW-4U8P-S>> 考場提供零件庫 LIB(TEMI1) 中 DIP_SW8U 後再做編輯修改

（2）U1：DIPLED-8U16P-S>> 複製零件庫路徑 common 中 LED 後再做編輯修改

（3）R1：RES-A8R9P-D>> 複製零件庫路徑 misc 中 RESZ-H1P 後再做編輯修改

註記：可自行加註

（1）S1：DIPSW-4U8P-S >> 考場提供零件庫 LIB（TEMI1）（實用級之零件庫）中 DIP_SW8U 後再做編輯修改。

■ 使用模式二：複製修改現有零件外觀。

■ 細項相關操作請參閱範例（試題一），在此以使用者較不易上手或前面無相關 敘述做說明。

匯入零件庫

開啟 Library Manager 對話盒，點擊 Manage Lib. List... 新增零件庫，選擇 Add... ，路徑 選擇考場隨身碟中的 LIB 之 TEMI1.pt9。

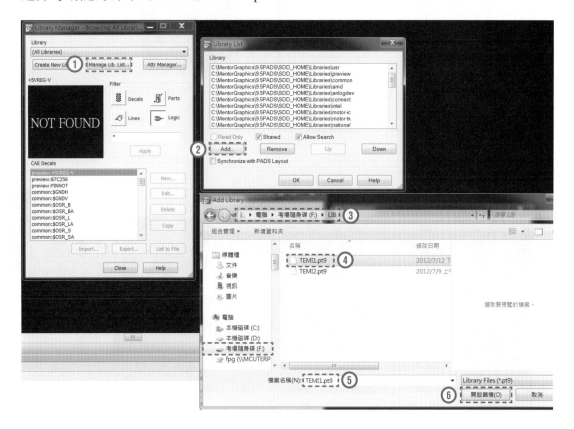

■ 步驟一：零件庫查詢 >> 步驟二：複製零件 >> 步驟三：確認零件

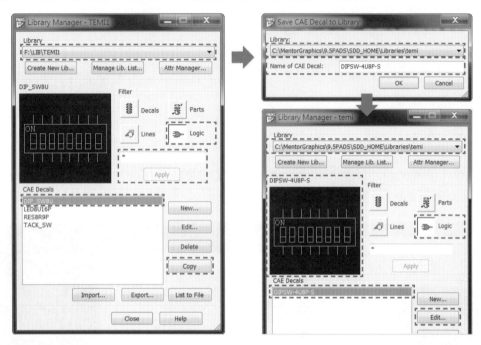

■ 步驟四：零件符號繪製

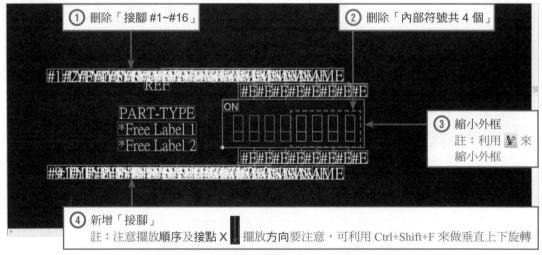

① 刪除「接腳 #1~#16」

② 刪除「內部符號共 4 個」

③ 縮小外框
註：利用 ⬚ 來縮小外框

④ 新增「接腳」
註：注意擺放順序及接點 X 擺放方向要注意，可利用 Ctrl+Shift+F 來做垂直上下旋轉

繪製完成

▌步驟五：存檔

繪製完成後按 Save 🔲，關閉 ▬▬✕▬ 零件編輯畫面，
開啟 Library Manager 對話盒，確認零件是否無誤。

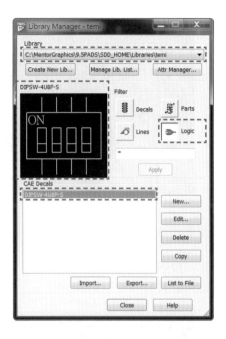

（2）U1：DIPLED-8U16P-S >> 複製零件庫路徑 common 中 LED 後再做編輯修改。

▨ 使用模式二：複製修改現有零件外觀。

▨ 細項相關操作請參閱範例（試題一），在此以使用者較不易上手或前面無相關
敘述做說明。

▌步驟一：零件庫查詢 >> 步驟二：複製零件 >> 步驟三：確認零件

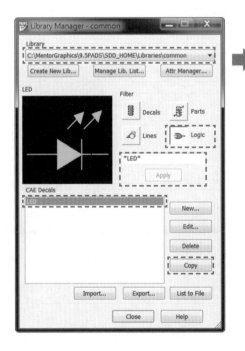

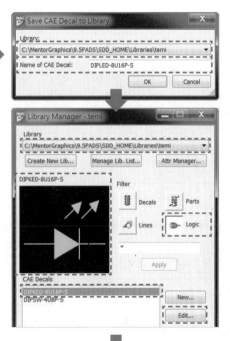

（接續下頁）

▌步驟四：零件符號繪製

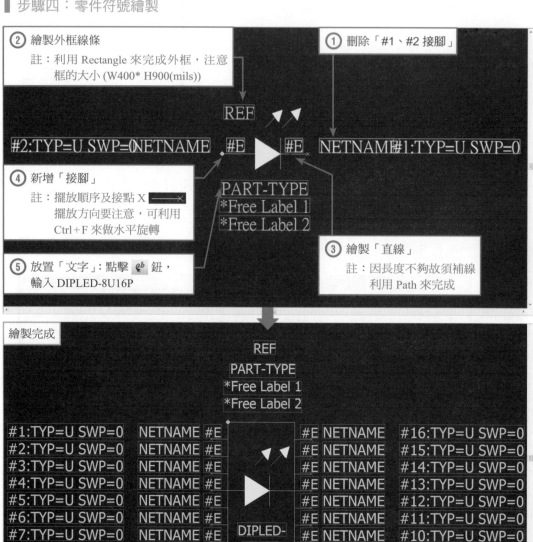

▎步驟五：存檔

繪製完成後按 Save 🖫 ，關閉 ⬛✕⬛ 零件編輯畫面，
開啟 Library Manager 對話盒，確認零件是否無誤。

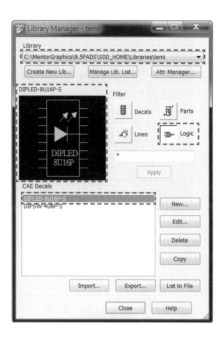

（3）R1：RES-A8R9P-S >> 複製零件庫路徑 misc 中 RESZ-H1P 後再做編輯修改。

▨ 使用模式二：複製修改現有零件外觀。

▨ 細項相關操作請參閱範例（試題一），在此以使用者較不易上手或前面無相關
敘述做說明。

▎步驟一：零件庫查詢 >> 步驟二：複製零件 >> 步驟三：確認零件

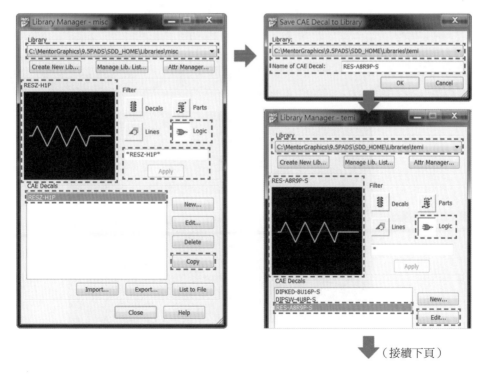

（接續下頁）

步驟四：零件符號繪製

此項做法類似範例試題一中之 RES-B4R8P-S，只需多複製幾個接腳及符號。

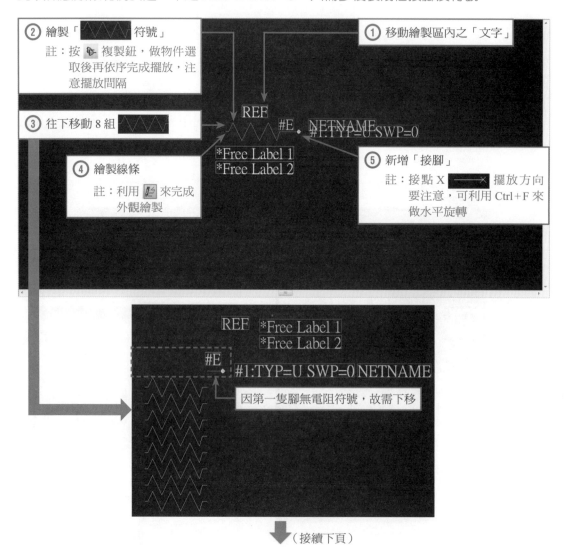

（接續下頁）

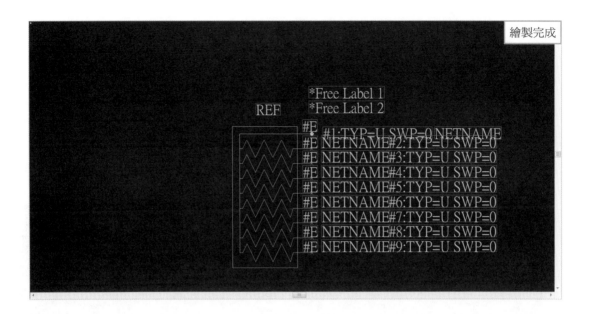

步驟五：存檔

繪製完成後按 Save 🖫，關閉 ❌ 零件編輯畫面，開啟 Library Manager 對話盒，確認零件是否無誤。

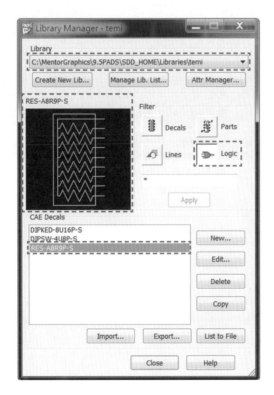

❖ 試題四

零件編修創建

零件外觀符號（Symbol、CAE Decal）

零件符號名稱：

（1）S1：TACKSW-2U4P-S

（2）R1：RES-A8R9P-S

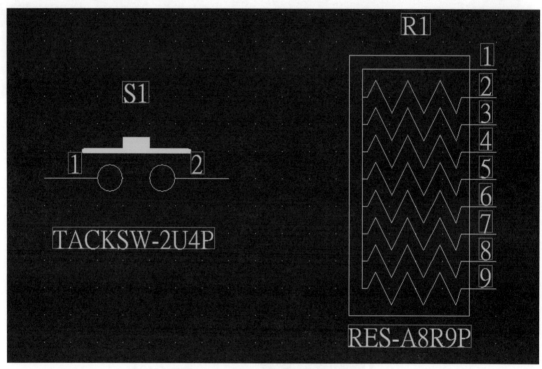

（每個格點之間的間距為 100 mils）

注·意·事·項

（1）S1：TACKSW-2U4P-S >> 考場提供零件庫 LIB（TEMI1）中 TACK_SW 後再做編輯修改

（2）R1：RES-A8R9P-S >> 複製零件庫路徑 misc 中 RESZ-H1P 後再做編輯修改

註記：可自行加註

（1）S1：TACKSW-2U4P-S >> 考場提供零件庫 LIB（TEMI1）（實用級之零件庫）
　　中 TACK_SW 後再做編輯修改。

■　使用模式二：複製修改現有零件外觀。

■　細項相關操作請參閱範例（試題一），在此以使用者較不易上手或前面無相關
　　敘述做說明。

▎匯入零件庫

開啟 Library Manager 對話盒，點擊 Manage Lib. List... 新增零件庫，選擇 Add... ，路徑
選擇考場隨身碟中的 LIB 之 TEMI1.pt9。

■ 步驟一：零件庫查詢 >> 步驟二：複製零件 >> 步驟三：確認零件

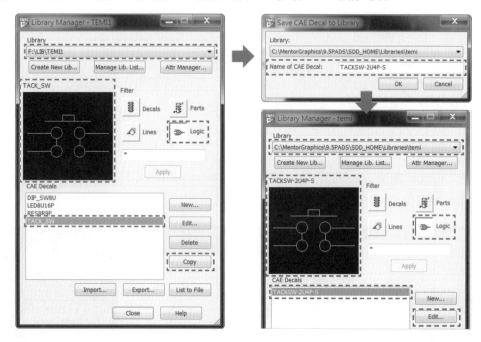

■ 步驟四：零件符號繪製

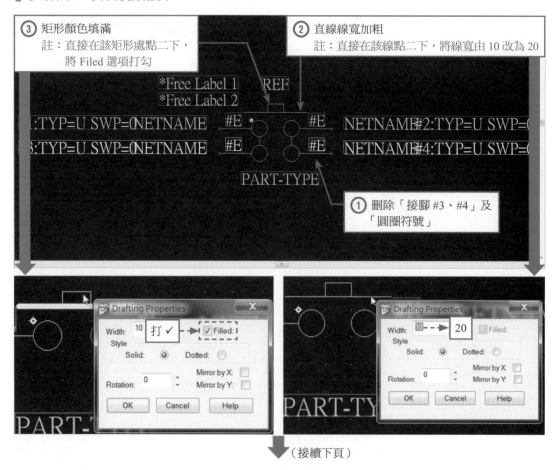

③ 矩形顏色填滿
　 註：直接在該矩形處點二下，
　　　 將 Filed 選項打勾

② 直線線寬加粗
　 註：直接在該線點二下，將線寬由 10 改為 20

① 刪除「接腳 #3、#4」及
　 「圓圈符號」

（接續下頁）

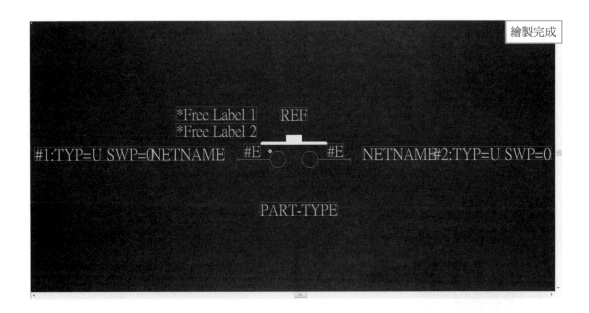

▌步驟五：存檔

繪製完成後按 Save 🖫，關閉 ⬛ 零件編輯畫面，開啟 Library Manager 對話盒，確
認零件是否無誤。

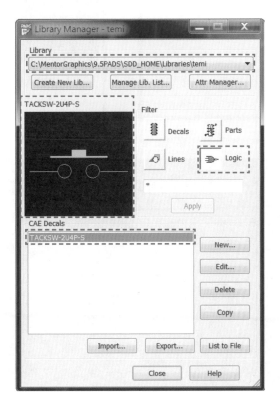

（2）R1：RES-A8R9P-S >> 複製零件庫路徑 misc 中 RESZ-H1P 後再做編輯修改。

■ 使用模式二：複製修改現有零件外觀。

■ 細項相關操作請參閱範例（試題一），在此以使用者較不易上手或前面無相關敘述做說明。

▌步驟一：零件庫查詢 >> 步驟二：複製零件 >> 步驟三：確認零件

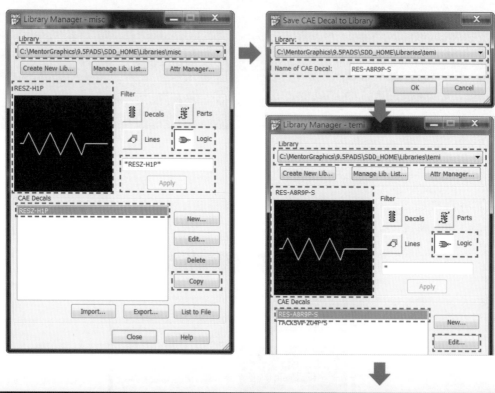

▌步驟四：零件符號繪製

此項做法類似範例試題一中之 RES-B4R8P-S，只需多複製幾個接腳及符號。

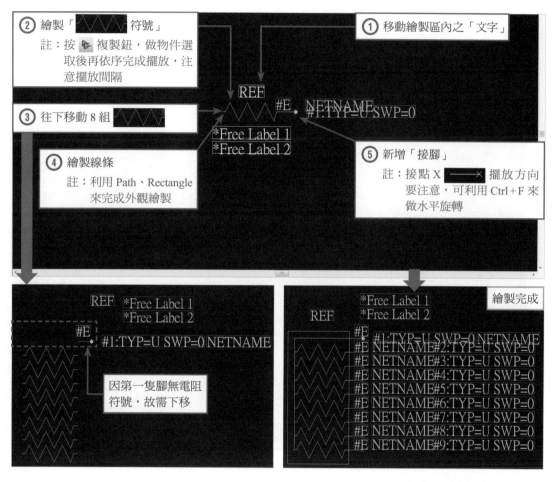

▌步驟五：存檔

繪製完成後按 Save 🖫，關閉 ✖ 零件編輯畫面，開啟 Library Manager 對話盒，確認零件是否無誤。

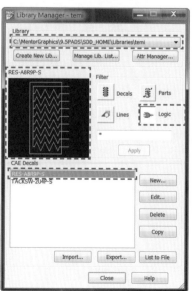

❖ 試題五

零件編修創建

零件外觀符號（Symbol、CAE Decal）

零件符號名稱：

（1）U1：DC-4506-S

（2）J1：CON-SIP2P-S

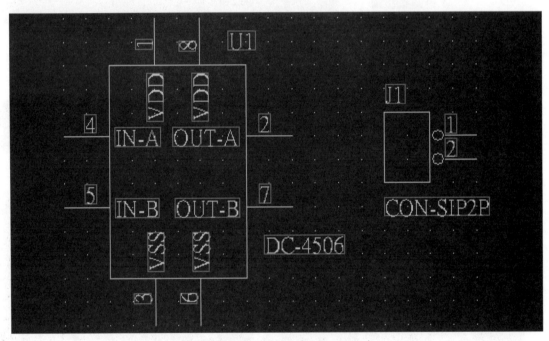

（每個格點之間的間距為 100 mils）

注·意·事·項

（1）U1：DC-4506-S >> 自行創建零件

（2）J1：CON-SIP2P-S >> 自行創建零件

註記：可自行加註

（1）U1：DC-4506-S >> 自行創建零件。

■ 使用模式三：創建新零件外觀。

■ 細項相關操作請參閱範例（試題一），在此以使用者較不易上手或前面無相關
敘述做說明。

▋步驟一：新零件建立

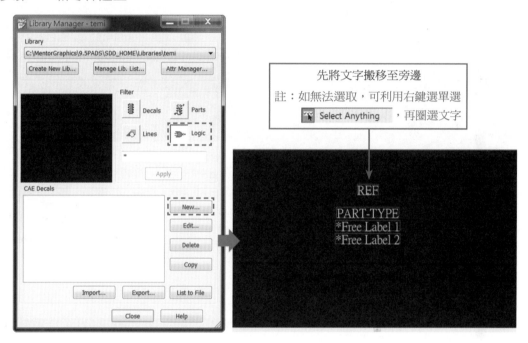

▋步驟二：繪製零件

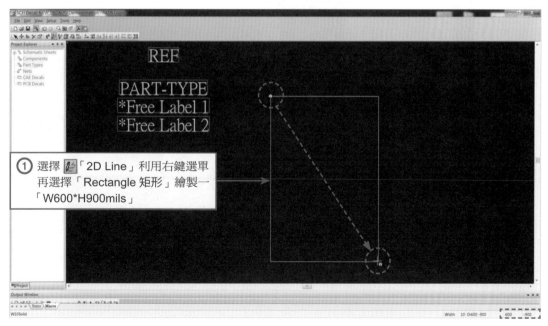

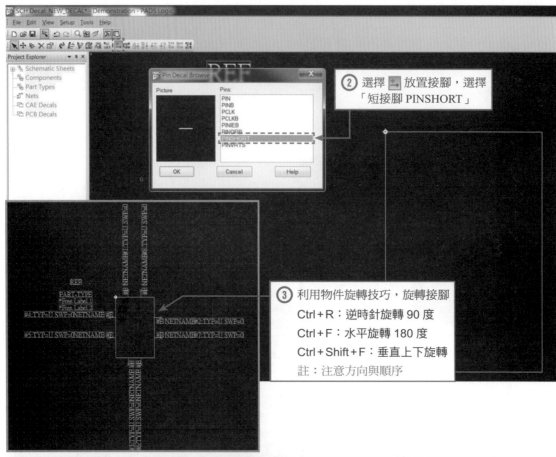

② 選擇 📥 放置接腳，選擇「短接腳 PINSHORT」

③ 利用物件旋轉技巧，旋轉接腳
Ctrl+R：逆時針旋轉 90 度
Ctrl+F：水平旋轉 180 度
Ctrl+Shift+F：垂直上下旋轉
註：注意方向與順序

④ 文字備註，點選 📝，在「Text 欄位」輸入相關字後「按 OK」，利用「Ctrl+R 旋轉」「字」的方向
註：建議將滑鼠移動之「間距調小」，
　　Tools＞Option＞＞General＞Design 調為 10mils

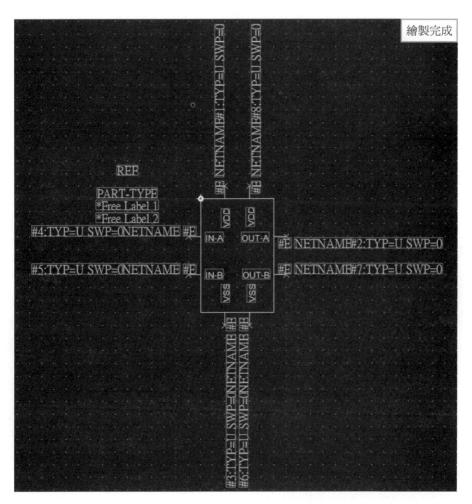

繪製完成

步驟三:存檔

繪製完成後按 Save 🖫 ,選擇儲存路徑及輸入
檔名,關閉 ❌ 零件編輯畫面,開啟 Library
Manager 對話盒,確認零件是否無誤。

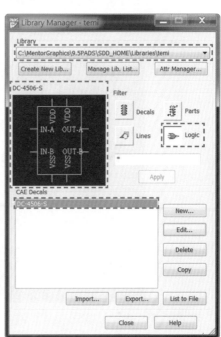

（2）J1：CON-SIP2P-S >> 自行創建零件。

■ 使用模式三：創建新零件外觀。

■ 細項相關操作請參閱範例（試題一），在此以使用者較不易上手或前面無相關敘述做說明。

步驟一：新零件建立

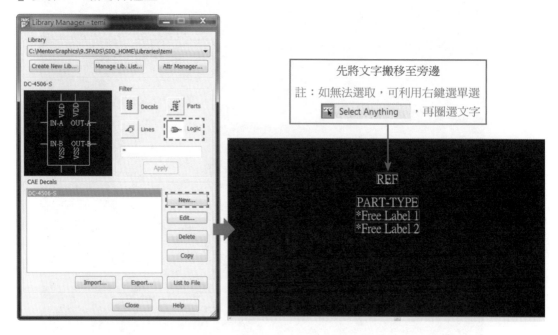

先將文字搬移至旁邊

註：如無法選取，可利用右鍵選單選 Select Anything ，再圈選文字

步驟二：繪製零件

① 選擇 「2D Line」利用右鍵選單再選擇「Rectangle 矩形」繪製一「W200*H300mils」

② 選擇 放置接腳，選擇「反相接腳 PINB」

③ 利用物件旋轉技巧，旋轉接腳 Ctrl＋F：水平旋轉 180 度
註：注意方向與順序

▌步驟三：存檔

繪製完成後按 Save，選擇儲存路徑及輸入檔名，關閉 零件編輯畫面，開啟 Library Manager 對話盒，確認零件是否無誤。

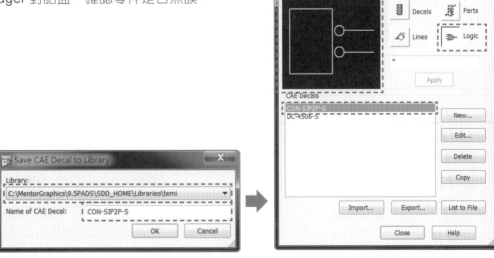

4-4-2 ▓ Decals 零件腳座包裝建立

本章節之零件需自行創建，部分零件可直接套用或做修改後使用；依試題本規定自行編修創建的所有零組元件，統一儲存在 C：\MentorGraphics\9.5PADS\SDD_HOME\Libraries\temi 磁碟路徑檔案中。

❖ 建立零件

新零件建置視零件庫是否有其相同、類似或完全沒有欲建置之零件外觀符號及包裝接腳其製作方法有三種；首先啟動 PADS Layout，由 File > New 建立一新檔，接下來做點擊功能表列中 Tools > Options，出現「Options 對話盒」，進行選項設定，先點擊「General」標籤設定「格點」（建議設定值 Design：20（物件最小移動距離）、Labels and Text：10（文字格點距離）、Display Grid：100（顯示格點距離））。

此設定目的在於配合題本規定顯示格點為 100mils 方便繪製符號。

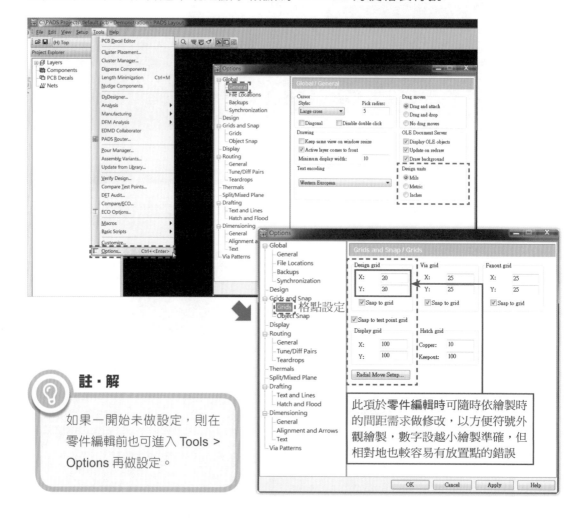

註・解

如果一開始未做設定，則在零件編輯前也可進入 Tools > Options 再做設定。

此項於零件編輯時可隨時依繪製時的間距需求做修改，以方便符號外觀繪製，數字設越小繪製準確，但相對地也較容易有放置點的錯誤

❖ 試題一

零件腳座包裝（Footprint、PCB Decal）

零件包裝名稱：

（1）U1：CA-7SEG-D
　　 Logic Family：DIP
　　 Ref Prefix：U

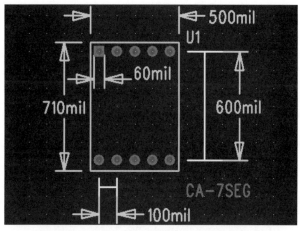

（每個格點之間的間距為 100 mils）

（2）R1：RES-B4R8P-D
　　 Logic Family：RES
　　 Ref Prefix：R

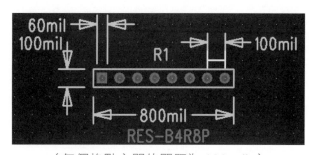

（每個格點之間的間距為 100 mils）

注・意・事・項

（1）U1：CA-7SEG-D >> 自行創建零件包裝

（2）R1：RES-A8R8P-D >> 直接複製零件庫路徑 common 中 SIP-8P

模式一：複製套用現有零件包裝

如果零件庫中有一模一樣之零件包裝（指包裝接腳 Decals 相同，外觀符號 Logic 不同）則直接作包裝接腳 Decals 複製。

■　此試題一零件為（2）R1：RSE-B4R8P-D

▋步驟一：零件庫查詢

在新檔中環境中，直接選擇 File > Library Manager 對話盒，並做零件查詢。

> ① 選擇 All Libraries 全部零件庫
>
> ② 選擇 Decals
>
> ③ 輸入關鍵字查詢，記的使用 *（萬字號），再點擊 Apply
>
> ④ 選擇零件名稱並在預覽區查看是否正確

▋步驟二：複製零件

點擊欲複製之零件兩下，此時零件庫路徑會轉至該零件原有路徑，點擊 Copy 鈕，會出現儲存對話框，該框內容為原始零件路徑及名稱，利用下拉式選單，選至試題本規定之指定路徑 C:\MentorGraphics\9.5PADS\SDD_HOME\Libraries\temi ，並修改零件名稱為「RES-B4R8P-D」。

④ 此為原始零件路徑及名稱

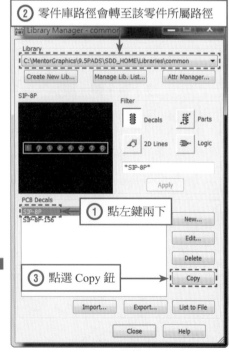

② 零件庫路徑會轉至該零件所屬路徑

① 點左鍵兩下

③ 點選 Copy 鈕

（接續下頁）

⑤ 點選下拉式選單，選擇題本要求指定路徑

⑥ 修改存放零件路徑及名稱

註·解

如果在零件名稱上（SIP-8P）又直接重複點了左鍵兩下，則該零件會直接進入零件編輯畫面等同點擊 Edit... ，如要取消直接點擊編輯視窗之 x 鈕即可。

步驟三：確認零件

Step 01 完成零件複製動作後，需確認該零件是否存在在指定路徑下，如沒有就是有可能存錯位置或沒有複製成功。

Step 02 確認無誤後，點擊 Edit... 編輯該零件後，會直接進入零件編輯區，將 Library Manager 對話盒縮小 即可繼續編輯，因為編輯畫面較大，故按鍵盤 Ctrl + 滑鼠中間滾輪即可調整畫面大小，確認該零件包裝是否符合題本要求（如間距、接腳等）。

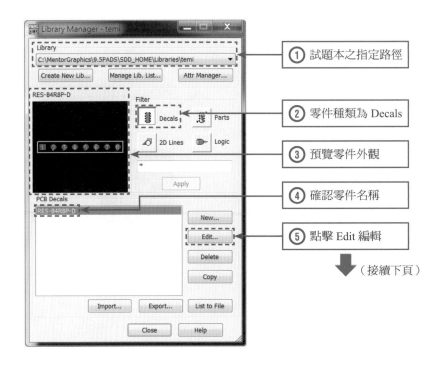

① 試題本之指定路徑

② 零件種類為 Decals

③ 預覽零件外觀

④ 確認零件名稱

⑤ 點擊 Edit 編輯

（接續下頁）

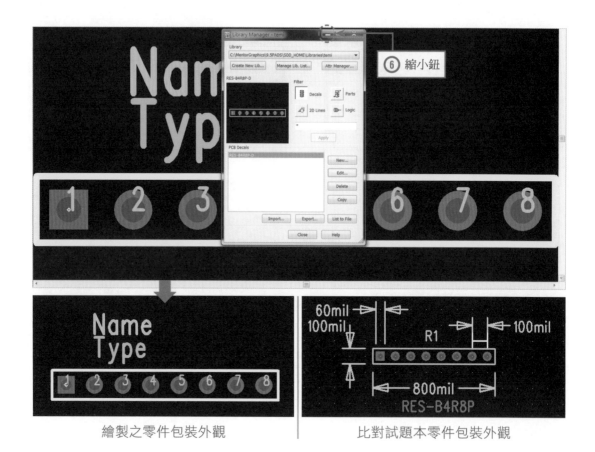

| 繪製之零件包裝外觀 | 比對試題本零件包裝外觀 |

模式二：複製修改現有零件包裝

如果零件庫中有類似之零件包裝（指包裝接腳 Decals 部分相同）則直接作包裝接腳 Decals 複製後修改。

■ 因試題一無此模式，故以試題二零件 R1：RSE-A8R9P-D 為範例說明

▌步驟一：零件庫查詢

在新檔中環境中，直接選擇 File > Library Manager 對話盒，並做零件查詢。

```
① 選擇 All Libraries 全部零件庫
② 選擇 Decals
③ 輸入關鍵字查詢，記的使用 *（萬字號），再點擊 Apply
④ 選擇零件名稱並在預覽區查看是否正確
```

▌步驟二：複製零件

點擊欲複製之零件兩下，此時零件庫路徑會轉至該零件原有路徑，點擊 Copy 鈕，會出現儲存對話框，該框內容為原始零件路徑及名稱，利用下拉式選單，選至試題本規定之指定路徑 C:\MentorGraphics\9.5PADS\SDD_HOME\Libraries\temi ，並修改零件名稱為「RES-A8R9P-D」。

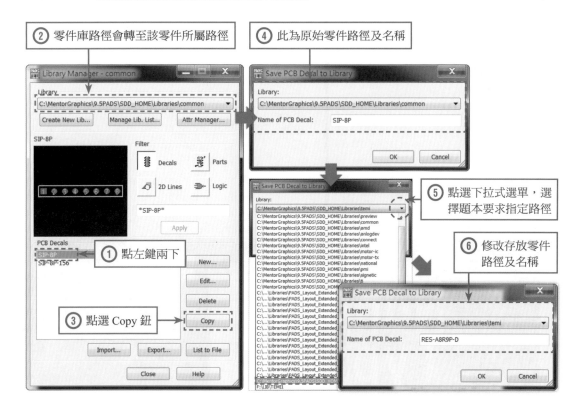

▌註‧解

如果在零件名稱上（SIP-8P）又直接重複點了左鍵兩下，則該零件會直接進入零件編輯畫面等同點擊 Edit... ，如要取消直接點擊編輯視窗之 X 鈕即可。

▌步驟三：確認零件

Step 01 完成零件複製動作後，需確認該零件是否存在在指定路徑下，如沒有就是有可能存錯位置或沒有複製成功。

Step 02 確認無誤後，點擊 Edit... 編輯該零件後，會直接進入零件編輯區，將 Library Manager 對話盒縮小 ▬ 即可繼續編輯，因為編輯畫面較大，故按鍵盤 Ctrl + 滑鼠中間滾輪即可調整畫面大小，以方便做零件編輯。

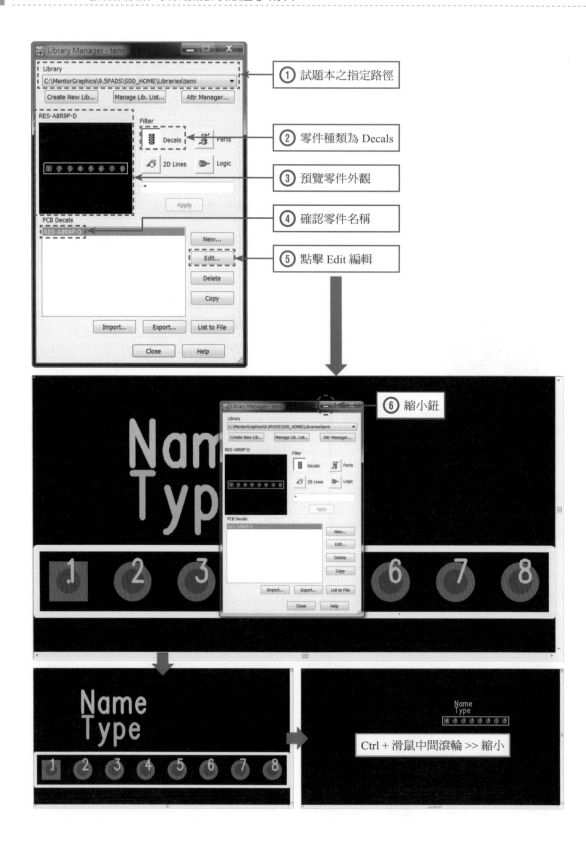

① 試題本之指定路徑

② 零件種類為 Decals

③ 預覽零件外觀

④ 確認零件名稱

⑤ 點擊 Edit 編輯

⑥ 縮小鈕

Ctrl + 滑鼠中間滾輪 >> 縮小

Step 03 依題本外觀做零件編輯繪製。

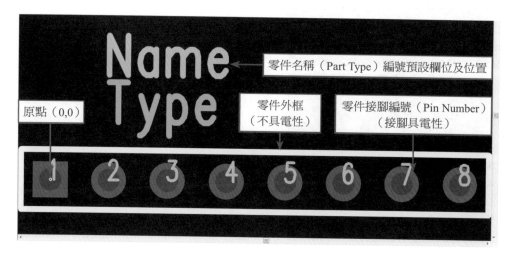

▋ 步驟四：零件封裝繪製

Step 01 點選 繪圖工具列，再點擊 將欲修改之包裝外框。

小 · 技 · 巧

因外框為 910mils 故建議可移動間距設定 X 為 5mils。

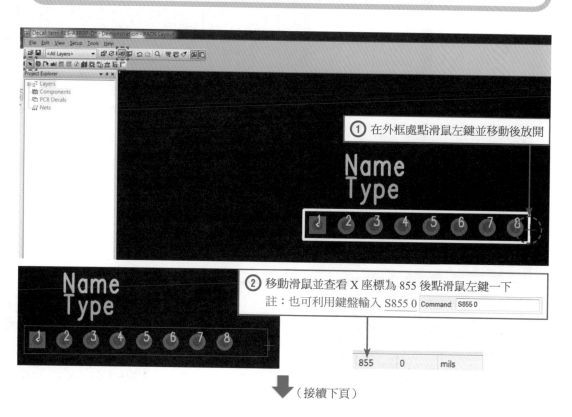

（接續下頁）

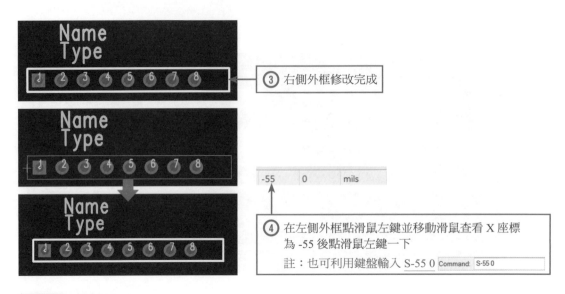

③ 右側外框修改完成

| -55 | 0 | mils |

④ 在左側外框點滑鼠左鍵並移動滑鼠查看 X 座標
為 -55 後點滑鼠左鍵一下

註：也可利用鍵盤輸入 S-55 0 Command: S-55 0

Step 02 放置 Pad

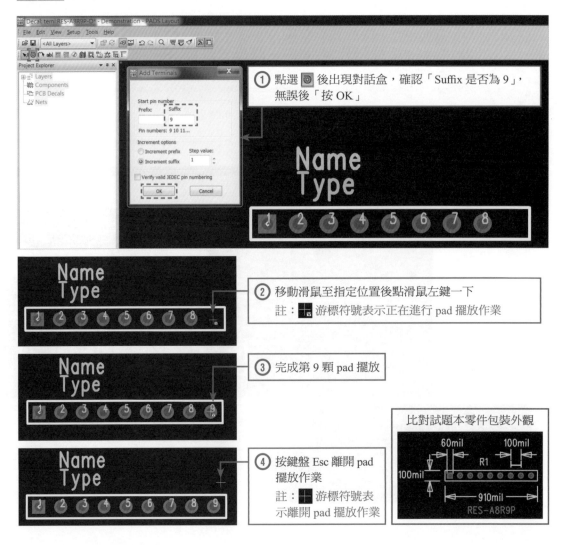

① 點選 ⑥ 後出現對話盒，確認「Suffix 是否為 9」，
無誤後「按 OK」

② 移動滑鼠至指定位置後點滑鼠左鍵一下
註：■ 游標符號表示正在進行 pad 擺放作業

③ 完成第 9 顆 pad 擺放

④ 按鍵盤 Esc 離開 pad
擺放作業

註：■ 游標符號表
示離開 pad 擺放作業

比對試題本零件包裝外觀

▍步驟五：存檔

繪製完成後按 Save 🖫 ，關閉 ▬x▬ 零件編輯畫面，開啟 Library Manager 對話盒，確認零件是否無誤。

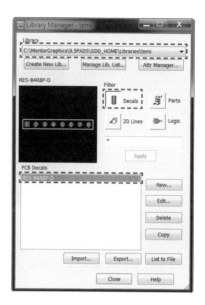

模式三：創建新零件包裝

如果零件庫中無類似之零件包裝（指包裝接腳 Decals 皆不同），則需自行建立。

■ 此試題一零件為（1）U1：CA-7SEG-D

▍步驟一：新零件建立

在新檔中環境中，直接選擇 File > Library Manager 對話盒，並利用下拉選單指向試題本所規定之路徑「temi」。

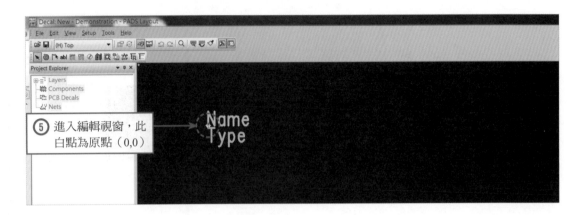

⑤ 進入編輯視窗，此白點為原點（0,0）

步驟二：繪製零件

Step 01 繪製前先將原點處之文字移開（如無法選擇文字請點選右鍵選單選擇 Select Anything 即可進行任何物件點選），以免妨礙繪製。

Step 02 開始進行 Pad 擺放，點選 會出現「AddTerminal 對話盒」，確認「Suffix 是否 1」，無誤後「按 OK」，於原點處（0,0）按滑鼠左鍵一下，完成第一個 Pad 擺放，點選鍵盤 Esc 鍵，離開 Pad 擺放作業。

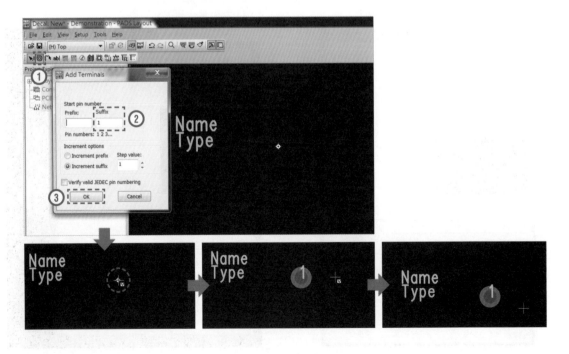

Step 03 在 Pad 處點滑鼠左鍵二下（如果無法選到 Pad，點右鍵選單選擇 Select Terminals ），進入 Pad 設定盒，點擊「Pad Stack」後依題本規定第一個 Pad 為正方形（在 Parameters 選擇），選擇 ■ 完成後「按 OK」。

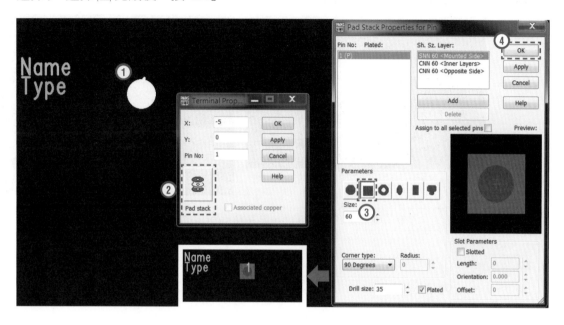

Step 04 再次點選 ⦿ 後出現「Add Terminal 對話盒」，確認「Suffix 是否為 2」，無誤後「按 OK」依序移至第二指定位置完成後續 2~9 之 Pad 擺放，視窗內之顯示格點先前已設定為每一格點為 100mils。

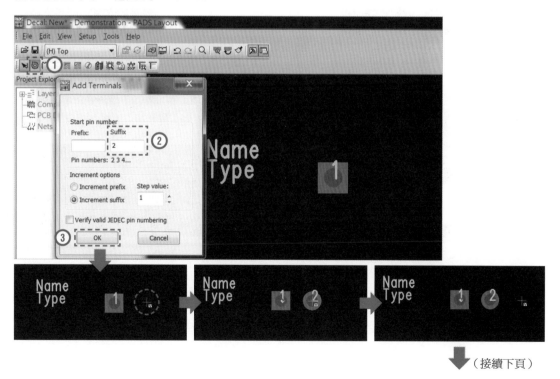

（接續下頁）

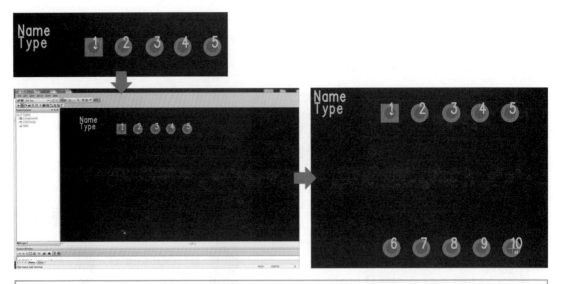

須依試題本規定擺放 Pad，注意間隔，每一間格為 100mils。

Step 05 完成 Pad 擺放後，接下來就是繪製外框，先點選工具列中 Tools > Option > Grids 將可移動距離設定為 X：50,Y：5(mils)，因為外框尺寸為 W500*H710(mils)。

Design grid	
X:	50
Y:	5

Step 06 完成設定後點選 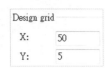 進行矩形外框繪製。

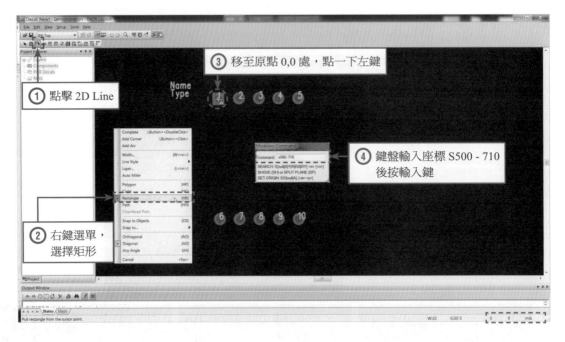

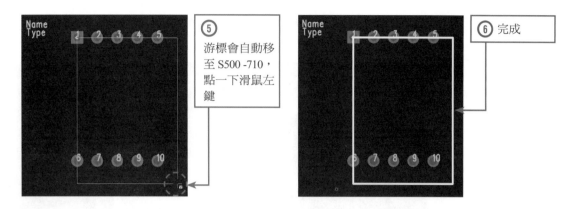

Step 07 完成外框繪製後，須平均套用在接腳包裝上，在 🔍 模式下於空白編輯區點滑鼠右鍵，選擇 Select Shapes ，再將滑鼠移至外框處點一下滑鼠左鍵並搬移外框，完成外框擺放。

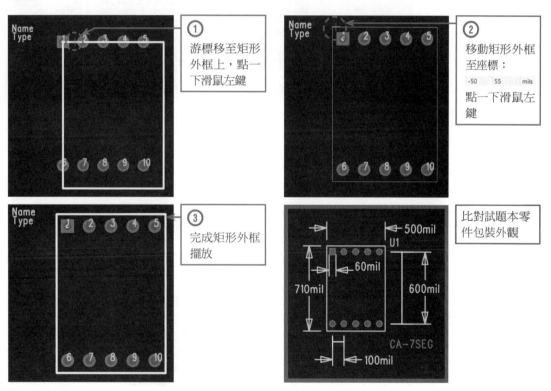

步驟三：存檔

Step 01 將該零件包裝儲存至指定零件庫 C:\MentorGraphics\9.5PADS\SDD_HOME\Libraries\temi ，並依試題本規定「輸入名稱 CA-7SEG-D」。

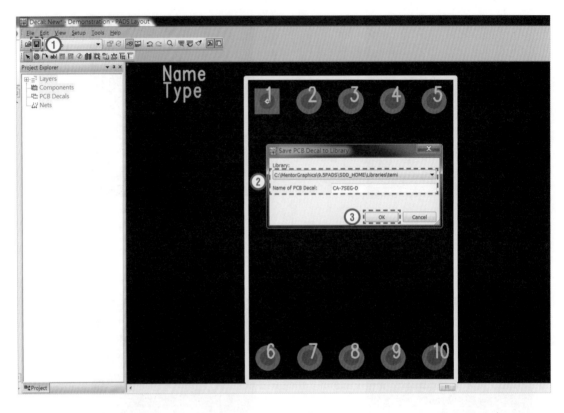

Step 02 點擊 〔 OK 〕 後系統會出現以下對話盒，詢問您是否要進行零件外觀與零件包裝的整合作業，如您要立刻做整合可選擇 〔 是(Y) 〕，在此因配合本書之學習流程，故請使用者先點選 〔 否(N) 〕，後續如已了解所有製作流程，則可直接做整合作業。

Step 03 儲存完後，關閉 〔 X 〕 零件編輯畫面，開啟 Library Manager 對話盒，確認零件是否無誤。

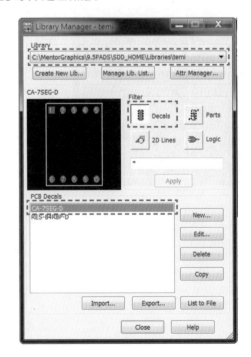

4-4-2-1 試題二～五零件腳座包裝繪製要點

❖ 試題二

零件腳座包裝（Footprint、PCB Decal）

零件包裝名稱：

（1）U1：OPTO-4P-D

　　　Logic Family：TTL

　　　Ref Prefix：U

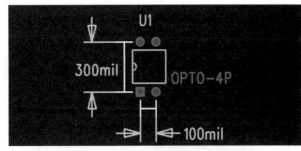

（每個格點之間的間距為 100 mils）

（2）R1：RES-A8R9P-D

　　　Logic Family：RES

　　　Ref Prefix：R

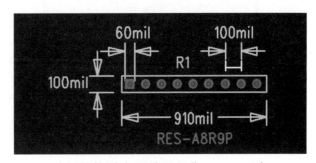

（每個格點之間的間距為 100 mils）

注·意·事·項

（1）U1：OPTO-4P-D >> 複製零件庫路徑 common 中 DIP6 後再做編輯修改

（2）R1：RES-A8R9P-D >> 複製零件庫路徑 common 中 SIP-8P 後再做編輯修改

（1）U1：OPTO-4P-D >> 複製零件庫路徑 common 中 DIP6 後再做編輯修改。

- 使用模式二：複製修改現有零件包裝。

- 細項相關操作請參閱範例（試題一），在此以使用者較不易上手或前面無相關敘述做說明。

步驟一：零件庫查詢 >> 步驟二：複製零件 >> 步驟三：確認零件

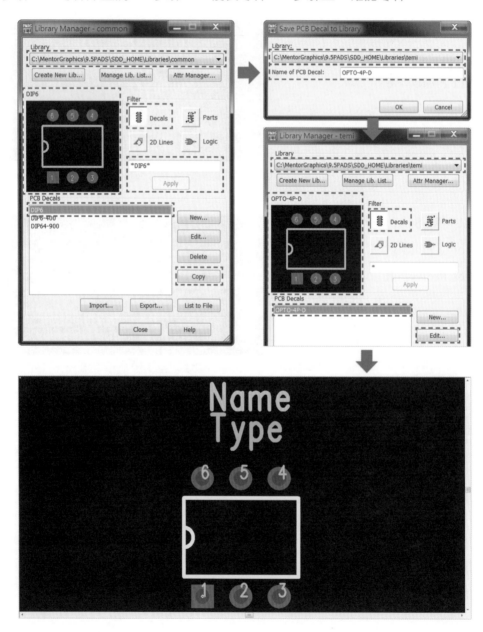

▌步驟四：零件符號繪製

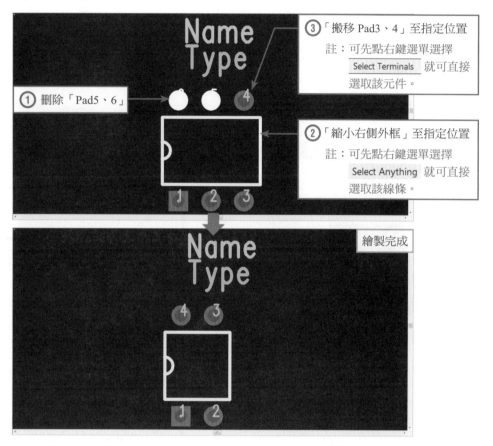

① 刪除「Pad5、6」

③「搬移 Pad3、4」至指定位置
　註：可先點右鍵選單選擇
　　Select Terminals 就可直接
　　選取該元件。

②「縮小右側外框」至指定位置
　註：可先點右鍵選單選擇
　　Select Anything 就可直接
　　選取該線條。

繪製完成

▌步驟五：存檔

繪製完成後按 Save 💾，關閉 ❌ 零件編輯畫面，開啟 Library Manager 對話盒，確認零件是否無誤。

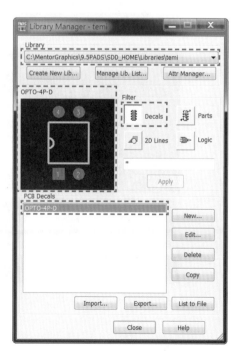

（2）R1：RES-A8R9P-D >> 複製零件庫路徑 common 中 SIP-8P 後再做編輯修改。

■ 使用模式二：複製修改現有零件包裝。

■ 細項相關操作請參閱範例（試題一），在此以使用者較不易上手或前面無相關敘述做說明。

▌步驟一：零件庫查詢 >> 步驟二：複製零件 >> 步驟三：確認零件

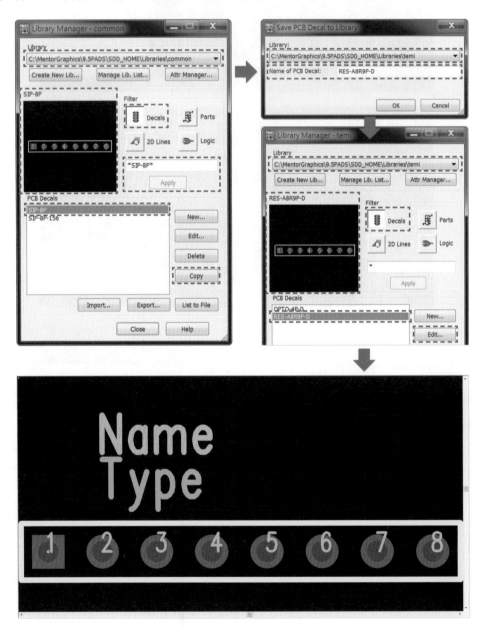

■ 步驟四：零件符號繪製

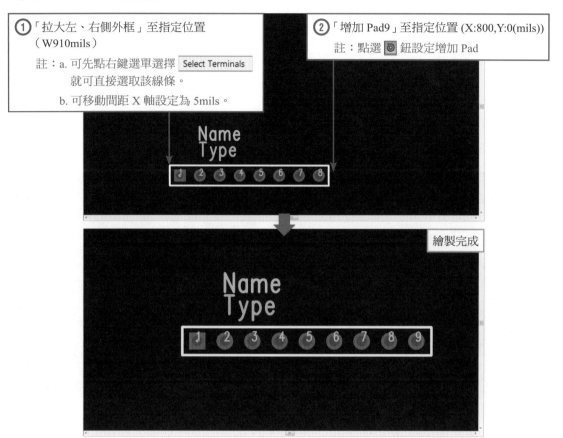

① 「拉大左、右側外框」至指定位置
（W910mils）

　　註：a. 可先點右鍵選單選擇 Select Terminals 就可直接選取該線條。

　　　　b. 可移動間距 X 軸設定為 5mils。

② 「增加 Pad9」至指定位置 (X:800,Y:0(mils))

　　註：點選 🔘 鈕設定增加 Pad

■ 步驟五：存檔

繪製完成後按 Save 💾，關閉 ✕ 零件編輯畫面，開啟 Library Manager 對話盒，確認零件是否無誤。

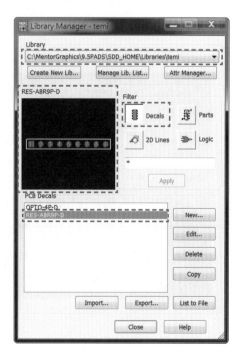

❖ 試題三

零件腳座包裝（Footprint、PCB Decal）

零件包裝名稱：

（1）S1：DIPSW-4U8P-D
　　　Logic Family：SWI
　　　Ref Prefix：S

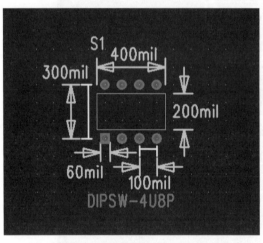

（每個格點之間的間距為 100 mils）

（2）U1：DIPLED-8U16P-D
　　　Logic Family：DIP
　　　Ref Prefix：U

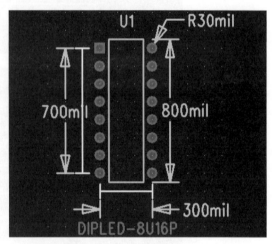

（每個格點之間的間距為 100 mils）

（3）R1：RES-A8R9P-D
　　　Logic Family：RES
　　　Ref Prefix：R

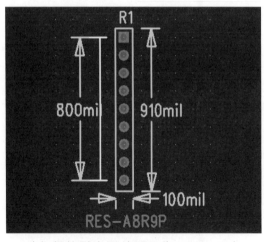

（每個格點之間的間距為 100 mils）

注·意·事·項

（1）S1：DIPSW-4U8P-D >>
　　直接複製零件庫路徑 common
　　中 DIP8

（2）U1：DIPLED-8U16P-D >>
　　直接複製零件庫路徑 common
　　中 DIP16

（3）R1：RES-A8R9P-D >>
　　複製零件庫路徑 common 中 SIP
　　-8P 後再做編輯修改

（1）S1：**DIPSW-4U8P-D** >> 直接複製零件庫路徑 common 中 DIP8。

■ 使用模式一：複製現有零件包裝。

■ 細項相關操作請參閱範例（試題一），在此以使用者較不易上手或前面無相關敘述做說明。

▌步驟一：零件庫查詢 >> 步驟二：複製零件 >> 步驟三：確認零件

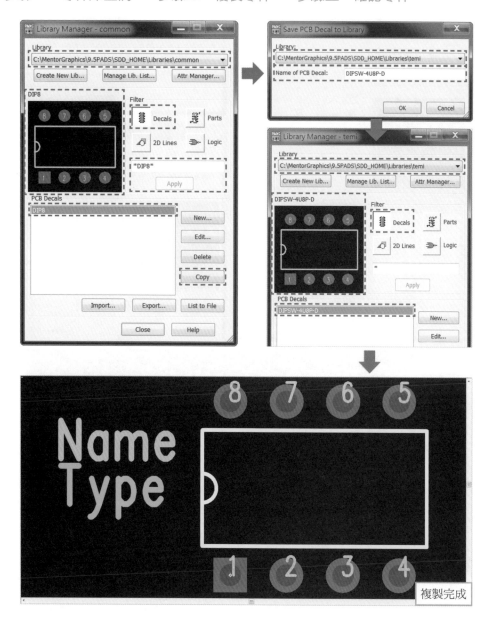

（2）U1：DIPLED-8U16P-D >> 直接複製零件庫路徑 common 中 DIP16。

■ 使用模式一：複製現有零件包裝。

■ 細項相關操作請參閱範例（試題一），在此以使用者較不易上手或前面無相關
敘述做說明。

步驟一：零件庫查詢 >> 步驟二：複製零件 >> 步驟三：確認零件

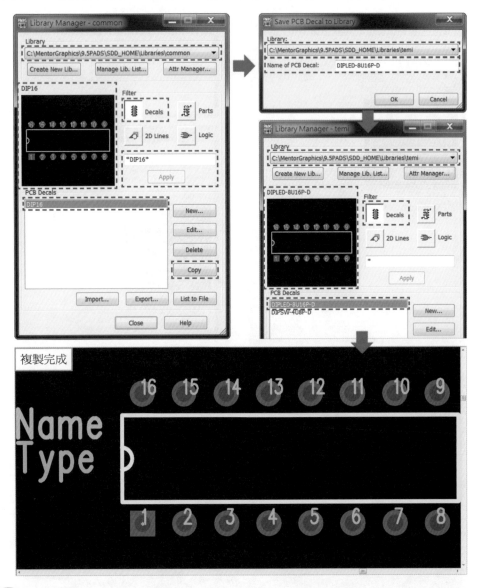

註·解

原題本封裝外觀為直式，但因在 Layout 做零件擺放時可將零件隨意做 90 度旋轉，故
在此可利用相接近之零件做複製使用；注意零件旋轉後需與題本內容相同。

（3）R1：RES-A8R9P-D >> 複製零件庫路徑 common 中 SIP-8P 後再做編輯修改。

▓ 使用模式二：複製修改現有零件包裝。

▓ 細項相關操作請參閱範例（試題一），在此以使用者較不易上手或前面無相關敘述做說明。

▋ 步驟一：零件庫查詢 >> 步驟二：複製零件 >> 步驟三：確認零件

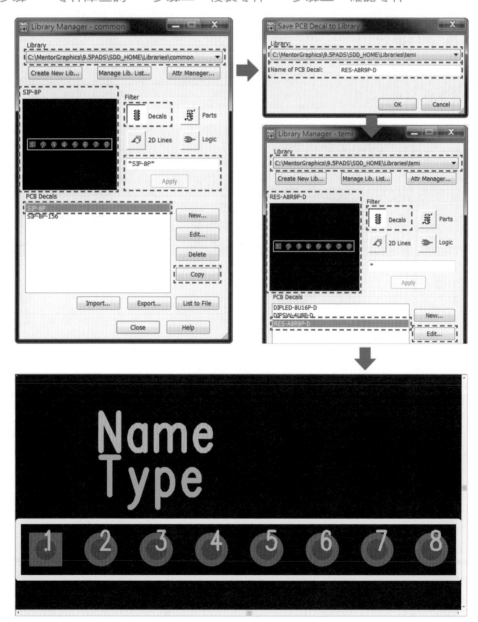

▊ 步驟四：零件符號繪製

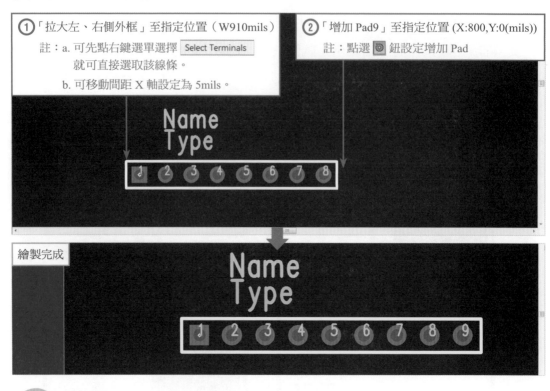

① 「拉大左、右側外框」至指定位置（W910mils）

　　註：a. 可先點右鍵選單選擇 `Select Terminals` 就可直接選取該線條。

　　　　b. 可移動間距 X 軸設定為 5mils。

② 「增加 Pad9」至指定位置 (X:800,Y:0(mils))

　　註：點選 ⊚ 鈕設定增加 Pad

繪製完成

註・解

原題本封裝外觀為直式，但因在 Layout 做零件擺放時可將零件隨意做 90 度旋轉，故在此可利用相接近之零件做複製使用；注意零件旋轉後需與題本內容相同。

▊ 步驟五：存檔

繪製完成後按 Save 🖫，關閉 ✕ 零件編輯畫面，開啟 Library Manager 對話盒，確認零件是否無誤。

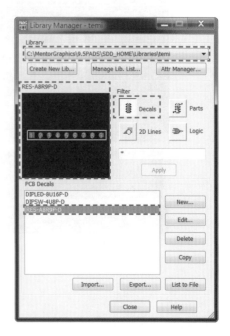

❖ 試題四

零件腳座包裝（Footprint、PCB Decal）

零件包裝名稱：

（1）S1：TACKSW-2U4P-D

　　Logic Family：SWI

　　Ref Prefix：S

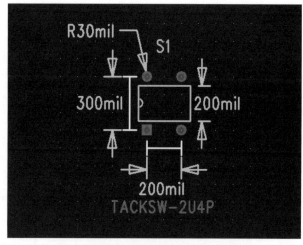

（每個格點之間的間距為 100 mils）

（2）R1：RES-A8R9P-D

　　Logic Family：RES

　　Ref Prefix：R

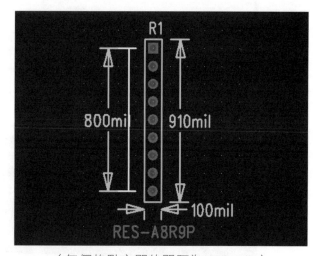

（每個格點之間的間距為 100 mils）

注·意·事·項

（1）S1：TACKSW-2U4P-D >> 複製零件庫路徑 common 中 DIP6 後再做編輯修改

（2）R1：RES-A8R9P-D >> 複製零件庫路徑 common 中 SIP-8P 後再做編輯修改

（1）S1：TACKSW-2U4P-D >> 複製零件庫路徑 common 中 DIP6 後再做編輯修改。

■ 使用模式二：複製修改現有零件包裝。

■ 細項相關操作請參閱範例（試題一），在此以使用者較不易上手或前面無相關敘述做說明。

▌步驟一：零件庫查詢 >> 步驟二：複製零件 >> 步驟三：確認零件

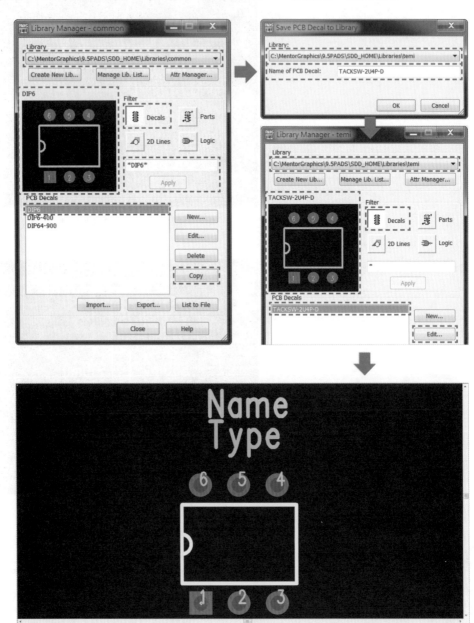

▌步驟四：零件符號繪製

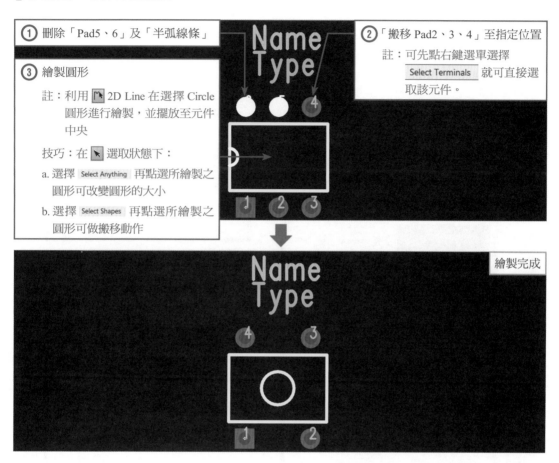

① 刪除「Pad5、6」及「半弧線條」

② 「搬移 Pad2、3、4」至指定位置
註：可先點右鍵選單選擇 Select Terminals 就可直接選取該元件。

③ 繪製圓形
註：利用 2D Line 在選擇 Circle 圓形進行繪製，並擺放至元件中央
技巧：在 選取狀態下：
a. 選擇 Select Anything 再點選所繪製之圓形可改變圓形的大小
b. 選擇 Select Shapes 再點選所繪製之圓形可做搬移動作

繪製完成

▌步驟五：存檔

繪製完成後按 Save 📄，關閉 ✕ 零件編輯畫面，開啟 Library Manager 對話盒，確認零件是否無誤。

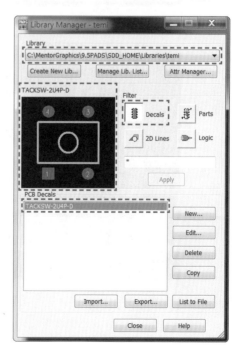

（2）R1：RES-A8R9P-D >> 複製零件庫路徑 common 中 SIP-8P 後再做編輯修改。

■ 使用模式二：複製修改現有零件包裝。

■ 細項相關操作請參閱範例（試題一），在此以使用者較不易上手或前面無相關敘述做說明。

▌步驟一：零件庫查詢 >> 步驟二：複製零件 >> 步驟三：確認零件

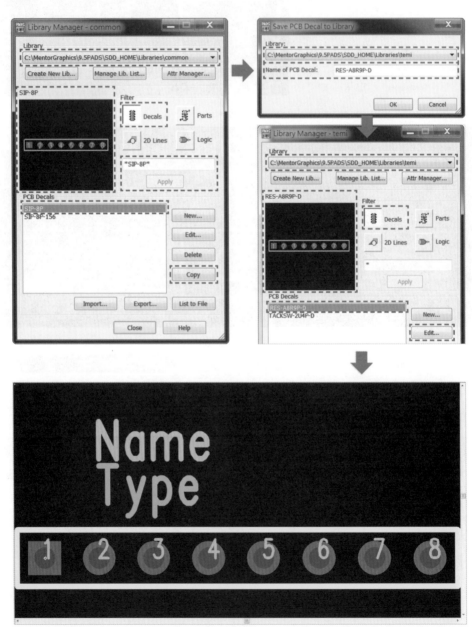

▌步驟四：零件符號繪製

① 「拉大左、右側外框」至指定位置（W910mils）
註：a. 可先點右鍵選單選擇 [Select Terminals] 就可直接選取該線條。
b. 可移動間距 X 軸設定為 5mils。

② 「增加 Pad9」至指定位置 (X:800,Y:0(mils))
註：點選 ◎ 鈕設定增加 Pad

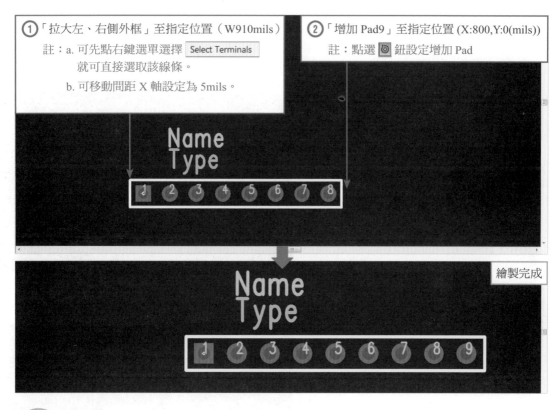

繪製完成

註‧解

原題本封裝外觀為直式，但因在 Layout 做零件擺放時可將零件隨意做 90 度旋轉，故在此可利用相接近之零件做複製使用；注意零件旋轉後需與題本內容相同。

▌步驟五：存檔

繪製完成後按 Save 🖫 ，關閉 ▅▅✕▅ 零件編輯畫面，開啟 Library Manager 對話盒，確認零件是否無誤。

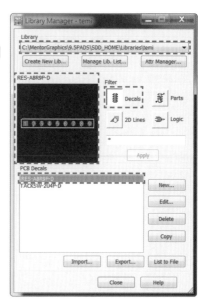

❖ 試題五

零件腳座包裝（Footprint、PCB Decal）

零件包裝名稱：

（1）U1：DC-4506-D

　　Logic Family：DIP

　　Ref Prefix：U

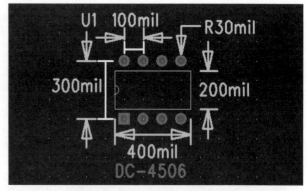

（每個格點之間的間距為 100 mils）

（2）J1：CON-SIP2P-D

　　Logic Family：CON

　　Ref Prefix：J

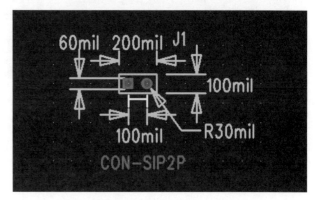

（每個格點之間的間距為 100 mils）

注·意·事·項

（1）U1：DC-4506-D >> 直接複製零件庫路徑 common 中 DIP8

（2）J1：CON-SIP2P-D >> 自行創建零件包裝

（1）U1：DC-4506-D >> 直接複製零件庫路徑 common 中 DIP8。

■ 使用模式一：複製現有零件包裝。

■ 細項相關操作請參閱範例（試題一），在此以使用者較不易上手或前面無相關
敘述做說明。

▌步驟一：零件庫查詢 >> 步驟二：複製零件 >> 步驟三：確認零件

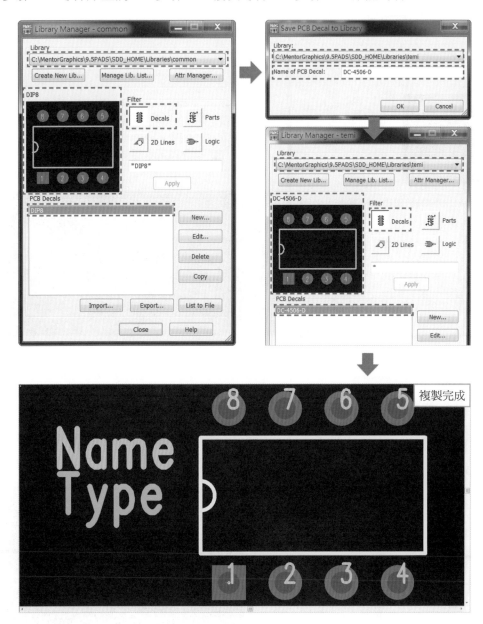

（2）J1：CON-SIP2P-D >> 自行創建零件包裝。

■ 使用模式三：創建新零件包裝。

■ 細項相關操作請參閱範例（試題一），在此以使用者較不易上手或前面無相關
敘述做說明。

▌步驟一：新零件建立

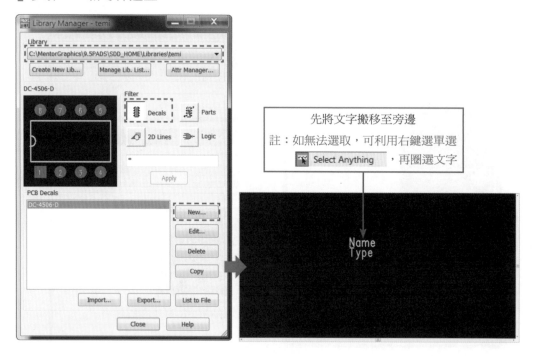

先將文字搬移至旁邊

註：如無法選取，可利用右鍵選單選

Select Anything ，再圈選文字

▌步驟二：繪製零件

Step 01 先擺放 Pad 1，並修改其外觀設定；如無法順利選取 Pad 先選 Select Terminals 。

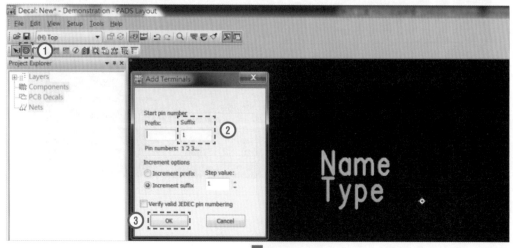

（接續下頁）

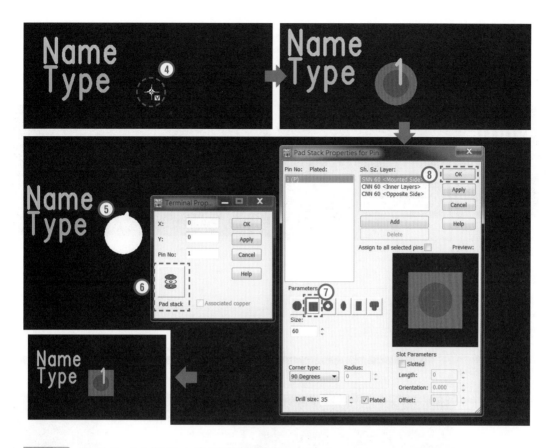

Step 02 完成 Pad 1 設定之後繼續擺放 Pad 2。

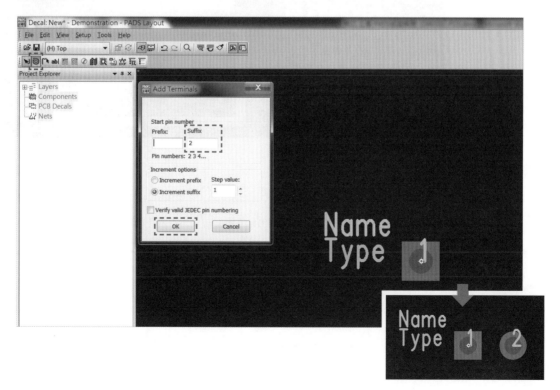

Step 03 繪製外框，選擇 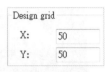 「2D Line」再點選右鍵選單選擇「Rectangle 矩形」繪製—「W200*H100(mils)」。技巧：可先將可移動距離設定為 X：50,Y：50(mils)。

Design grid	
X:	50
Y:	50

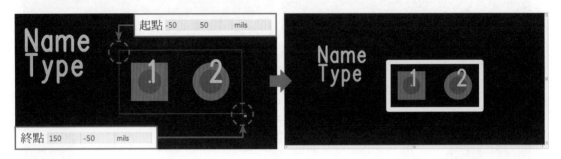

▌步驟三：存檔

Step 01 將該零件包裝儲存至指定零件庫 C:\MentorGraphics\9.5PADS\SDD_HOME\Libraries\temi ，並依試題本規定「輸入名稱 CA-7SEG-D」。

Step 02 點擊 OK 後系統會出現以下對話盒，詢問您是否要進行零件外觀與零件包裝的整合作業，如您要立刻做整合可選擇 是(Y)，在此因配合本書之學習流程，故請使用者先點選 否(N)，後續如已了解所有製作流程，則可直接做整合作業。

Step 03 儲存完後，關閉 █ⅹ█ 零件編輯畫面，開啟 Library Manager 對話盒，確認零件是否無誤。

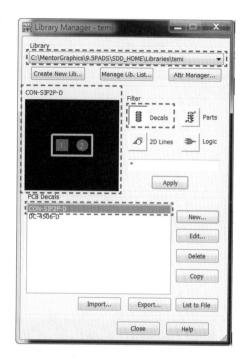

4-4-3 ▮ Parts 整合零件符號與包裝（含儲存零件封裝外觀）

❖ 觀念建立

當使用者分別完成在 Logic 軟體繪製之「零件外觀符號（Symbol、CAE Decal）」及在 Layout 軟體建置之「零件腳座包裝（Footprint、PCB Decal）」，接下來就是將此兩物件整合成為一個「實體零件（Part Type）」。

> **註·解**
>
> 在建立零件腳座包裝時需依試題本規定之尺寸做繪製，否則焊接時會與實際零件有所出入。

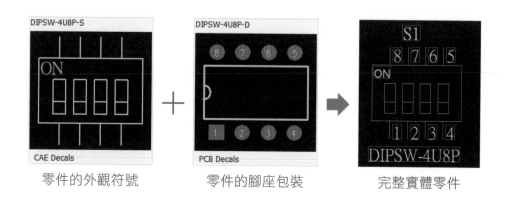

零件的外觀符號　　　　零件的腳座包裝　　　　完整實體零件

開啟 Layout 程式，點選 File >
Library 零件庫。

❖ 試題一

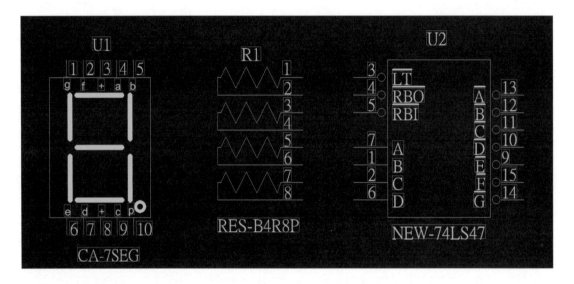

Parts 零件名稱：

（1）U1：CA-7SEG　（2）R1：RES-B4R8P　（3）U2：NEW-74LS47

注·意·事·項

（1）U1：CA-7SEG >> 自行創建零件　Logic Family：DIP　Ref Prefix：U

（2）R1：RES-B4R8P >> 自行創建零件 Logic Family：RES　Ref Prefix：R

（3）U2：NEW-74LS47 >> 直接複製零件庫路徑 ti 中 74LS247

註：考題中創建部分無須建立 (3)U2，但因後方 IO.SCH 電路圖需匯入 (3)U2 零件，為
　　避免考生不知該元件位置，故在此一併說明製作，統一放置 temi 底下。

模式一：複製套用現有零件（在 Logic 軟體下執行）

■ 此模式須在 Logic 軟體下執行。（原因：因為 Logic 下預覽區可查看零件的符號外觀，如果在 Layout 軟體下則只會看到零件包裝接腳，如此使用者就無法對照試題本上之零件符號外觀做比對）

　如果零件庫中有一模一樣之零件（指外觀符號 Logic 與包裝接腳 Decals 相同）則直接作 Parts 零件複製。

■ 此試題一零件為（3）U2：NEW-74LS47

▌步驟一：零件庫查詢

啟動「PADS Logic」，建立一新檔，選擇 File > Library Manager 對話盒，並做零件查詢。

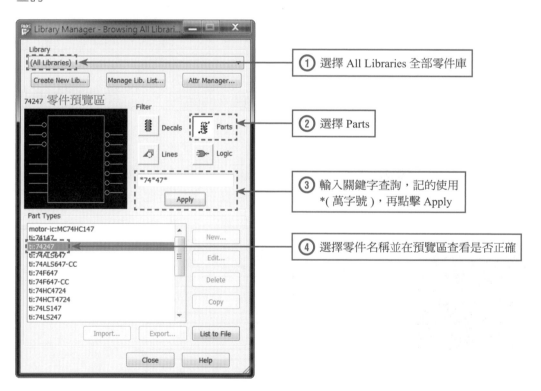

▌步驟二：複製零件

點擊欲複製之零件兩下，此時零件庫路徑會轉至該零件原有路徑，點擊 Copy 鈕，會出現儲存對話框，該框內容為原始零件路徑及名稱，利用下拉式選單，選至試題本規定之指定路徑 C:\MentorGraphics\9.5PADS\SDD_HOME\Libraries\temi ，並修改零件名稱為「NEW-74LS47」。

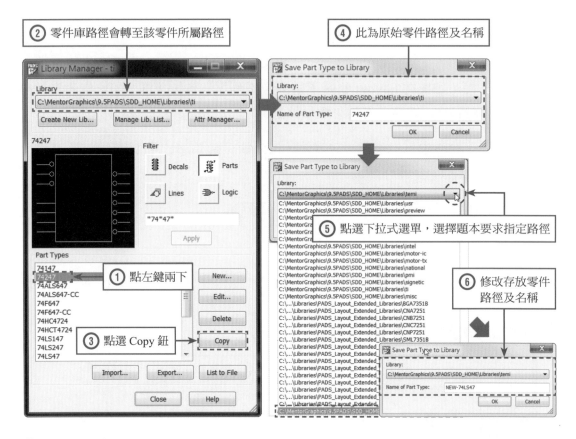

步驟三：確認零件

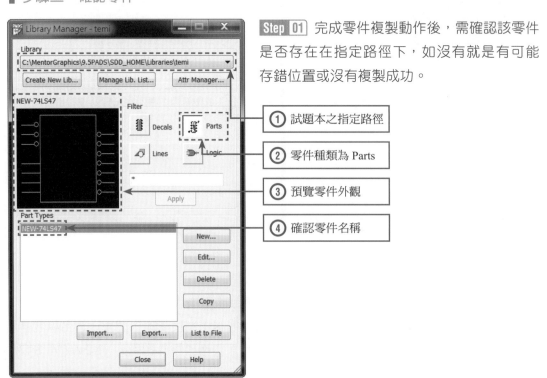

Step 01 完成零件複製動作後，需確認該零件是否存在在指定路徑下，如沒有就是有可能存錯位置或沒有複製成功。

① 試題本之指定路徑

② 零件種類為 Parts

③ 預覽零件外觀

④ 確認零件名稱

Step 02 在 Logic 編輯環境中，可利用 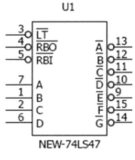 Add Part 選擇該零件，查看接腳（含腳位）及外觀是否與題本相同。

試題本零件外觀

自建零件外觀

註‧解

編號 U1、U2、U3 或 R1、R2.. 之順序是以 叫出該零件之先後為優先序排列，故上圖之 U1 為第一個零件；在自創零件時不需在意零件序號，但繪製電路時需依實際電路作優先序擺放。

模式二：創建新零件（在 Layout 軟體下執行）

如果零件庫中無類似之零件（指 Parts 零件內無此相關零件），則需自行建立。

■　此試題一零件為（1）U1：CA-7SEG

　　※ 零件設定值 Logic Family：DIP、Ref Prefix：U。

▌步驟一：新零件建立

在新檔環境中，直接選擇 File > Library Manager 對話盒，並利用下拉選單指向試題本所規定之路徑「temi」。

① 選擇試題本指定零件庫路徑

② 選擇 Parts

③ 選取 New 建立新零件

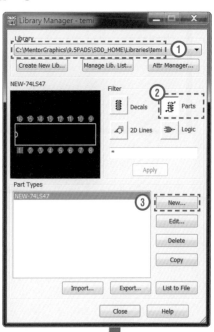

（接續下頁）

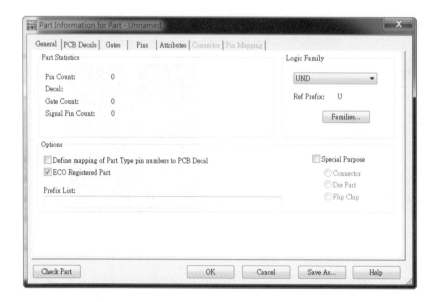

■ 步驟二：零件參數設定

Step 01 General 設定：零件種類選擇 DIP。

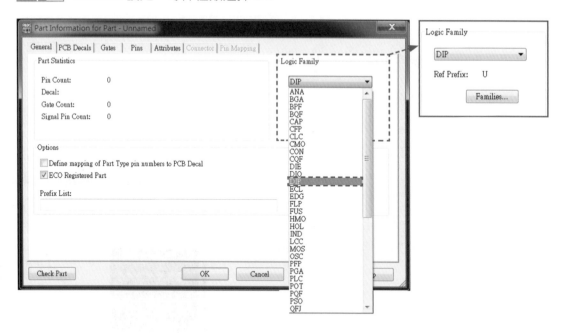

Step 02 PCB Decals 設定：連結零件包裝。

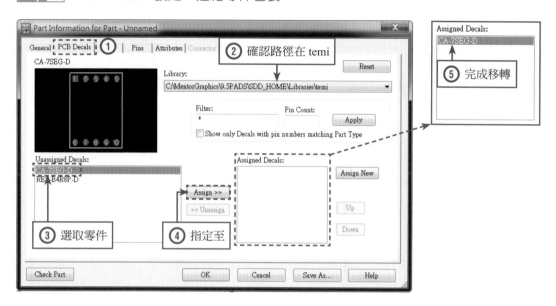

Step 03 Gates 設定：零件閘之設定。

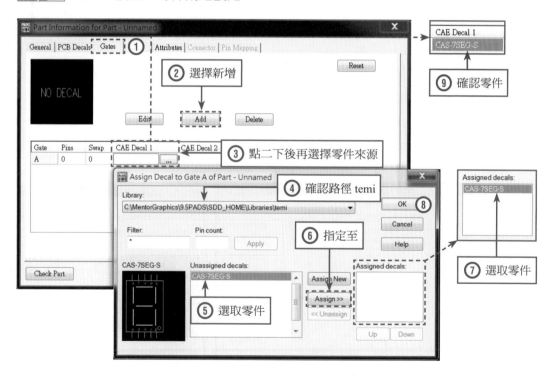

Step 04 Pins 設定：零件接腳之新增及編輯。

② 於編號（Number 1）下拉選單選 Gate-A

③ 接續編號 2 選 Gate-A

④ 完成編號 1~10 Pin Group 設定

⑤ 完成 Seq.1~10 建置

註·解

注意需依編號順序做選擇 Pin Group 設定，否則「Seq.」的順序會與「編號」順序不同。
如果 Seq. 順序錯誤，只需將 Pin Group 內容改回 Unused Pin 即可，之後再重新選擇。

步驟三：儲存零件

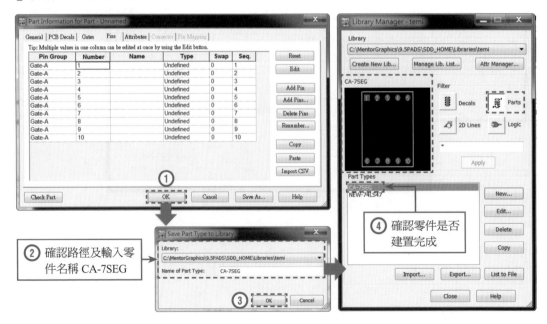

② 確認路徑及輸入零件名稱 CA-7SEG

④ 確認零件是否建置完成

❖ 儲存零件封裝外觀

<u>本步驟可於自創零件皆完成後再統一作業</u>，應試題本要求將零件包裝外觀儲存在考場隨身碟中的 One 中。

作法：在 PADS Layout 下之 Library 內先叫出該檔案後，再將外觀複製至小畫家，之後存成「*.JPG 或 *.BMP 檔」，檔名請輸入「零件名稱（Part Type）」。

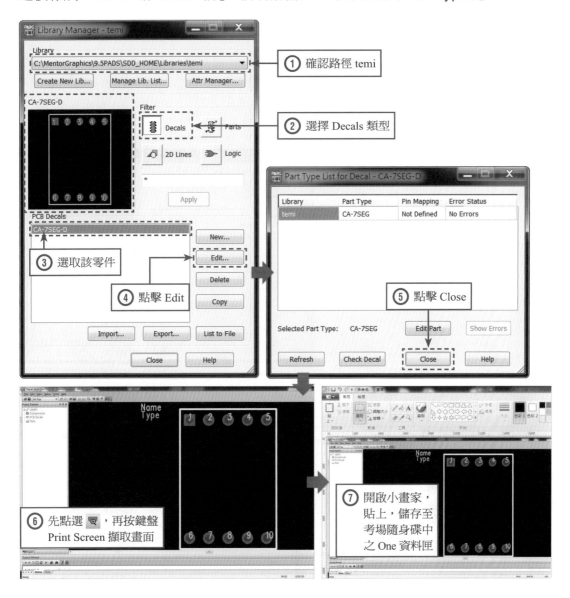

（3）R1：RES-B4R8P

　　※ 零件設定值 Logic Family：RES、Ref Prefix：R。

■ 使用模式二：創建新零件（在 Layout 軟體下執行）。

■ 細項相關操作請參閱範例（試題一之 U1），在此以使用者較不易上手或前面無相關敘述做說明。

▌步驟一：新零件建立

在新檔環境中，直接選擇 File > Library Manager 對話盒，並利用下拉選單指向試題本所規定之路徑「temi」，在 Filter 內選擇 　Parts，點選 New... 建立新零件。

▌步驟二：零件參數設定

Step 01 General 設定：零件種類選擇 RES。

Step 02 PCB Decals 設定：連結零件包裝。

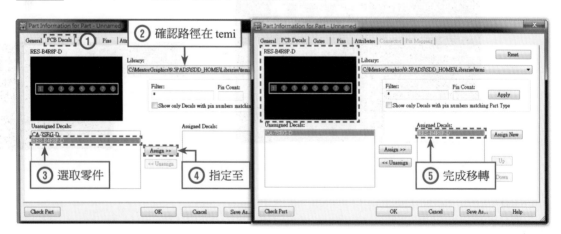

Step 03 Gates 設定：零件閘之設定。

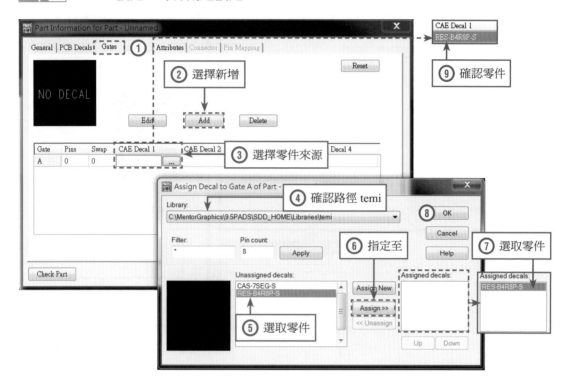

Step 04 Pins 設定：零件接腳之新增及編輯。

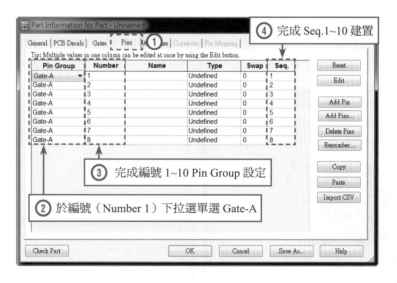

註·解

注意需依編號順序做選擇 Pin Group 設定，否則「Seq.」的順序會與「編號」順序不同。
如果 Seq. 順序錯誤，只需將 Pin Group 內容改回 Unused Pin 即可，之後再重新選擇。

■ 步驟三：儲存零件

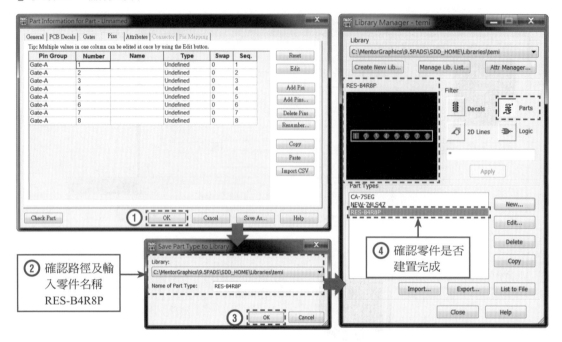

② 確認路徑及輸入零件名稱 RES-B4R8P

④ 確認零件是否建置完成

❖ 儲存零件封裝外觀

本步驟可於自創零件皆完成後再統一作業，應試題本要求將零件包裝外觀儲存在考場隨身碟中的 One 中。

作法：在 PADS Layout 下之 Library 內先叫出該檔案後，再將外觀複製至小畫家，之後存成「*.JPG 或 *.BMP 檔」，檔名請輸入「零件名稱（Part Type）」。

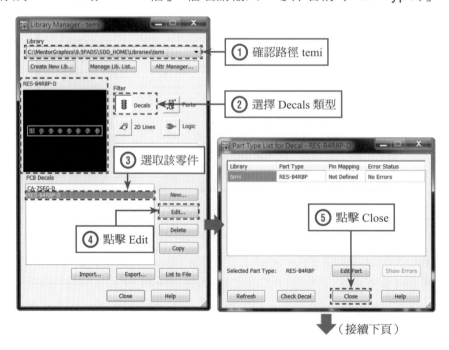

① 確認路徑 temi

② 選擇 Decals 類型

③ 選取該零件

④ 點擊 Edit

⑤ 點擊 Close

（接續下頁）

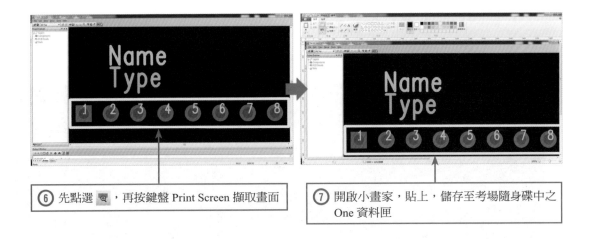

⑥ 先點選 🔍，再按鍵盤 Print Screen 擷取畫面

⑦ 開啟小畫家，貼上，儲存至考場隨身碟中之 One 資料匣

❖ 檢視檔案

依各題所需建立之零件封裝做儲存。

➢ 試題一：CA-7SEG、RES-B4R8P 共 2 個。

➢ 試題二：OPTO-4P、RES-A8R9P 共 2 個。

➢ 試題三：DIPSW-4U8P、DIPLED-8U16P、RES-A8R9P 共 3 個。

➢ 試題四：TACKSW-2U4P、RES-A8R9P 共 2 個。

➢ 試題五：DC-4506、CON-SIP2P 共 2 個。

儲存畫面如下（以試題一為例），請自行檢視。

4-4-3-1 試題二～五零件整合建立完成圖

❖ 試題二

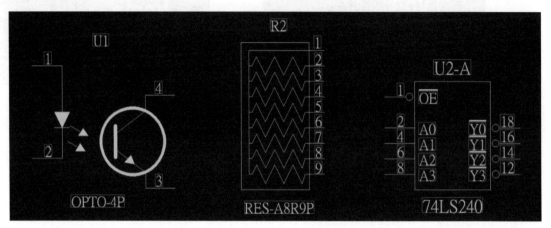

Parts 零件名稱：

（1）U1：OPTO-4P （2）R1：RES-A8R9P （3）U2：74LS240

注·意·事·項

（1）U1：OPTO-4P >> 自行創建零件　Logic Family：TTL　Ref Prefix：U

（2）R1：RES-A8R9P >> 自行創建零件　Logic Family：RES　Ref Prefix：R

（3）U2：74LS240 >> 直接複製零件庫路徑 ti 中 74LS240

註：考題中創建部分無須建立 (3)U2，但因後方 IO.SCH 電路圖需匯入 (3)U2 零件，為避免考生不知該元件位置，故在此一併說明製作，統一放置 temi 底下。

（1）U1：OPTO-4P

※ 零件設定值 Logic Family：TTL、Ref Prefix：U。

■ 使用模式二：創建新零件。

■ 細項相關操作請參閱範例（試題一），在此以使用者較不易上手或前面無相關敘述做說明。

▎步驟一：新零件建立

在新檔中環境中，直接選擇 File > Library Manager 對話盒，並利用下拉選單指向試題本所規定之路徑「temi」，在 Filter 內選擇 Parts ，點選 New... 建立新零件。

▌步驟二：零件參數設定

Step 01 General 設定：零件種類選擇 TTL。

Step 02 PCB Decals 設定：連結零件包裝。

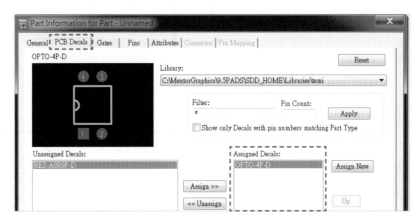

Step 03 Gates 設定：零件閘之設定。

Step 04 Pins 設定：零件接腳之新增及編輯。

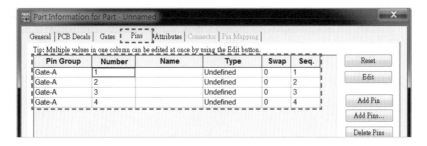

▌步驟三：儲存零件

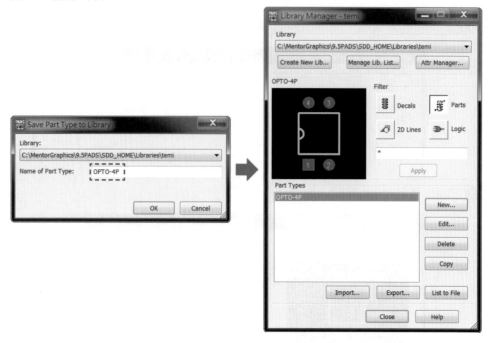

（2）R1：RES-A8R9P

※ 零件設定值 Logic Family：RES、Ref Prefix：R。

▨ 使用模式二：創建新零件。

▨ 細項相關操作請參閱範例（試題一），在此以使用者較不易上手或前面無相關敘述做說明。

▌步驟一：新零件建立

在新檔中環境中，直接選擇 File > Library Manager 對話盒，並利用下拉選單指向試題本所規定之路徑「temi」，在 Filter 內選擇 🎴 Parts ，點選 New... 建立新零件。

▌步驟二：零件參數設定

Step 01 General 設定：零件種類選擇 RES。

Step 02 PCB Decals 設定：連結零件包裝。

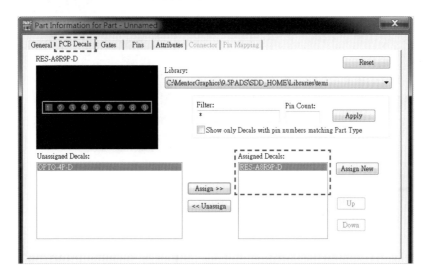

Step 03 Gates 設定：零件閘之設定。

Step 04 Pins 設定：零件接腳之新增及編輯。

Pin Group	Number	Name	Type	Swap	Seq.
Gate-A	1		Undefined	0	1
Gate-A	2		Undefined	0	2
Gate-A	3		Undefined	0	3
Gate-A	4		Undefined	0	4
Gate-A	5		Undefined	0	5
Gate-A	6		Undefined	0	6
Gate-A	7		Undefined	0	7
Gate-A	8		Undefined	0	8
Gate-A	9		Undefined	0	9

▌步驟三：儲存零件

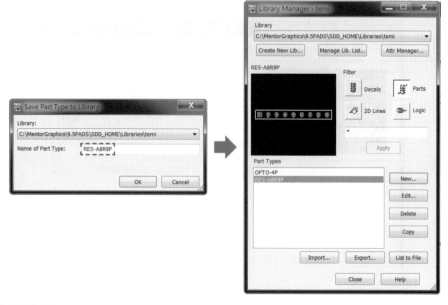

（3）U2：74LS240

▨ 使用模式一：複製套用現有零件。

▨ 細項相關操作請參閱範例（試題一），在此以使用者較不易上手或前面無相關敘述做說明。

▌步驟一：零件庫查詢

啟動 PADS Logic，建立一新檔，選擇 File > Library Manager 對話盒，並做零件查詢。

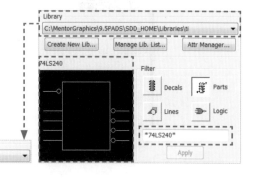

▌步驟二：複製零件

點擊欲複製之零件兩下，此時零件庫路徑會轉至該零件原有路徑，點擊 Copy 鈕，會出現儲存對話框，該框內容為原始零件路徑及名稱，利用下拉式選單，選至試題本規定之指定路徑 C:\MentorGraphics\9.5PADS\SDD_HOME\Libraries\temi ，並修改零件名稱為「74LS240」。

步驟三：確認零件

完成零件複製動作後，需確認該零件是否存在在
指定路徑（temi）下，如沒有就是有可能存錯位
置或沒有複製成功。

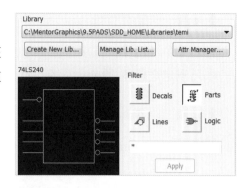

❖ 試題三

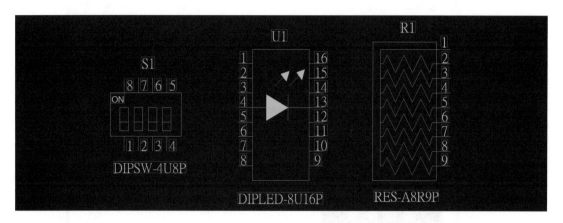

Parts 零件名稱：

（1）S1：DIPSW-4U8P　（2）U1：DIPLED-8U16P　（3）R1：RES-A8R9P

注・意・事・項

（1）S1：DIPSW-4U8P >> 自行創建零件　Logic Family：SWI　Ref Prefix：S

（2）U1：DIPLED-8U16P >> 自行創建零件　Logic Family：DIP　Ref Prefix：U

（3）R1：RES-A8R9P >> 自行創建零件　Logic Family：RES　Ref Prefix：R

（1）S1：DIPSW-4U8P

※ 零件設定值 Logic Family：SWI、Ref Prefix：S。

■ 使用模式二：創建新零件。

■ 細項相關操作請參閱範例（試題一），在此以使用者較不易上手或前面無相關
敘述做說明。

步驟一：新零件建立

在新檔中環境中，直接選擇 File > Library Manager 對話盒，並利用下拉選單指向試題本所規定之路徑「temi」，在 Filter 內選擇 📰 Parts，點選 New... 建立新零件。

步驟二：零件參數設定

Step 01 General 設定：零件種類選擇 SWI。

Step 02 PCB Decals 設定：連結零件包裝。

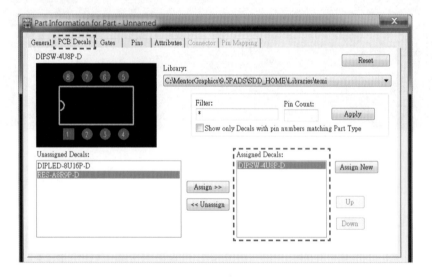

Step 03 Gates 設定：零件閘之設定。

Step 04 Pins 設定：零件接腳之新增及編輯。

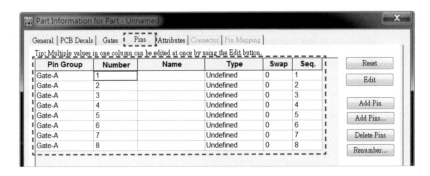

▌步驟三：儲存零件

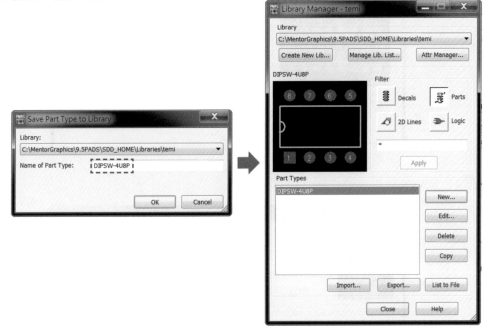

（2）U1：DIPLED-8U16P

※ 零件設定值 Logic Family：DIP、Ref Prefix：U。

■ 使用模式二：創建新零件。

■ 細項相關操作請參閱範例（試題一），在此以使用者較不易上手或前面無相關
敘述做說明。

▌步驟一：新零件建立

在新檔中環境中，直接選擇 File > Library Manager 對話盒，並利用下拉選單指向試題
本所規定之路徑「temi」，在 Filter 內選擇 🗲 Parts，點選 New... 建立新零件。

步驟二：零件參數設定

Step 01 General 設定：零件種類選擇 DIP。

Step 02 PCB Decals 設定：連結零件包裝。

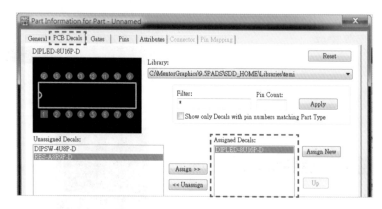

Step 03 Gates 設定：零件閘之設定。

Step 04 Pins 設定：零件接腳之新增及編輯。

Pin Group	Number	Name	Type	Swap	Seq.
Gate-A	1		Undefined	0	1
Gate-A	2		Undefined	0	2
Gate-A	3		Undefined	0	3
Gate-A	4		Undefined	0	4
Gate-A	5		Undefined	0	5
Gate-A	6		Undefined	0	6
Gate-A	7		Undefined	0	7
Gate-A	8		Undefined	0	8
Gate-A	9		Undefined	0	9
Gate-A	10		Undefined	0	10
Gate-A	11		Undefined	0	11
Gate-A	12		Undefined	0	12
Gate-A	13		Undefined	0	13
Gate-A	14		Undefined	0	14
Gate-A	15		Undefined	0	15
Gate-A	16		Undefined	0	16

▌步驟三：儲存零件

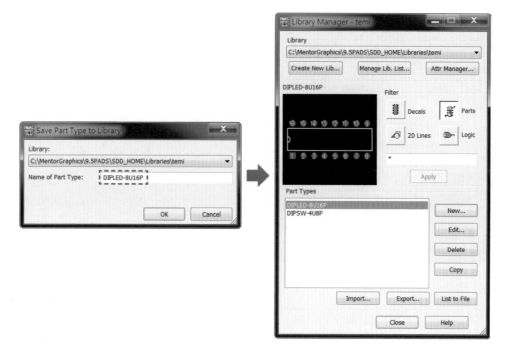

（3）R1：RES-A8R9P

　　※ 零件設定值 Logic Family：RES、Ref Prefix：R。

　■ 使用模式二：創建新零件。

　■ 因本零件與前面試題皆相同，故細項相關操作請參閱範例（試題一或試題二（2）R1：RES-A8R9P），在此就不再重複敘述說明。

▌步驟一：新零件建立

在新檔中環境中，直接選擇 File > Library Manager 對話盒，並利用下拉選單指向試題本所規定之路徑「temi」，在 Filter 內選擇 Parts，點選 New... 建立新零件。

▌步驟二：零件參數設定

General 設定：零件種類選擇 RES >> PCB Decals 設定：連結零件包裝 >> Gates 設定：零件閘之設定 >> Pins 設定：零件接腳之新增及編輯。

▌步驟三：儲存零件

❖ 試題四

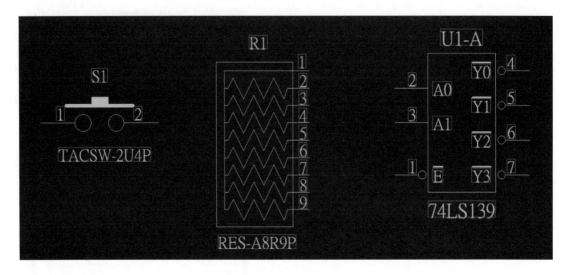

Parts 零件名稱：

（1）S1：TACKSW-2U4P （2）R1：RES-A8R9P （3）U2：74LS139

注·意·事·項

（1）S1：TACKSW-2U4P >> 自行創建零件　　Logic Family：SWI　　Ref Prefix：S

（2）R1：RES-A8R9P >> 自行創建零件　　Logic Family：RES　　Ref Prefix：R

（3）U2：74LS139 >> 直接複製零件庫路徑 ti 中 74LS139

註：考題中創建部分無須建立 (3)U2，但因後方 IO.SCH 電路圖需匯入 (3)U2 零件，為
　　避免考生不知該元件位置，故在此一併說明製作，統一放置 temi 底下。

（1）S1：TACKSW-2U4P

　　※ 零件設定值 Logic Family：SWI、Ref Prefix：S。

■ 使用模式二：創建新零件。

■ 細項相關操作請參閱範例（試題一），在此以使用者較不易上手或前面無相關
　 敘述做說明。

▌步驟一：新零件建立

在新檔中環境中，直接選擇 File > Library Manager 對話盒，並利用下拉選單指向試題
本所規定之路徑「temi」，在 Filter 內選擇 Parts，點選 New... 建立新零件。

▌步驟二：零件參數設定

Step 01 General 設定：零件種類選擇 TTL。

Step 02 PCB Decals 設定：連結零件包裝。

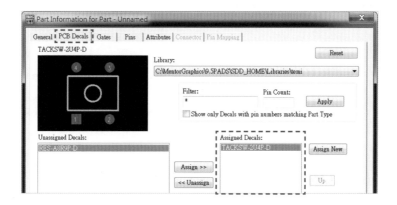

Step 03 Gates 設定：零件閘之設定。

Step 04 Pins 設定：零件接腳之新增及編輯

注意：因此按鈕開關實際只有兩支接腳，故只要設定 #1、#2；如果 4 隻腳全做設定則最後 Logic 會無法順利叫出此零件

▌步驟三：儲存零件

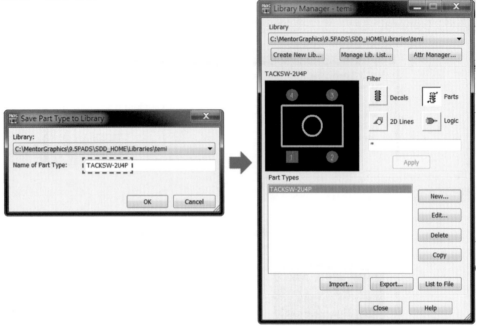

（2）R1：RES-A8R9P

※ 零件設定值 Logic Family：RES、Ref Prefix：R。

■ 使用模式二：創建新零件。

■ 因本零件與前面試題皆相同，故細項相關操作請參閱範例（試題一或試題二（2）R1：RES-A8R9P），在此就不再重複敘述說明。

▌步驟一：新零件建立

在新檔中環境中，直接選擇 File > Library Manager 對話盒，並利用下拉選單指向試題本所規定之路徑「temi」，在 Filter 內選擇 Parts，點選 New... 建立新零件。

▌步驟二：零件參數設定

General 設定：零件種類選擇 RES >> PCB Decals 設定：連結零件包裝 >> Gates 設定：零件閘之設定 >> Pins 設定：零件接腳之新增及編輯。

▌步驟三：儲存零件

（3）U2：74LS139

■ 使用模式一：複製套用現有零件。

■ 細項相關操作請參閱範例（試題一），在此以使用者較不易上手或前面無相關
敘述做說明。

▌步驟一：零件庫查詢

啟動 PADS Logic，建立一新檔，選擇 File > Library Manager 對話盒，並做零件查詢。

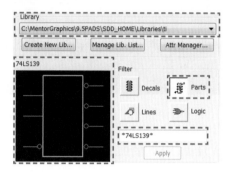

▌步驟二：複製零件

點擊欲複製之零件兩下，此時零件庫路徑會轉至該零件原有路徑，點擊 Copy 鈕，
會出現儲存對話框，該框內容為原始零件路徑及名稱，利用下拉式選單，選至試題本規
定之指定路徑 C:\MentorGraphics\9.5PADS\SDD_HOME\Libraries\temi ，並修改零件名稱為「74LS139」。

▌步驟三：確認零件

完成零件複製動作後，需確認該零件是否存在在指定路徑（temi）下，如沒有就是有可
能存錯位置或沒有複製成功。

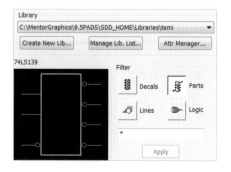

❖ 試題五

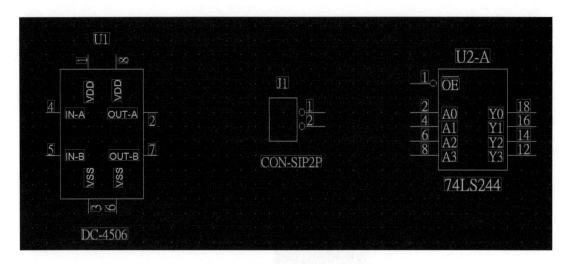

Parts 零件名稱：

（1）U1：DC-4506 （2）J1：CON-SIP2P （3）U2：74LS244

注·意·事·項

（1）U1：DC-4506 >> 自行創建零件　　　Logic Family：DIP　　Ref Prefix：U

（2）J1：CON-SIP2P >> 自行創建零件　Logic Family：CON　　Ref Prefix：J

（3）U2：74LS244 >> 直接複製零件庫路徑 ti 中 74LS244

（1）U1：DC-4506

　　※ 零件設定值 Logic Family：DIP、Ref Prefix：U。

■ 使用模式二：創建新零件。

■ 細項相關操作請參閱範例（試題一），在此以使用者較不易上手或前面無相關敘述做說明。

▌步驟一：新零件建立

在新檔中環境中，直接選擇 File > Library Manager 對話盒，並利用下拉選單指向試題本所規定之路徑「temi」，在 Filter 內選擇 Parts，點選 New... 建立新零件。

▌步驟二：零件參數設定

Step 01 General 設定：零件種類選擇 DIP。

Step 02 PCB Decals 設定：連結零件包裝。

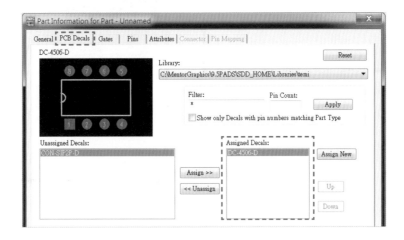

Step 03 Gates 設定：零件閘之設定。

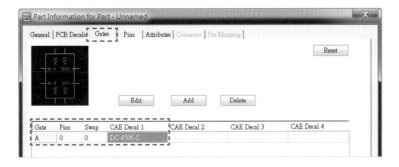

Step 04 Pins 設定：零件接腳之新增及編輯

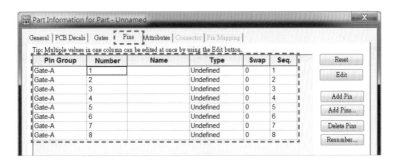

▌步驟三：儲存零件

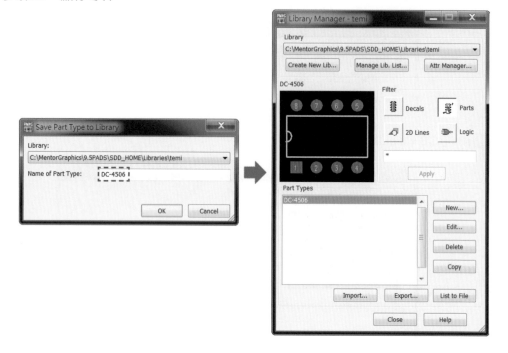

（2）J1：CON-SIP2P

　　※ 零件設定值 Logic Family：CON、Ref Prefix：J。

▨ 使用模式二：創建新零件。

▨ 細項相關操作請參閱範例（試題一），在此以使用者較不易上手或前面無相關
　　敘述做說明。

▌步驟一：新零件建立

在新檔中環境中，直接選擇 File > Library Manager 對話盒，並利用下拉選單指向試題
本所規定之路徑「temi」，在 Filter 內選擇 Parts ，點選 New... 建立新零件。

▌步驟二：零件參數設定

Step 01 General 設定：零件種類選擇 CON。

Step 02 PCB Decals 設定：連結零件包裝。

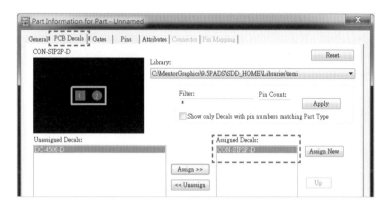

Step 03 Gates 設定：零件閘之設定。

Step 04 Pins 設定：零件接腳之新增及編輯。

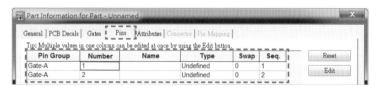

步驟三：儲存零件

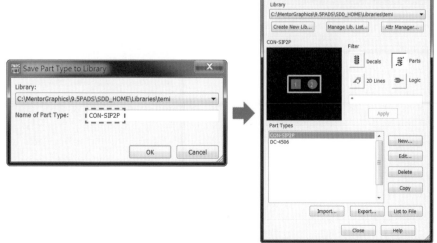

（3）U2：74LS244

■ 使用模式一：複製套用現有零件。

■ 細項相關操作請參閱範例（試題一），在此以使用者較不易上手或前面無相關敘述做說明。

▌步驟一：零件庫查詢

啟動 PADS Logic，建立一新檔，選擇 File > Library Manager 對話盒，並做零件查詢。

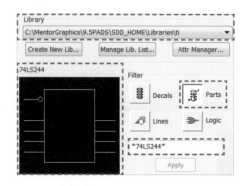

▌步驟二：複製零件

點擊欲複製之零件兩下，此時零件庫路徑會轉至該零件原有路徑，點擊 Copy 鈕，會出現儲存對話框，該框內容為原始零件路徑及名稱，利用下拉式選單，選至試題本規定之指定路徑 C:\MentorGraphics\9.5PADS\SDD_HOME\Libraries\temi ，並修改零件名稱為「74LS244」。

▌步驟三：確認零件

完成零件複製動作後，需確認該零件是否存在在指定路徑（temi）下，如沒有就是有可能存錯位置或沒有複製成功。

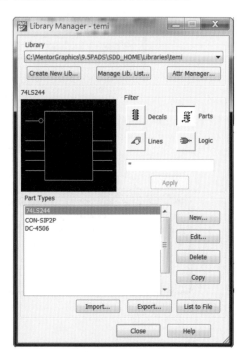

STEP-4 電路圖繪製

4-5-1 設定環境

❖ Option

Step 01 點擊功能表列中 Tools > Options，出現「Options 對話盒」，進行選項設定。

Step 02 先點擊「General」標籤設定「格點」（**建議設定值 Design：50、Labels and Text：10、Display Grid：100**），完成後再點擊「Design」標籤設定「圖紙尺寸」（依題本規定第一階段使用「A4」大小圖紙（點擊 SIZE 處下拉式選單進行選擇），圖框挑選「Size A4」（點擊 Sheet border 處的 Choose... 進行選擇）。

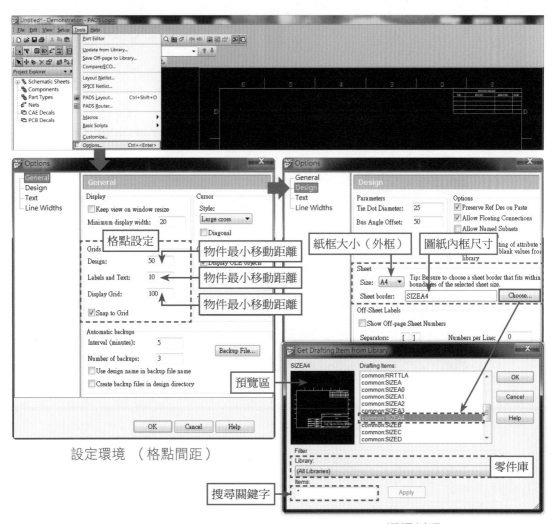

設定環境（格點間距）

選擇紙張

4-5-2　圖框編輯建立設定

❖　建立新圖框

■　刪除舊有圖框，保留外框。

Step 01　先選取圖框，方法有二，如下：

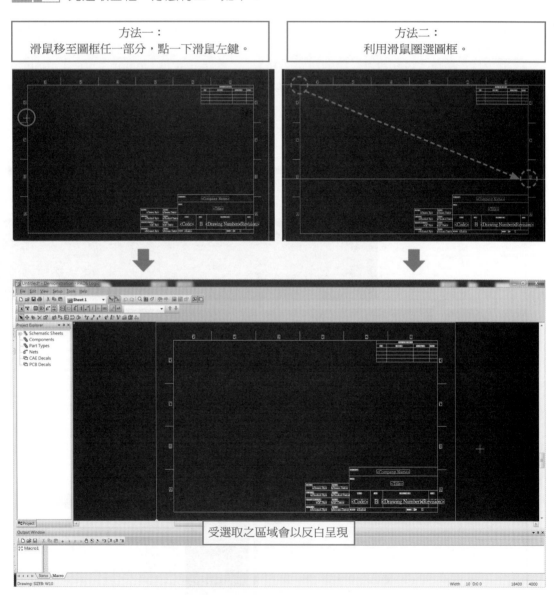

方法一：	方法二：
滑鼠移至圖框任一部分，點一下滑鼠左鍵。	利用滑鼠圈選圖框。

受選取之區域會以反白呈現

Step 02　在所選取之反白圖框**任一部位**點擊滑鼠右鍵，出現右鍵選單選擇「Explode」，目的在於解除群組。

註·解

因所選取之圖框預設為一整個群組，如作刪除的話則會變成全部刪除，而無法做單一部分刪除，故須先作取消群組動作。

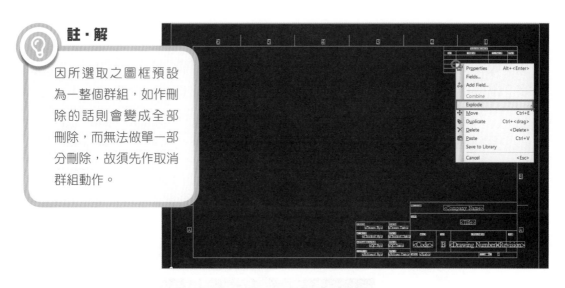

Step 03 刪除舊圖框內之表格，故二處如下：（注意不要超出欲刪除範圍）

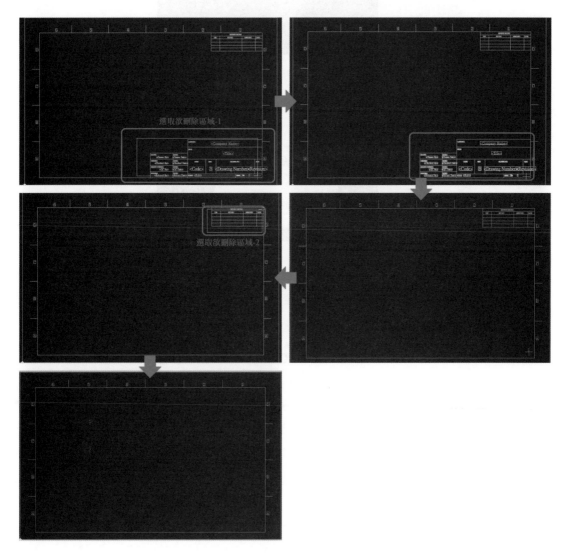

❖ **繪製新標題欄**

依試題本要求在圖紙的右下方處編輯設計一新的標題欄之圖框，圖框內部各欄位文字全部使用 8pts 的標楷體，內容如有中文則字與字之間需空一格。

	600mils	1000mils	600mils	1000mils	600mils	1000mils
300mils	檔名：	\<File Name\>	圖名：	\<Sheet Name\>	版本：	\<Reversion\>
300mils	公司：	\<Company Name\>	姓名：	\<Drawn By\>	日期：	\<Drawn Date\>

Step 01 選取設計工具列中之 ⚡ 鈕（**2D Line**）後，在空白處點擊滑鼠右鍵，選擇「Rectangle 矩形」。

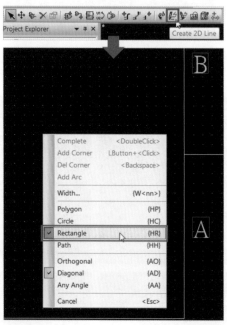

Step 02 開始繪製新標題欄，請依試題要求之尺寸繪製（因先前環境設定 **Tools > Options > General** 時 **Display Grid** 設定 100mils 故在繪製新圖框時會較方便計算圖框尺寸，因每一顯示格點皆為 100mils）。

Step 03 先將滑鼠游標移至右下 X：10700,Y：500 的位置，點一下滑鼠右鍵後放開（移動滑鼠則會形成矩形），在鍵盤上輸入 `Command: S5900 1100`（因為以右下為基準點（X10700, Y500）在計算試題要求之尺寸（寬總長 4800, 高總長 600），兩者相加減 X：10700−4800 =5900,Y：500+600=1100（因為游標往左移動 X 座標接近原點故會減少，相對的 Y 座標往上移動因離開原點故會增加）後按輸入鍵，則滑鼠會自動移至該座標 X：5900,Y：600 處（此時不可移動動滑鼠否則原設定之座標會改變），再點擊滑鼠左鍵即完成第一步矩形繪製。另一方法：也可直接拉取至指定位置。

a. 確定起始位置 X：10700,Y：500，點滑鼠左鍵一下。

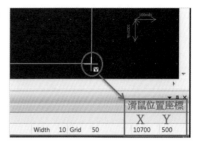

b. 鍵盤輸入 S5900 1100，按輸入鍵。

c. 滑鼠游標自動跳到指定座標。

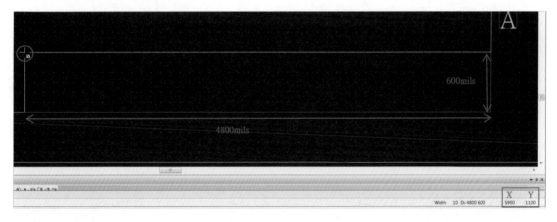

d. 點一下滑鼠左鍵完成。

Step 04 於空白處點選滑鼠右鍵選擇「Path 直線」繼續繪製標題欄。

a. 選擇 Path 直線。

Complete	\<DoubleClick>
Add Corner	LButton+\<Click>
Del Corner	\<Backspace>
Add Arc	
Width...	(W\<nn>)
Polygon	(HP)
Circle	(HC)
Rectangle	(HR)
✓ Path	(HH)
Orthogonal	(AO)
✓ Diagonal	(AD)
Any Angle	(AA)
Cancel	\<Esc>

b. 依試題尺寸繪製，於起始點點一下滑鼠左鍵後放開。

c. 移動滑鼠製結束點後按滑鼠左鍵兩下。

d. 完成直線繪製。

e. 運用此法繼續完成標題欄繪製。

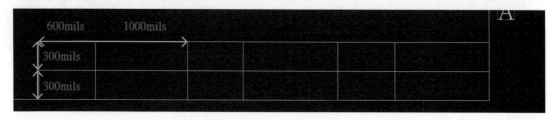

❖ 填寫欄位名稱

完成標題欄繪製後，接下來就是輸入相關欄位名稱；點選設計工具列中之 🔤 文字鈕，會出現一對話框，依題本規定做輸入設定，Text 輸入名稱（文字部分字與字中空一格）、Size：8pts、Font：標楷體，完成後按 OK ，移動滑鼠將名稱移至指定位置後點擊滑鼠左鍵，此時輸入之名稱會出現同時 Add Free Text 對話框也會再次出現，繼續輸入相關名稱，完成後續資料建檔。

Step 01 輸入資料及設定。　　　　　　　　　Step 02 移動至指定位置。

 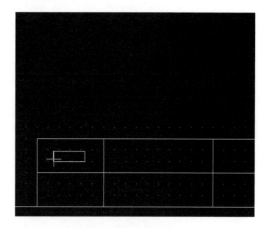

Step 03 點滑鼠左鍵完成擺放，繼續輸入下個名稱，再重複 Step 02 及 Step 03 動作。

Step 04 完成文字名稱放置。

名 稱：		圖 名：		版 本：	
公 司：		姓 名：		日 期：	

❖ 擺放欄位資料變數

完成名稱輸入後，接下來就須設定其資料變數；點選設計工具列之 ![] 鈕，會出現對話框，利用下拉式選單選擇資料變數，依序做設定擺放不可擺錯位置，步驟如同填寫欄位名稱。

	600mils	1000mils	600mils	1000mils	600mils	1000mils
300mils	檔名：	<File Name>	圖名：	<Sheet Name>	版本：	<Reversion>
300mils	公司：	<Company Name>	姓名：	<Drawn By>	日期：	<Drawn Date>

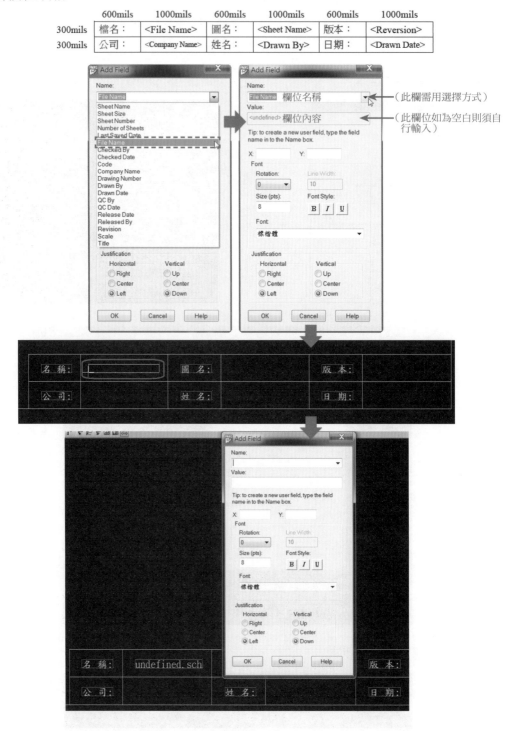

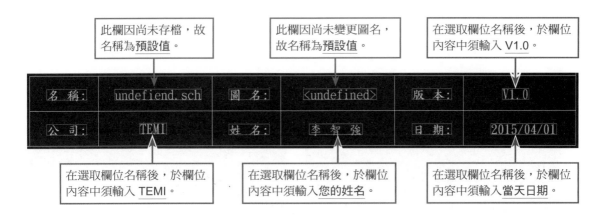

此欄因尚未存檔，故名稱為**預設值**。

此欄因尚未變更圖名，故名稱為**預設值**。

在選取欄位名稱後，於欄位內容中須輸入 V1.0。

在選取欄位名稱後，於欄位內容中須輸入 TEMI。

在選取欄位名稱後，於欄位內容中須輸入**您的姓名**。

在選取欄位名稱後，於欄位內容中須輸入**當天日期**。

❖ 儲存新圖框

將製作之新圖框存入零件庫中。

Step 01 利用滑鼠將圖框全部選取起來。

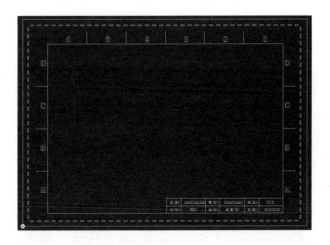

Step 02 選取完成後線條顏色會變成白色。

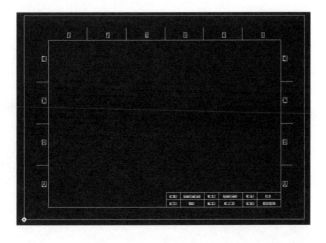

Step 03 滑鼠移至**圖框反白處**，點選右鍵，選擇「**Combine** 結合」，將所有圖紙物件都結合成為一個群組。

Step 04 完成 Combine 後，再點選右鍵選擇「**Save to Librtary** 儲存至零件庫」。

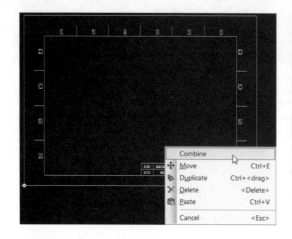

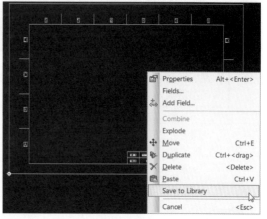

Step 05 此時會出現此對話框，確認儲存零件庫路徑 C:\MentorGraphics\9.5PADS\SDD_HOME\Libraries\temi 無誤後，於 Name of Item 輸入「**TEMI-A4**」圖紙名稱，完成後按 OK 。

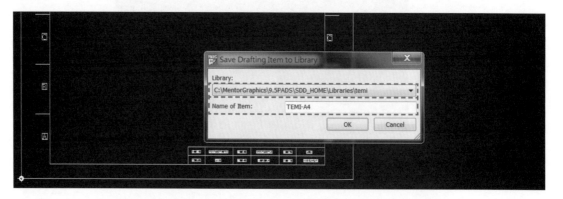

Step 06 完成儲存。

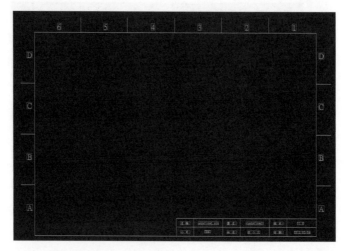

Step 07 開啟零件庫確認該圖框是否完成儲存，確認無誤後**關閉** PADS Logic 程式。

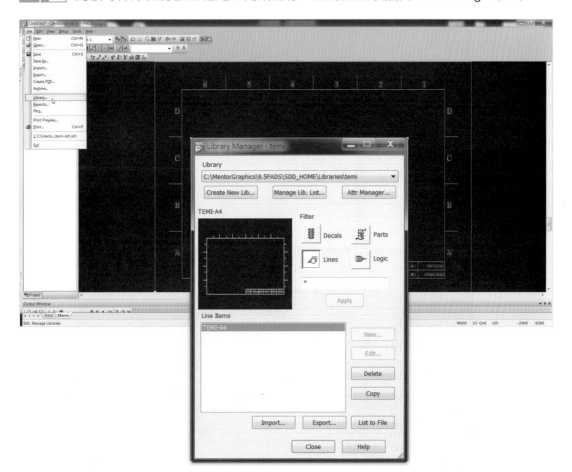

註‧解

為避免使用者與後面所要建立之檔案造成錯亂，故先關閉 PADS Logic 程式；如未關閉 PADS Logic 程式則在下一步驟須以開啟舊檔方式啟用題本所規定之考場隨身碟中「temi-sch.sch」檔案（開啟路徑需正確）。

4-5-3 新圖表建立

依試題本內容規定在本階段測試的五個試題中，應試者必須把三張原本各自獨立的平坦式電路圖，將它們編輯轉換成相互關連的階層式電路圖；其中有二張電路圖已經事先完成繪製的作業，應試者可以從考場所提供的隨身碟裡面，直接把名稱為「temi-sch.sch」的電路圖檔案開啟，在這個現成的電路圖檔案之中，已經有二張圖表名稱（sheet name）分別為「POWER」和「MCU」的電路圖。

❖ 開啟考場隨身碟所提供之「temi-sch.sch」檔

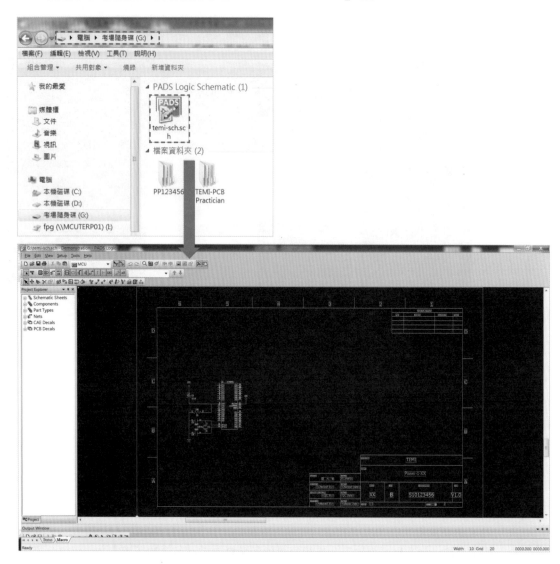

❖ 匯入新板框樣式

完成開啟考場隨身碟所提供之「temi-sch.sch」檔後，需匯入之前所建立儲存之新版框；點擊 Tools >> Options 中之「Design」，點擊 Choose... ，確認零件庫路徑，選擇剛剛儲存之新圖框「TEMI-A4」後，點擊 OK 完成選取動作，選取完成後，確認圖紙名稱為 TEMI-A4，點擊 OK 完成新圖框匯入。

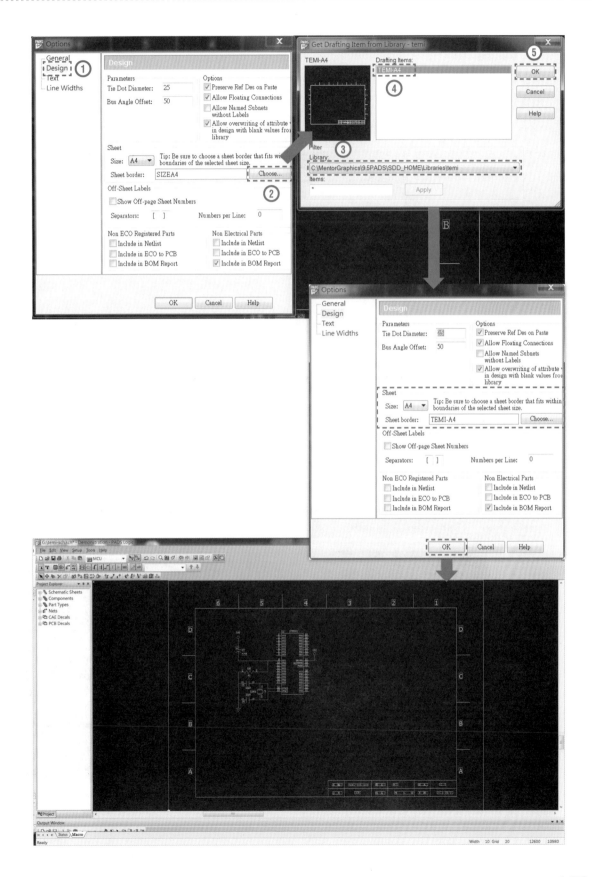

❖ 另存新檔

依試題本規定須將考場隨身碟中所提供之檔案，已重新命名為 First-N-XX（N 表
示題目，XX 表示工作崗位），並另存路徑在以准考證命名之資料夾下（範例：
PP123456）內的 One 子資料夾中。

❖ 新增一電路圖

試題本所提供之檔案內已有 POWER 與 MCU 兩張電路圖，點選下
拉選單 MCU 電路圖：

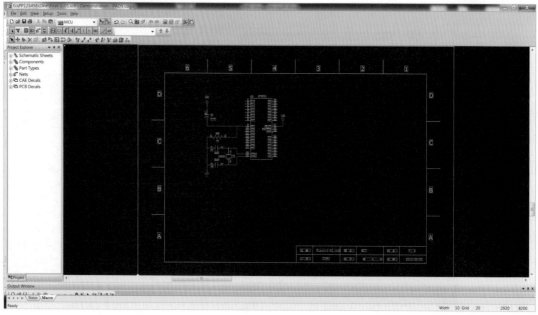

POWER 電路圖：

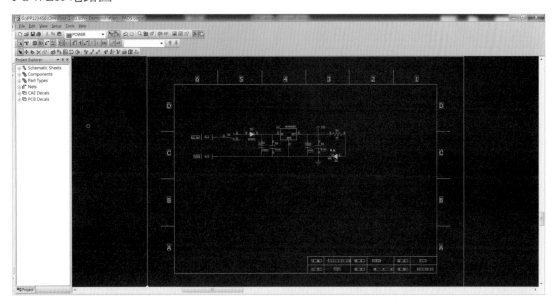

❖ 新增一空白的圖表

作法：點選 Setup > Sheets，命名此新電路圖表名稱為「IO」；新增
完成。

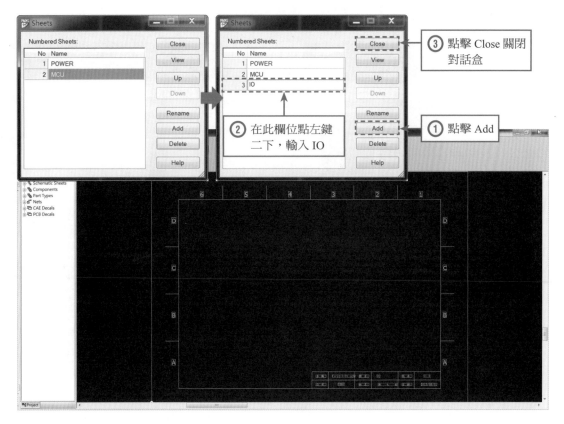

4-5-4 IO 電路繪製（以試題一為例）

依試題本要求依照 IO.sch 電路圖做繪製，細項操作可參考例題一。

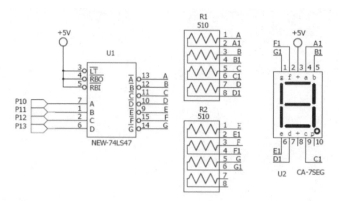

IO.SCH 電路圖

❖ 零件擺放（含參數設定）

作法：點選 🖾 鈕陸續叫出試題本上之零件（順序 NEW-74LS47 >> CA-7SEG >> RES-B4R8P）。

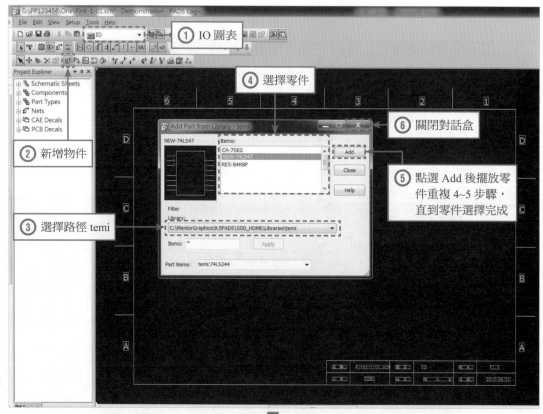

（接續下頁）

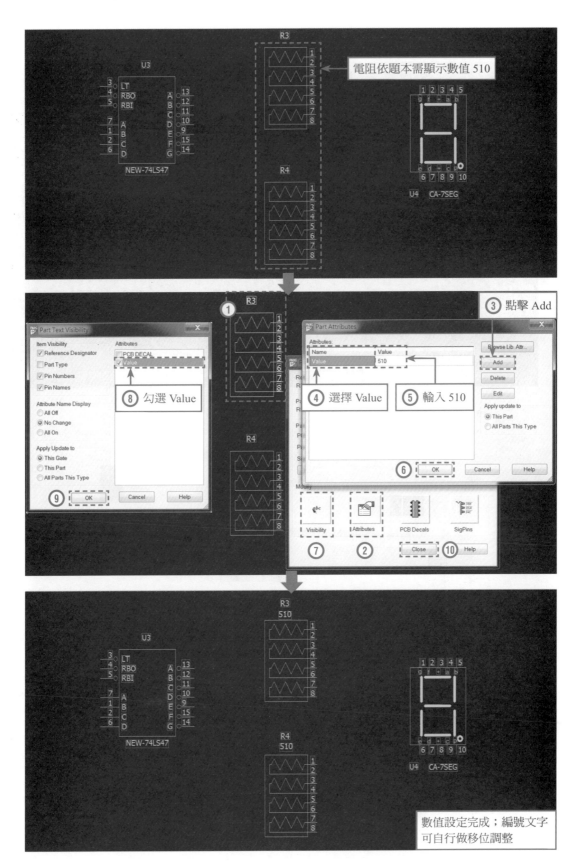

❖ 繪製線路

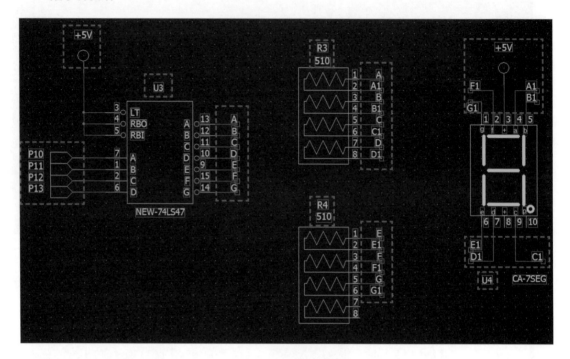

注·意·事·項

1. 相關繪製技巧於「實用級」已做說明，請自行參閱。

2.  繪製線路，滑鼠左鍵點兩下即結束 ━━━━□；Ctrl + Tab 變更外型 ⛛，☑ Net Name Label
   顯示文字 +5V 。

3. 在線條上點滑鼠二下，顯示文字編號（如：A、B、C、D…等），☑ Net Name Label 顯示
   文字 A，如輸入同樣符號（如： A ， A ）會出現如下圖所示的對話盒，點
   B   A1
   選「是」。

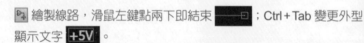

4. 選單 Off-page >> 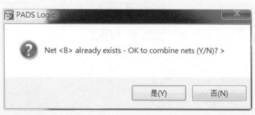。

4-5-4-1 試題二～五 IO 電路繪製要點

❖ 試題二

依試題本要求依照 IO.sch 電路圖做繪製，細項操作可參考例題一。

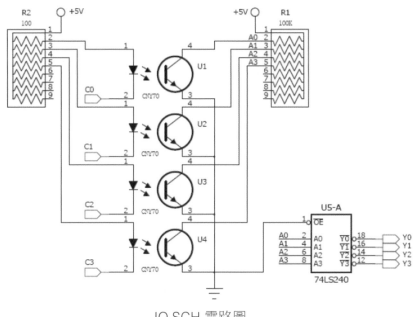

IO.SCH 電路圖

❖ 零件擺放（含參數設定）

作法：點選 鈕陸續叫出試題本上之零件（順序 OPTO-4P >> 74LS240 >> RES-A8R9P）。

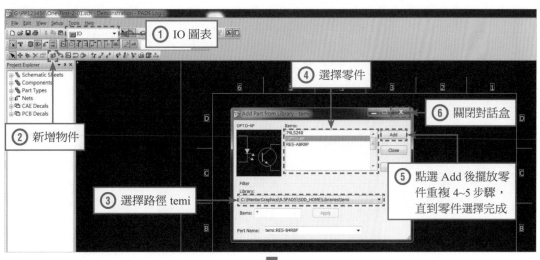

（接續下頁）

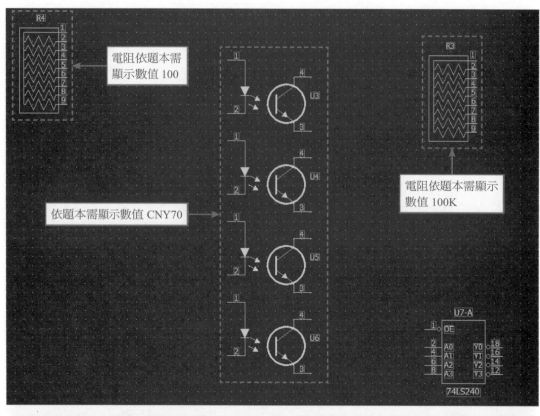

電阻依題本需
顯示數值 100

依題本需顯示數值 CNY70

電阻依題本需顯示
數值 100K

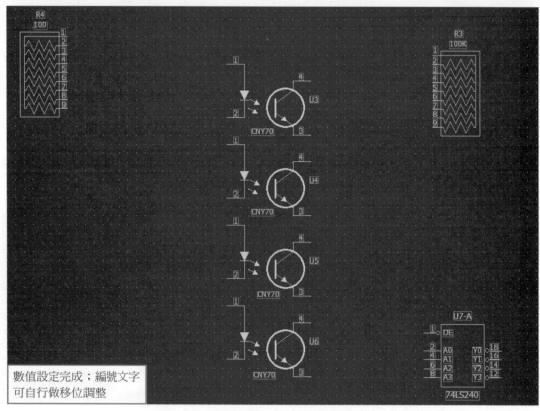

數值設定完成；編號文字
可自行做移位調整

❖ 繪製線路

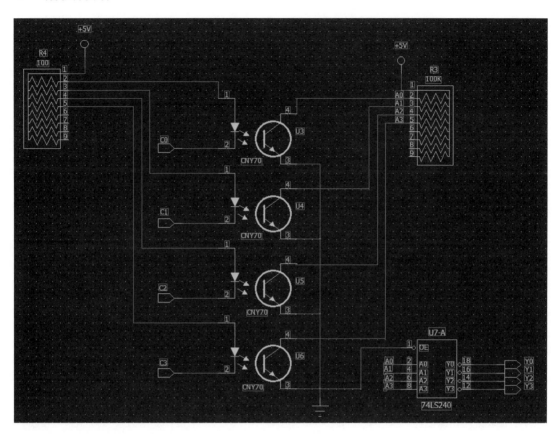

注・意・事・項

1. 相關繪製技巧於「實用級」已做說明，請自行參閱。

2.  繪製線路，滑鼠左鍵點兩下即結束 ▬▬▬▭ ；Ctrl＋Tab 變更外型 ◯，☑ Net Name Label 顯示文字 +5V 。

3. 在線條上點滑鼠二下，顯示文字編號（如：A、B、C、D…等），☑ Net Name Label 顯示文字 A ，如輸入同樣符號（如： A ， A ）會出現如下圖所示的對話盒，點 B A1 選「是」。

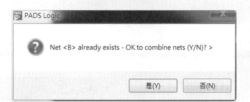

4. 選單 Off-page >> ▭▭▭◁ 。

❖ 試題三

依試題本要求依照 IO.sch 電路圖做繪製，細項操作可參考例題一。

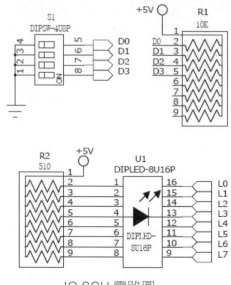

IO.SCH 電路圖

❖ 零件擺放（含參數設定）

作法：點選 🖪 鈕陸續叫出試題本上之零件（DIPLED-8U16P、DIPSW-4U8P、RES-A8R9P）。

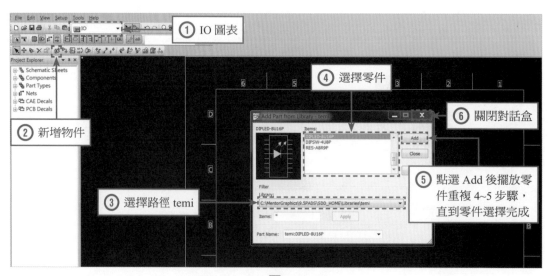

⬇ （接續下頁）

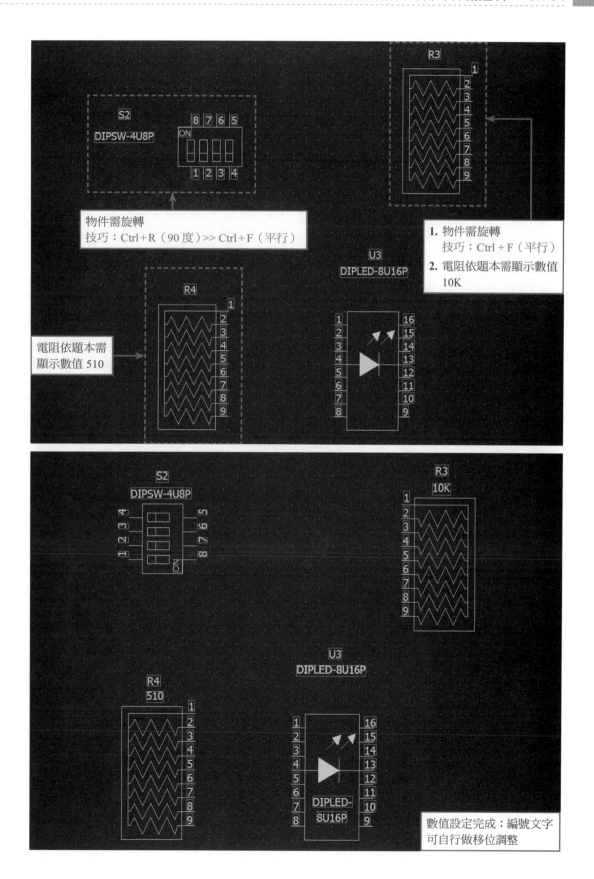

物件需旋轉
技巧：Ctrl＋R（90 度）>> Ctrl＋F（平行）

1. 物件需旋轉
   技巧：Ctrl＋F（平行）
2. 電阻依題本需顯示數值
   10K

電阻依題本需
顯示數值 510

數值設定完成；編號文字
可自行做移位調整

❖ 繪製線路

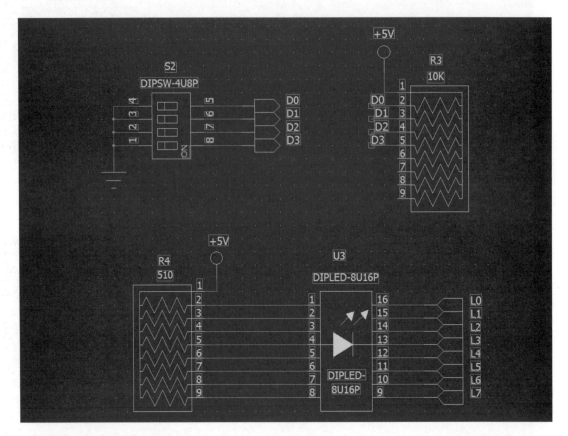

注·意·事·項

1. 相關繪製技巧於「實用級」已做說明，請自行參閱。

2.  繪製線路，滑鼠左鍵點兩下即結束 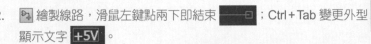；Ctrl＋Tab 變更外型 ，☑ Net Name Label 顯示文字 。

3. 在線條上點滑鼠二下，顯示文字編號（如：D0、D1、D2…等），☑ Net Name Label 顯示文字 D0，如輸入同樣符號（如：，）會出現如下圖所示的對話盒，點選「是」。

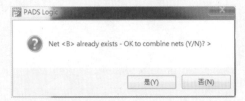

4. 選單 Off-page ＞＞ （技巧：Ctrl＋Tab ＞＞ Ctrl＋F）。

❖ 試題四

依試題本要求依照 IO.sch 電路圖做繪製，細項操作可參考例題一。

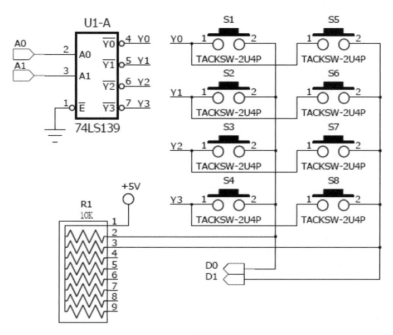

IO.SCH 電路圖

❖ 零件擺放（含參數設定）

作法：點選 圖 鈕陸續叫出試題本上之零件（TACKSW-2U4P、74LS139、RES-A8R9P）。

（接續下頁）

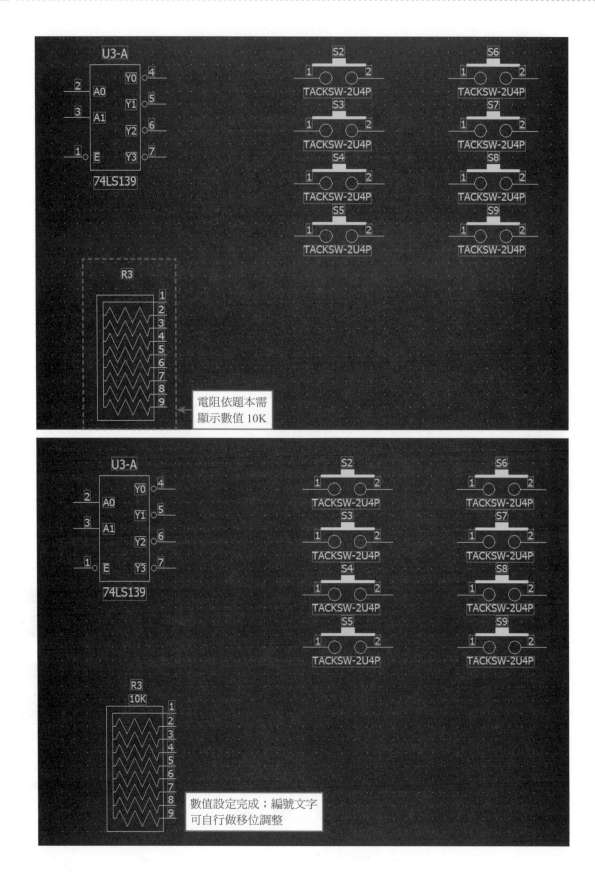

❖ 繪製線路

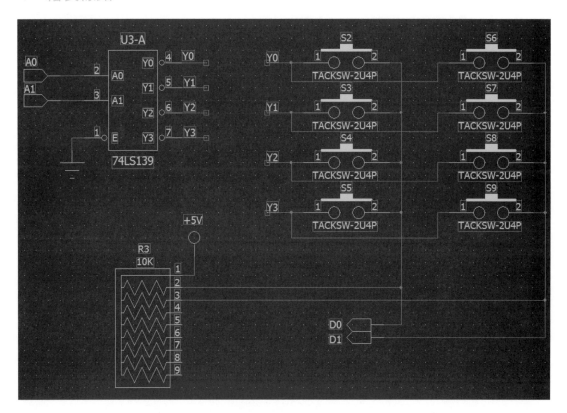

注・意・事・項

1. 相關繪製技巧於「實用級」已做說明，請自行參閱。

2.  繪製線路，滑鼠左鍵點兩下即結束 ━━━━━━━━━ ；Ctrl＋Tab 變更外型 ，☑ Net Name Label 顯示文字 **+5V** 。

3. 在線條上點滑鼠二下，顯示文字編號（如：Y0、Y1、Y2…等），☑ Net Name Label 顯示文字 **Y0**，如輸入同樣符號（如： **Y0** ， **Y0** ）會出現如下圖所示的對話盒，點選「是」。

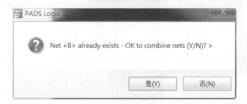

4. 選單 Off-page ＞＞ ▭ ◁═ （技巧：Ctrl＋Tab ＞＞ Ctrl＋F）。

❖ 試題五

依試題本要求依照 IO.sch 電路圖做繪製，細項操作可參考例題一。

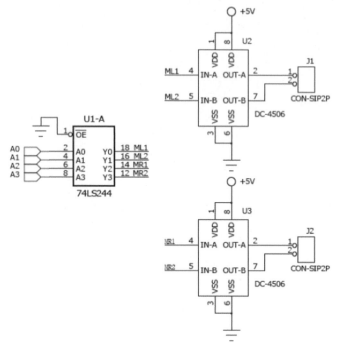

IO.SCH 電路圖

❖ 零件擺放（含參數設定）

作法：點選 鈕陸續叫出試題本上之零件（順序 74LS244 >> DC-4506 >> CON-SIP2P）。

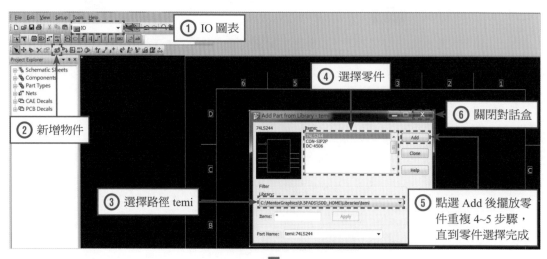

（接續下頁）

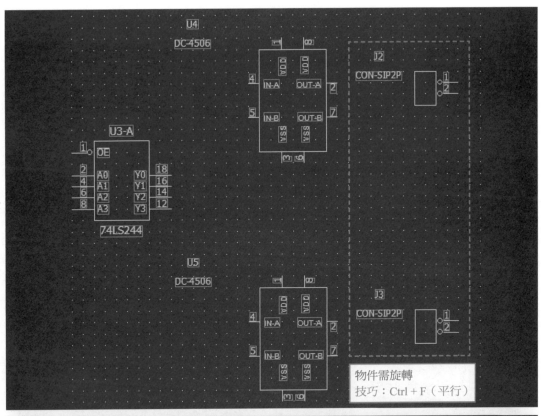

物件需旋轉
技巧：Ctrl＋F（平行）

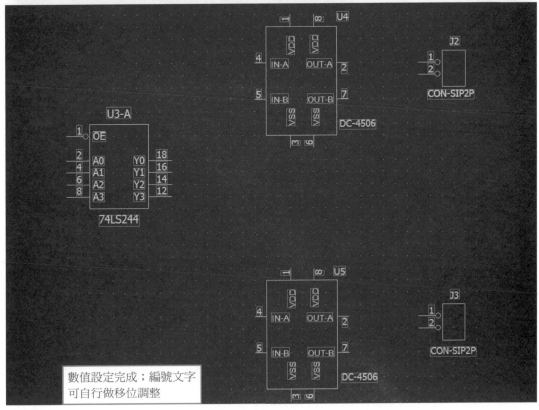

數值設定完成；編號文字
可自行做移位調整

❖ 繪製線路

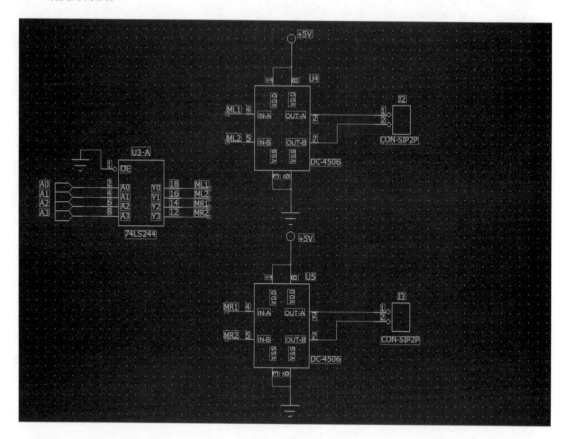

注·意·事·項

1. 相關繪製技巧於「實用級」已做說明，請自行參閱。

2. 繪製線路，滑鼠左鍵點兩下即結束 ；Ctrl＋Tab 變更外型 ，☑ Net Name Label 顯示文字 **+5V** 。

3. 在線條上點滑鼠二下，顯示文字編號（如：ML1、MR1…等），☑ Net Name Label 顯示文字 **ML1**，如輸入同樣符號（如： ML1 ， ML1 MR1 ）會出現如下圖所示的對話盒，點選「是」。

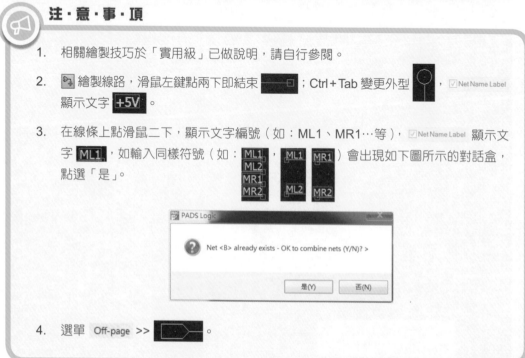

4. 選單 Off-page ＞＞ 。

4-5-5 MCU 電路繪製（以試題一為例）

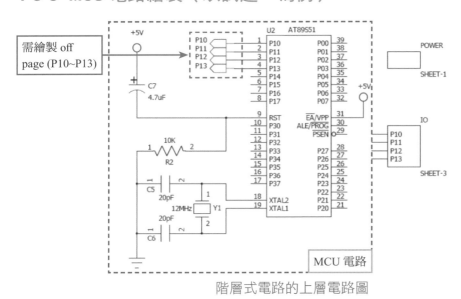

階層式電路的上層電路圖

① 利用下拉選單選擇 MCU 圖表

③ 拉線後再點右鍵選單，選 Off-page 再利用 Ctrl＋F、Ctrl＋Tab 等技巧來改變方向

④ 利用下拉選單選擇 P10，或直接輸入 P10

⑤ 依序完成 P11~P13

4-5-5-1 試題二～五 MCU 電路繪製繪製要點

❖ 試題二

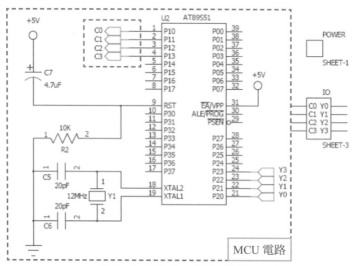

階層式電路的上層電路圖

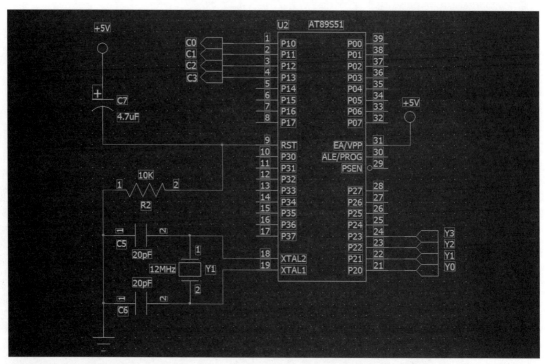

注 · 意 · 事 · 項

利用 Ctrl + F 來水平旋轉端點（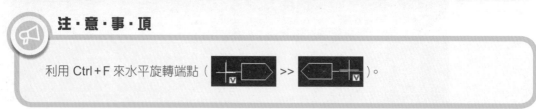）。

❖ 試題三

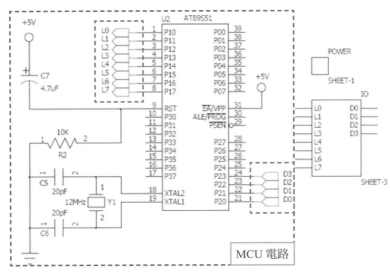

階層式電路的上層電路圖

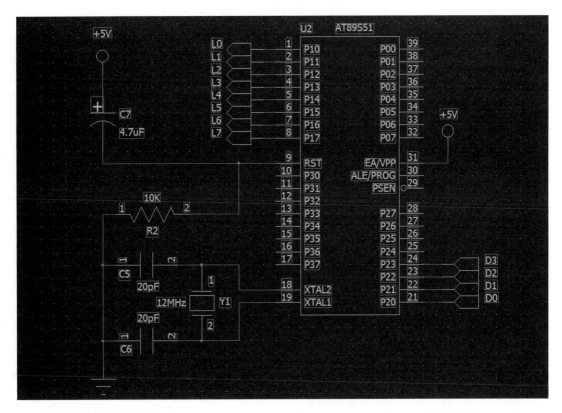

注·意·事·項

利用 Ctrl+F 來水平旋轉端點（ 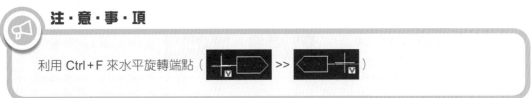 ）

❖ 試題四

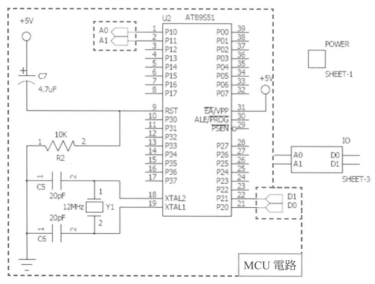

階層式電路的上層電路圖

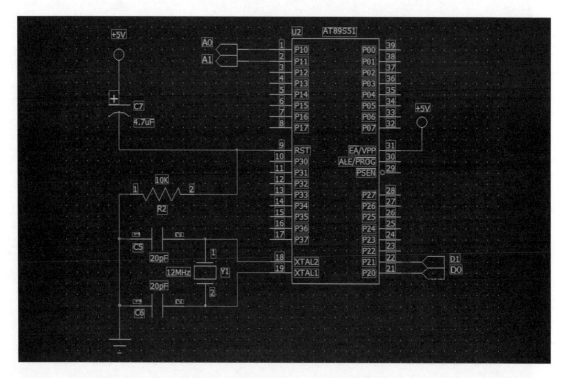

注·意·事·項

利用 Ctrl＋F 來水平旋轉端點（ ▢▢▢ >> ▢▢▢ ），Ctrl＋Tab 來改變端點方向。

❖ 試題五

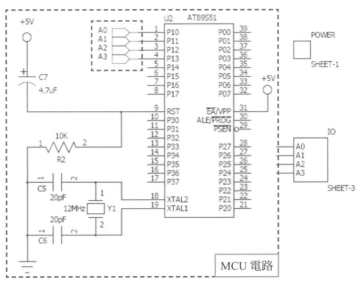

階層式電路的上層電路圖

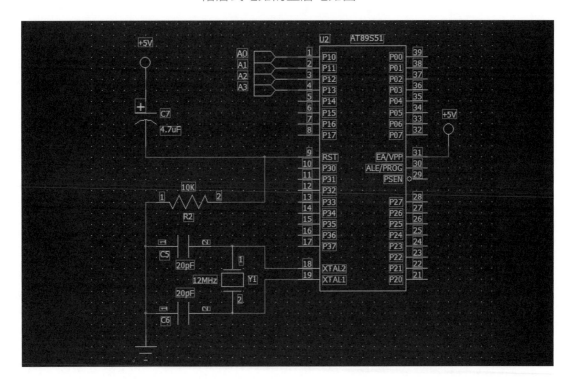

STEP-5 階層式電路繪製

4-6-1 切換電路圖表

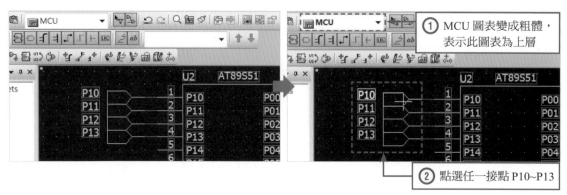

① MCU 圖表變成粗體，表示此圖表為上層

② 點選任一接點 P10~P13

4-6-2 上階層與下階層電路之關係

❖ 啟動階層精靈（需在 MCU 圖表內啟動精靈）

點擊 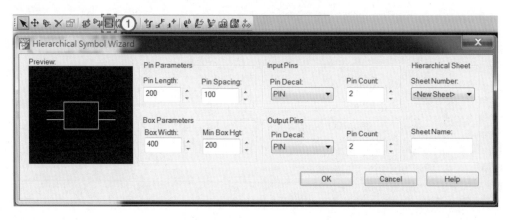 鈕（New Hierarchical Symbol），出現設定盒。

❖ 電路階層設定（需在 MCU 圖表內做設定）

以 MCU.sch 圖表設為上階層電路，POWER.sch 圖表作為第一個下階層電路，IO.sch
圖表作為第二個下階層電路。

■ POWER 階層設定

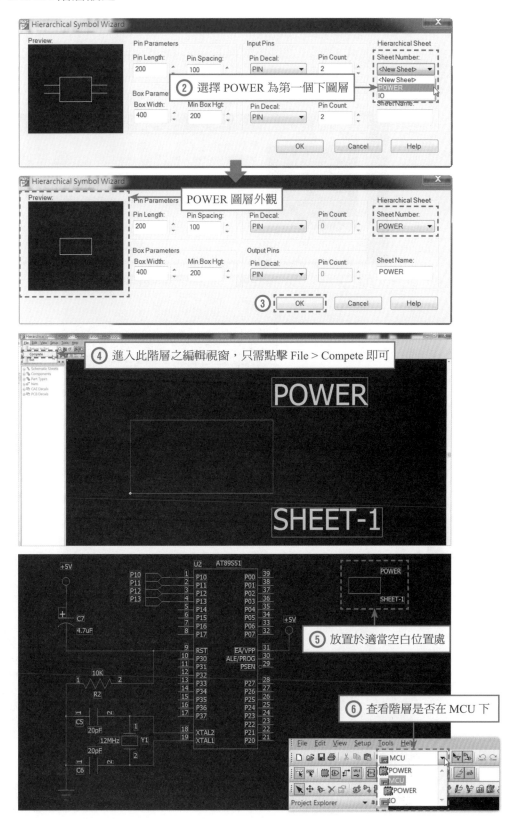

■ IO 階層設定

一樣在 MCU 圖表下點選 圖 階層精靈，Sheet Number 選擇 IO。

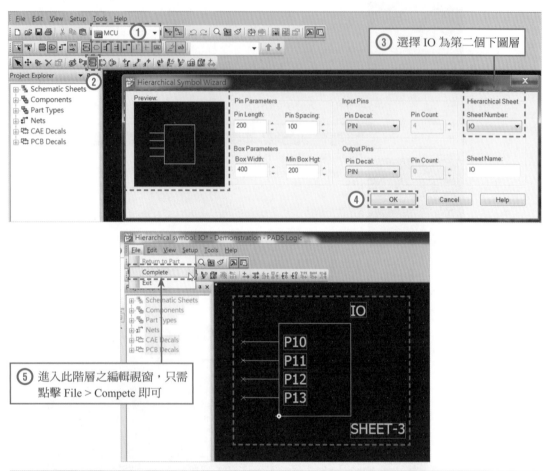

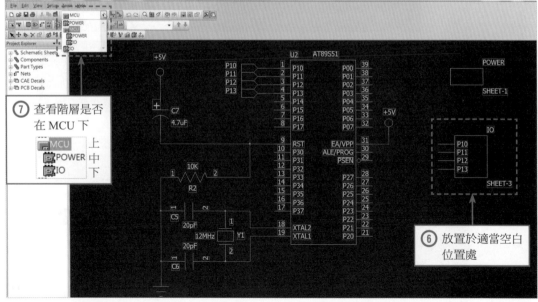

❖ 上、下階層電路切換

POWER 階層利用 Push Hierarchy（進入）與 Pop Hierarchy（返回）來達到自動切換至 MCU 圖表。IO 階層也同此法步驟，在此就不再多做敘述。

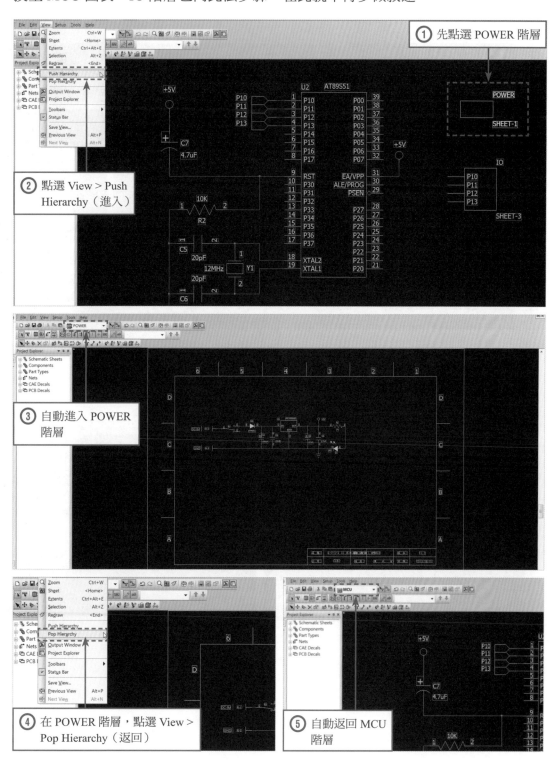

4-6-2-1 試題二～五階層電路繪製完成圖（請依步驟 4-6-1 及 4-6-2 操作）

❖ 試題二

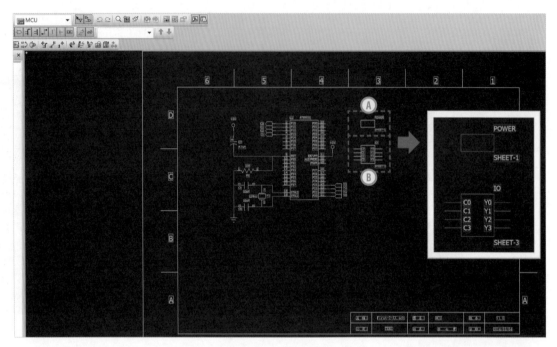

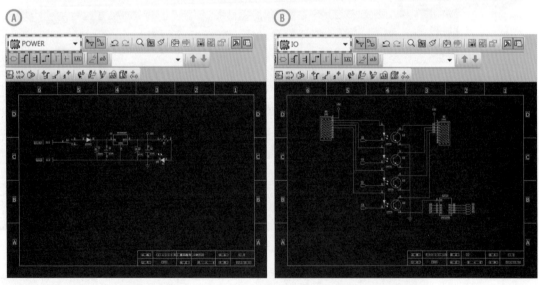

❖ 試題三

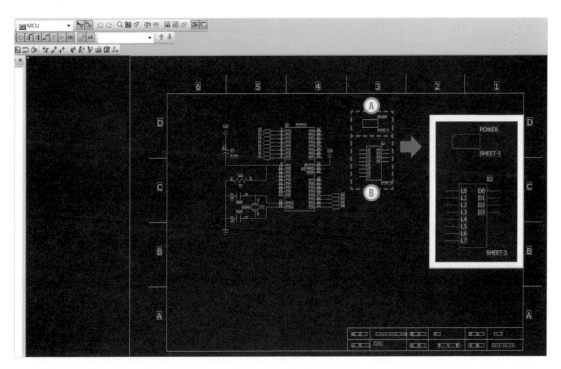

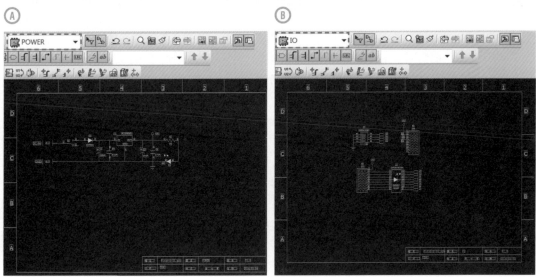

❖ 試題四

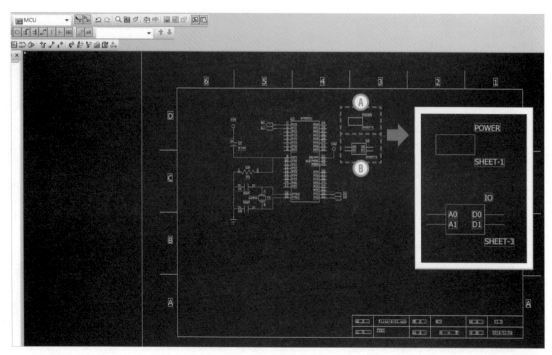

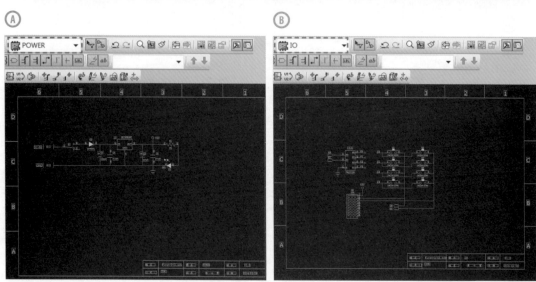

❖ 試題五

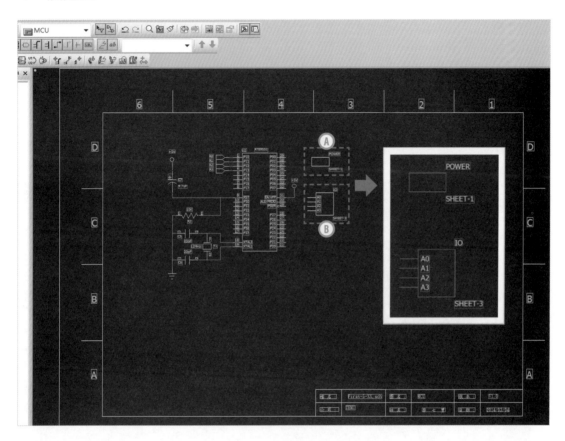

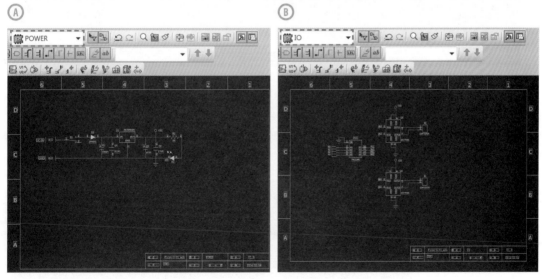

STEP-6 檔案儲存及文件輸出

❖ 檔案儲存（ First-1-01.sch ）

■ 因所匯入之板框內姓名、日期為預設，故須做修改，完成後點選 🖫 存檔。

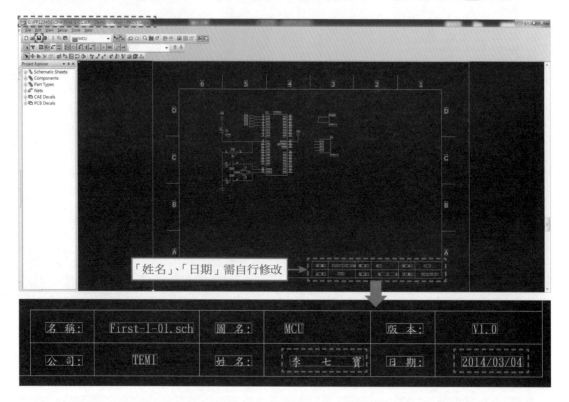

「姓名」、「日期」需自行修改

名　稱：	First-1-01.sch	圖　名：	MCU	版　本：	V1.0
公　司：	TEMI	姓　名：	李　七　寶	日　期：	2014/03/04

❖ 文件輸出（ First-1-01.pdf ）

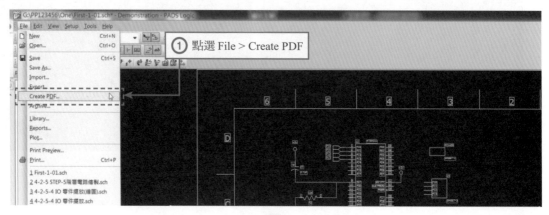

① 點選 File > Create PDF

（接續下頁）

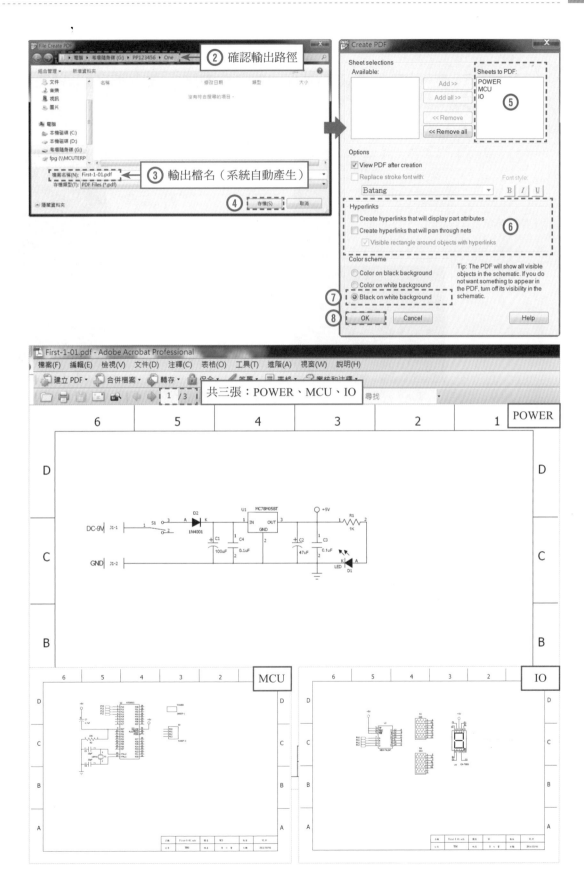

❖ 輸出 ASC 檔（Netlist）（ First-1-01.asc 、 First-1-01.err ）

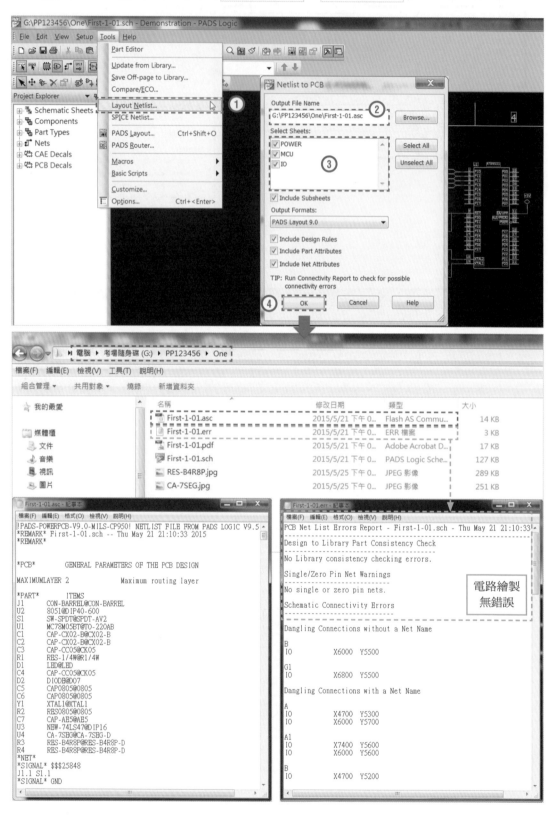

錯誤訊息（參考用）

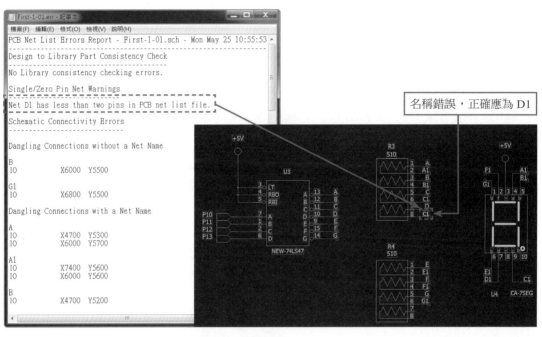

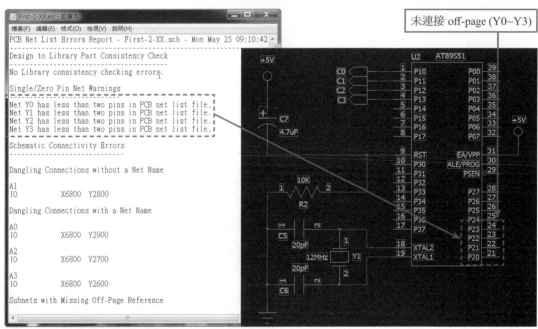

第一階段快速檢視（以例題一為例）

■ 儲存檔案確認（第一階段）：檢視一下自己所存之檔案是否有遺漏。

考場電腦所提供的隨身碟裡面，以准考證號碼建立一個資料夾（範例以 PP123456 為例），接著以 One 和 Two 作為名稱新增二個子資料夾；One 資料夾用來儲存第一階段的有關檔案。

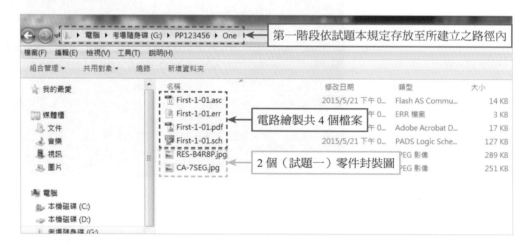

❖ 第一階段：圖框編輯設定、零件編修創建

■ 開啟小畫家檔案，查看是否正確。

(10) 自創零件腳座包裝之畫面未正確黏貼於小畫家者（每項）

（3）新建圖框未依要求的檔名儲存於指定磁碟路徑（每項）

（7）自創零件之外觀符號未參考題本樣式製作者（每項）

（6）自創零件未依規定儲存於指定的磁碟路徑者（每項）

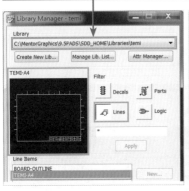

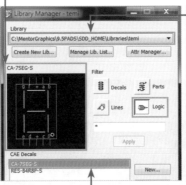

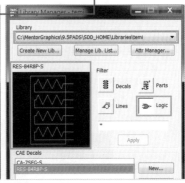

（8）自創零件之腳座包裝未依照題本規格製作者（每項）

（5）自創零件之外觀符號或腳座包裝的名稱錯誤者（每項）

（9）自創零件之序號字母或邏輯族系設定錯誤者（每項）

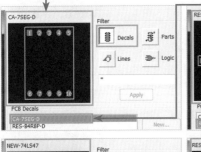

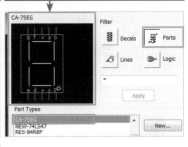

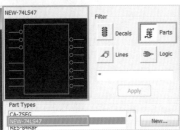

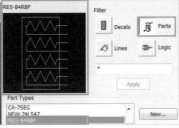

▓ 查看零件間距是否正確

Step 01 在 PADS Layout 程式下開啟 Library >> 選擇 Decals >> 選擇零件後按 Edit。

Step 02 確認單位為 mils，格點顯示為（X：100、Y：100）此設定方便查看。

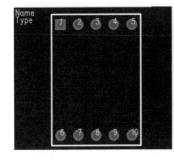

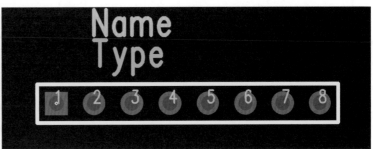

❖ 第一階段：階層電路繪製、文件檔案輸出

■ 電路圖快速檢查

10. 未正確新增資料夾、檔案、圖名或名稱錯誤者（每項）

8. 上下層電路設定錯誤或未進行階層電路繪製作業者

9. 階層電路符號錯誤或接腳連接錯誤

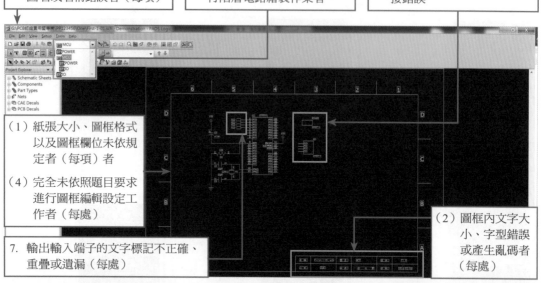

（1）紙張大小、圖框格式以及圖框欄位未依規定者（每項）者

（4）完全未依照題目要求進行圖框編輯設定工作者（每處）

7. 輸出輸入端子的文字標記不正確、重疊或遺漏（每處）

（2）圖框內文字大小、字型錯誤或產生亂碼者（每處）

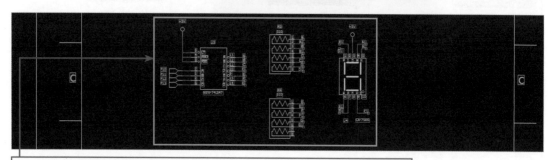

1. 與題本之範例電路的零件編號（Reference）不同者
2. 電路的零件名稱（Part Name）、端子的元件名稱（NetName）或電路中所使用的零件和符號不同者（每顆）
3. 電路的零件數值（Value）不同或誤填其它屬性欄位的特性內容者（每顆）
4. 零組元件接腳的線路連接錯誤、漏畫或畫錯（每條）
5. 零件所屬的編號或文字標記擺放歪斜或重疊者（每顆）
6. 電源、接地或端點連接器之外型符號不正確者（每顆）
7. 輸出輸入端子的文字標記不正確、重疊或遺漏（每處）

11. 未依規定格式正確輸出 PDF 檔或 ASC 檔（每項）
註：PDF 需依題本上格式與內容做設定

5

第二階段解題
（電路板佈線）

STEP-1 開啟系統 PADS Layout

由功能表 File > New 開啟新檔或直接點擊「Start a new design」。

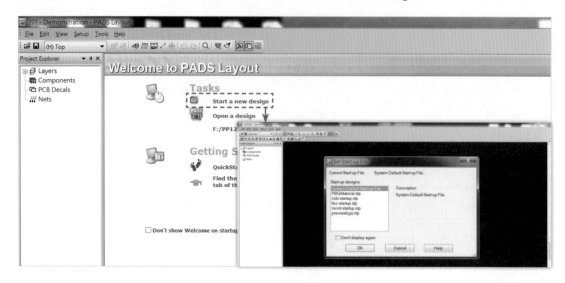

STEP-2 設定環境

由功能表 Tools > Options，出現對話盒，點擊 Grids 進行設定，選項「Design grid」建議 X：50、Y：50，選項「Display grid」建議 X：100、Y：100。

註‧解

Design grid 可視其物件移動距離所需，隨時做調整，數字越小，每格可移動間距越精準。

SECTION 5-3　STEP-3 繪製板框

依試題本要求板框編修設計

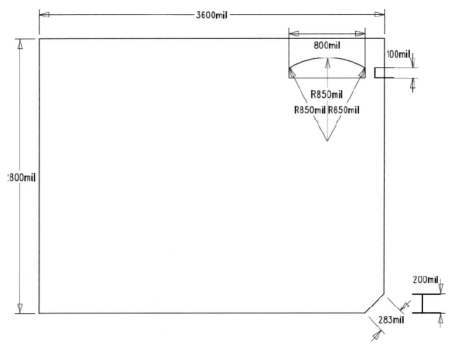

電路板框的規格與樣式圖

 注 · 意 · 事 · 項

1.　請將在第一階段完成的電路圖之 ASC（netlist）檔案匯入 PADS Layout 環境之下，把電路板的外框設定成矩形且大小為寬度（X）：3600 mils * 高度（Y）：2800 mils，再依據下圖的規格和要求進行電路板框的編修和設計工作。

2.　接下來請將板框右下方的直角切除，所需切除的直角為一個等腰的直角三角形，腰長為 200 mils。

3.　再者請在板框右上方先行繪製一個寬為 800 mils 高為 100 mils 的矩形，矩形四個點的座標分別為（2600,2400）、（2600,2500）、（3400,2500）、（3400,2400），緊接著把矩形的上邊往上拉出一個高為 100mils 的弧形，最後將這個帶有弧線的矩形從電路板框上挖除。

4.　請將這個新的板框樣式以「Board-Outline」為名稱，儲存在後面指定的磁碟路徑檔案裡面，C：\MentorGraphics\9.3PADS\SDD_HOME\Libraries\temi。

❖ 要點 1─繪製板框

請將在第一階段完成的電路圖之 ASC（netlist）檔案匯入 PADS Layout 環境之下，把電路板的外框設定成矩形且大小為寬度（X）：3600 mils ＊高度（Y）：2800 mils。

點擊標準工具列 按鈕（繪圖工具列），選取繪圖工具列 「繪製板框」按鈕，將游標移至空白處點擊右鍵選取快顯方塊中「Rectangle」矩形後，將由標移至起點（原點（0、0） 0　0　mils ）位置點一下左鍵後放開拖曳（不要按住左鍵不放），在鍵盤上輸入 S3600 □ 2800（（坐標）S X 軸座標□ Y 軸座標），完成後按輸入鍵，終點會移至 S3600 □ 2800 位置上，點一下左鍵即完成板框（矩形）設定。

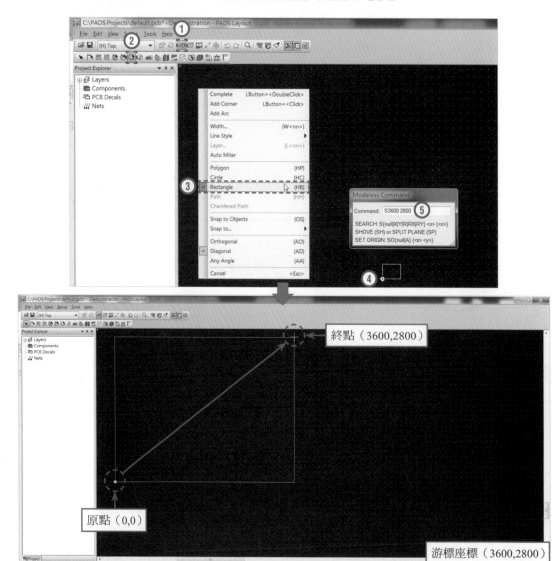

❖　要點 2 — 板框編修

接下來請將板框右下方的直角切除，所需切除的直角為一個等腰的直角三角形，腰長為 200 mils。

游標在空白處點一下右鍵，選擇「Select Board Outline 板框」後，於鍵盤輸入「S3400 □ 0」，游標會移至該座標處，再點擊右鍵選單選擇 Split，游標移至 X：3600 Y：200 處點一下左鍵，即完成切除直角。

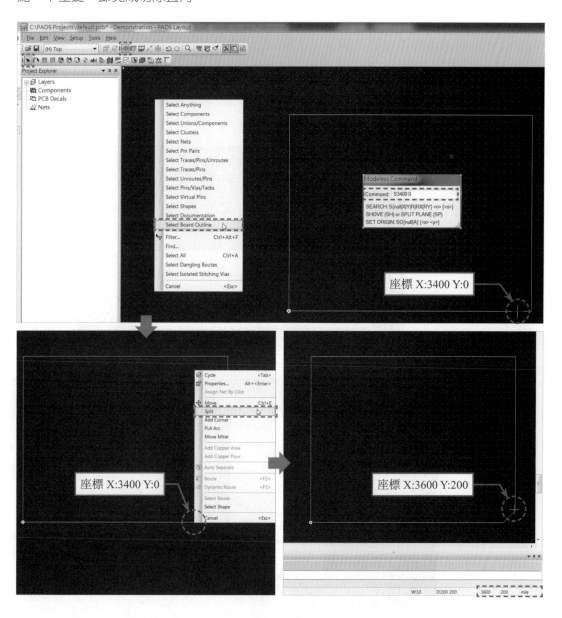

❖ 要點 3一板內切除

再者請在板框右上方先行繪製一個寬為 800 mils 高為 100 mils 的矩形,矩形四個點的座標分別為(2600,2400)、(2600,2500)、(3400,2500)、(3400,2400),緊接著把矩形的上邊往上拉出一個高為 100mils 的弧形,最後將這個帶有弧線的矩形從電路板框上挖除。

Step 01 點選「 ⬚ Board Outline and Cut Out」,出現確認對話盒按「 確定 」,在於空白處點擊右鍵選單,選擇「Rectangle 矩形」,鍵盤輸入「S2600 □ 2400」,游標會移至該處後點擊滑鼠左鍵一下,將該矩形的終點移至 X3400 Y2500 處(或輸入 S3400 2500),在點一下滑鼠左鍵即完成板內矩形繪製。

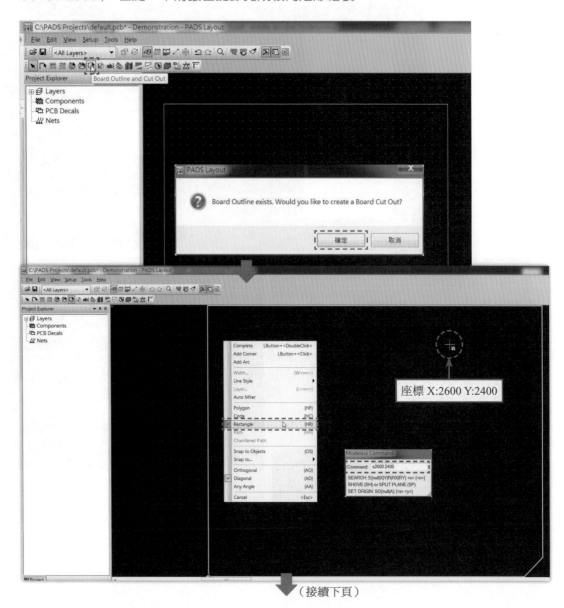

(接續下頁)

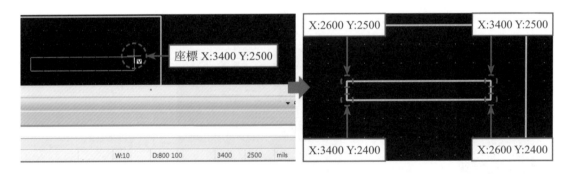

Step 02 矩形繪製完成後，接下來進行修改。

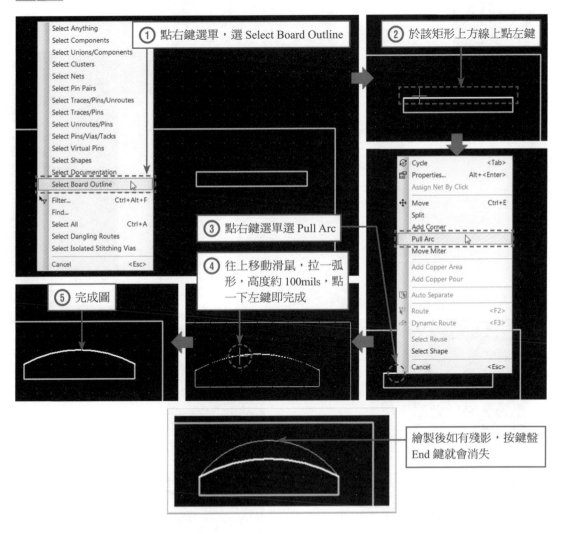

❖ 要點 4 — 板框存檔

請將這個新的板框樣式以「Board-Outline」為名稱，儲存在後面指定的磁碟路徑檔案裡面，C：\MentorGraphics\9.3PADS\SDD_HOME\Libraries\temi。

完成板框編修後接下來就是將該板框儲存起來。

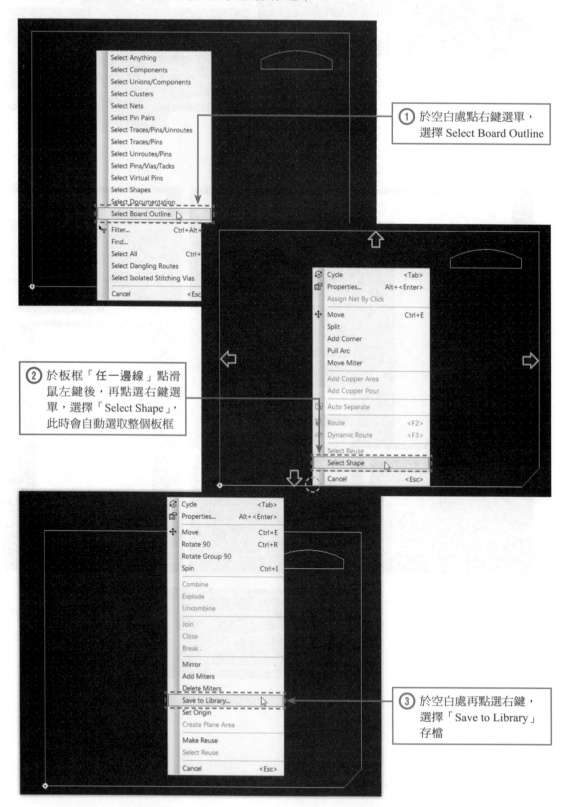

① 於空白處點右鍵選單，
選擇 Select Board Outline

② 於板框「任一邊線」點滑
鼠左鍵後，再點選右鍵選
單，選擇「Select Shape」，
此時會自動選取整個板框

③ 於空白處再點選右鍵，
選擇「Save to Library」
存檔

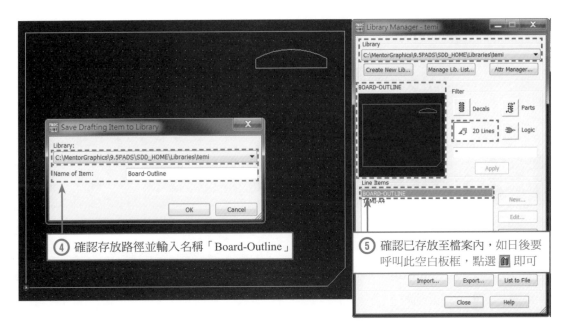

④ 確認存放路徑並輸入名稱「Board-Outline」

⑤ 確認已存放至檔案內，如日後要呼叫此空白板框，點選 🔲 即可

放置標題

作法：在 Top 板層，點擊 🔲 繪圖工具列中「Text」 abl 按鈕，輸入 TEMI-N-XX（N 所代表的是試題號碼，XX 所代表的是考生的工作崗位號碼。），放置於板框右上方空白處，完成後即可取消 Add Free Text 對話盒。

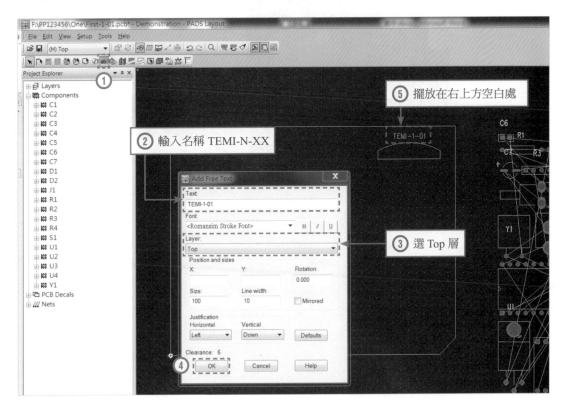

② 輸入名稱 TEMI-N-XX

⑤ 擺放在右上方空白處

③ 選 Top 層

📢 **注·意·事·項**

應試者在進行電路板佈線之前，必須在電路板的 Top 板層之右上方空白處，以文字方式
輸出 TEMI-N-XX 等字樣，其中 N 代表題目編號而 XX 代表考生的工作崗位號碼。

SECTION
5-4 STEP-4 載入 Netlist 檔案

❖ 載入 Netlist 檔案

由功能表 File > Import，載入電路圖繪製（PADS Logic）所儲存 Netlist 檔案（.asc
檔）。

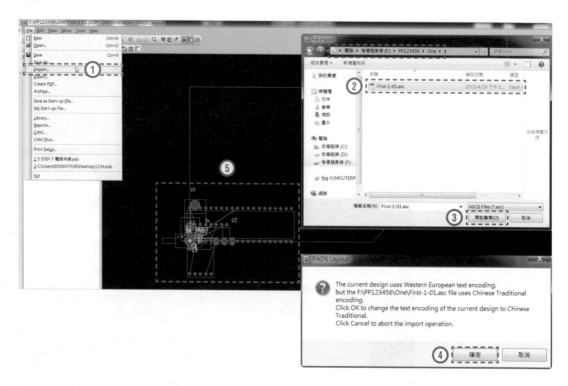

STEP-5 零件佈局

以試題一為例

電路板佈線

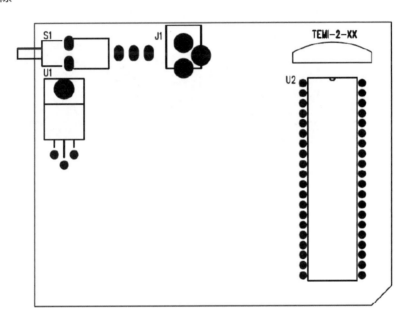

注・意・事・項

1. 本階段在電路板佈線的工作方式，採取**雙層板**的走線作業，所有走線可以分別安排在 Top 與 Bottom 二個板層來進行，且全部的**零件**必須**擺放在 Top 板層**。

2. 請依照下圖將指定的零件腳座擺放在固定的位置上，其它未指定的零件，則由應試者自行安排在電路板框的內部；本試題**所指定零件**的擺放座標如下所述：J1（1500,2350）、S1（350,2500）、U1（200,1500）、U2（2700,2200）。

3. 電路圖中編號 R2、C5、C6 及 C7 等四個為 SMD 的元件，請將所有的**元件**皆擺放於**頂層**。

❖ 打散零件

由 Tools > Disperse Components，出現快顯對話框，按「是」，將零件打散，零件會自動打散在板框右邊。

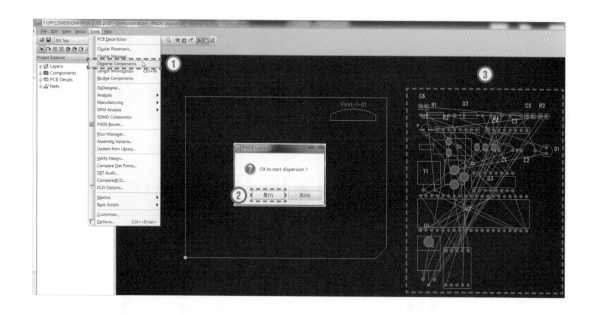

❖ 零件佈局 1（特定位置零件擺放）

依題本（試題一）規定將主要零件包裝擺放在指定位置上，其他未指定的零件，由考生自行安排；依試題規定零件上放置座標如下：

零件編號	J1	S1	U1	U2
座標位置	1500,2350	350,2500	200,1500	2700,2200

※ 零件放置位置一定要放置在 TOP 板層

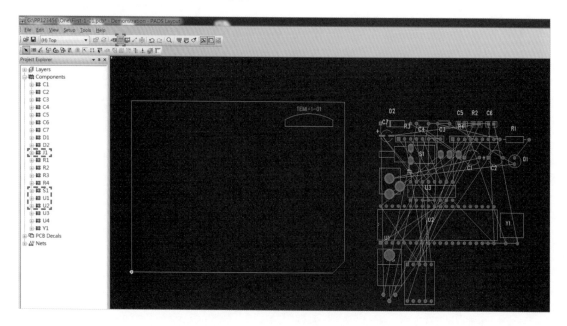

■ 方法一

Step 01 滑鼠點擊設計工具列 ▦，在 ▧ 狀態下，滑鼠選擇左邊「Project Explorer」內容中「Components」零件，找到 J1 後點擊滑鼠右鍵出現快顯對話盒，點擊 🖾 Properties... 後，出現零件對話盒，確認零件標號是否為 J1，依題本規定設定 J1（X：1500,Y：2350）後，確認「Layer」在「Top 層」，並將 Glued（表鎖住位置，無法移動該座標）欄位打勾後按「OK 鈕」，J1 零件會自動移至該座標（X：1500,Y：2350）。

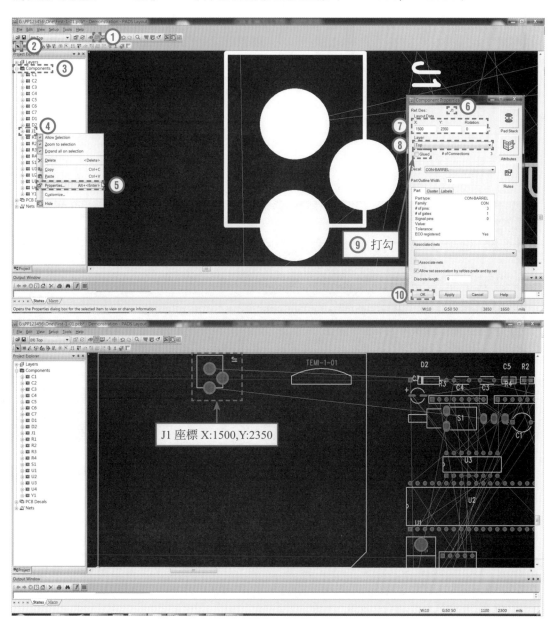

Step 02 完成第一個零件放置後，依序放置試題本上規定所擺放位置。

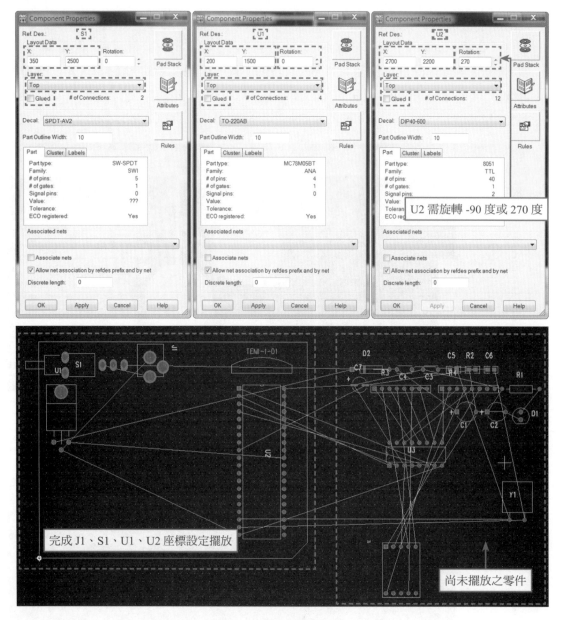

完成 J1、S1、U1、U2 座標設定擺放

尚未擺放之零件

■ 方法二

Step 01 點擊設計工具列 ███，選擇 ⊞ 搬移後，滑鼠選擇左邊「Project Explorer」內容中「Components」零件，點擊 J1 後即可自由移動該零件（**零件移動時螢幕右下角 X,Y 座標會改變**）；先將零件移動至板框內後點擊滑鼠左鍵一下始之解除零件搬移，再點選該零件滑鼠左鍵一下進行座標設定，在此狀態按下鍵盤 S 按鍵，接下來依題本規定輸入座標值 Command: S1500 2350 使用空格來區別 X 與 Y 值。

Step 02 完成第一個零件放置後，再點擊 S1 進行後續零件擺放，依序放置試題本上規定所擺放位置。

Step 03 題本之零件規定 U2 需旋轉 270 度或 -90 度，游標移至設計工具列點擊 🎇 鈕旋轉 90 度後，再將標移至 U1 零件直接點擊左鍵一下，旋轉該零件（共需點擊三次，才會轉 270 度）。

❖ 零件佈局 2（無規定位置之零件）

Step 01 在 🔳 搬移狀態下，點擊零件左鍵一下後，就可以自由移動零件，確認放放位置後再點一下左鍵即完成擺放；如要改變位置直接點擊零件後即可再度移動。

Step 02 請依題本內電路圖擺放零件，如試題一零件 S1 旁連接的是 D2，故擺放時建議將 D2 放在 S1 附近，其他零件依此方法擺放。

Step 03 擺放零件過程中，可利用 🎇 旋轉零件，來配合零件擺放。

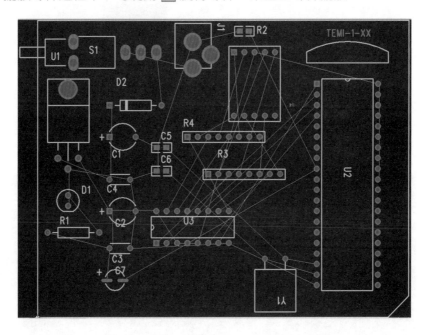

❖ 部分零件編號需做移動、旋轉、字體大小修改（零件編號在 TOP 板層）

Step 01 零件編號旋轉：

方法一：在 🔳 狀態下直接點擊在修改的零件編號按左鍵二下（或點選零件編號後，按滑鼠右鍵一下選取 Properties），進入編輯對話框，在「Rotation」內依零件方向做旋轉角度輸入（技巧：如要順時針則輸入「負角度」，逆時針則輸入「正角度」），直到方向為正。

方法二：在設計工具列中點選 🔤 搬移零件編號，游標移至要移動之零件編號點擊滑鼠左鍵一下（所對應的零件會呈現黃色），即可自由移動零件編號，此時可配合鍵盤 Ctrl+R 來達到零件編號旋轉動作。

Step 02 所有零件編號都完成方向旋轉，接下來做編號移動，在設計工具列中點選 🔤 搬移零件編號，游標移至要移動之零件編號點擊滑鼠左鍵一下（所對應的零件會呈現黃色），即可自由移動到指定位置後再點擊滑鼠左鍵一下，即完成編號位置擺放；所有零件標號需擺放在零件外，因擺放在零件內，之後零件焊接時編號件會被遮住。

Step 03 部分零件編號太小（Size：50、Line width：5）須修改，在 🔺 狀態下直接點擊在修改的零件編號按左鍵二下（或點選零件編號後，按滑鼠右鍵一下選取 Properties），進入編輯對話框方法如下（以 U4 為例 Size：100、Line width：10）。

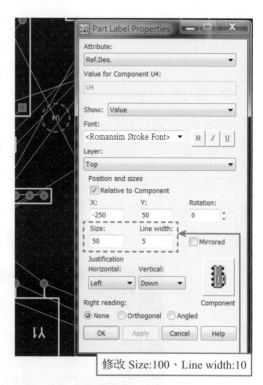

修改 Size:100、Line width:10

■ 試題一：零件擺放及編輯完成圖

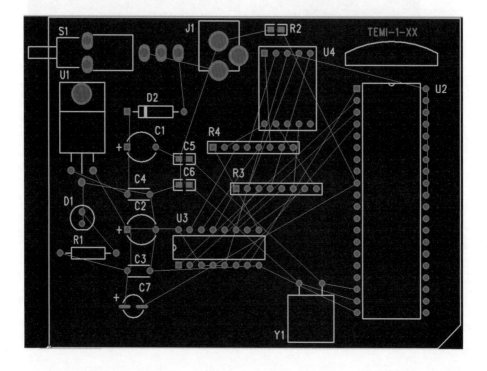

5-5-1 試題二～五零件佈局完成圖

利用第三章及第五章 5-5 節之相關技巧擺放二～五題零件圖。

電路板佈線

試題一～試題五之重點提示皆相同（如零件指定位置、SMD 零件等）。

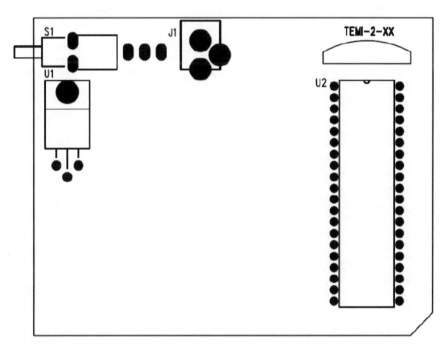

指定零件的佈局與樣式圖

注·意·事·項

1. 本階段在電路板佈線的工作方式，採取**雙層板**的走線作業，所有走線可以分別安排在 Top 與 Bottom 二個板層來進行，且全部的零件必須擺放在 Top 板層。

2. 請依照下圖將指定的零件腳座擺放在固定的位置上，其它未指定的零件，則由應試者自行安排在電路板框的內部；本試題**所指定**零件的擺放座標如下所述：
   J1（1500,2350）、S1（350,2500）、U1（200,1500）、U2（2700,2200）。

3. 電路圖中編號 R2、C5、C6 及 C7 等四個為 SMD 的元件，請將所有的元件皆擺放於頂層。

❖ 試題二 ─ 零件擺放及編輯完成圖

Step 01 參考 5-5 STEP-5 之步驟；先做指定位置之零件擺放。

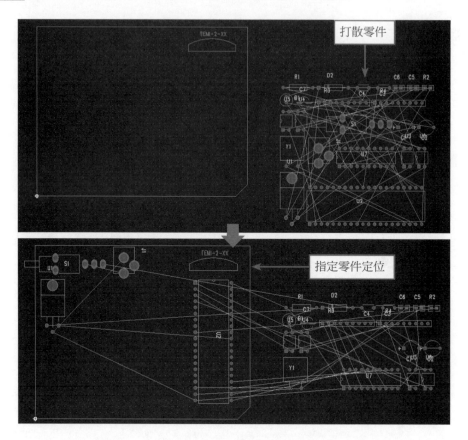

Step 02 完成題本所規定之特定位置零件擺放後，依序將所有零件做擺放（建議參考原電路圖之位置做擺放（線路連接較容易），完成後再將零件編號做正向旋轉擺放。

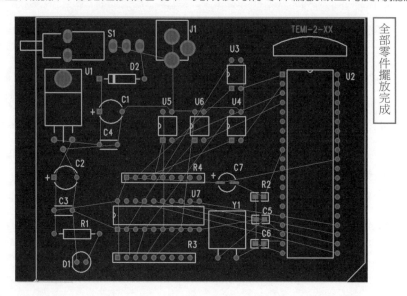

❖ 試題三 — 零件擺放及編輯完成圖

Step 01 參考 5-5 STEP-5 之步驟；先做指定位置之零件擺放。

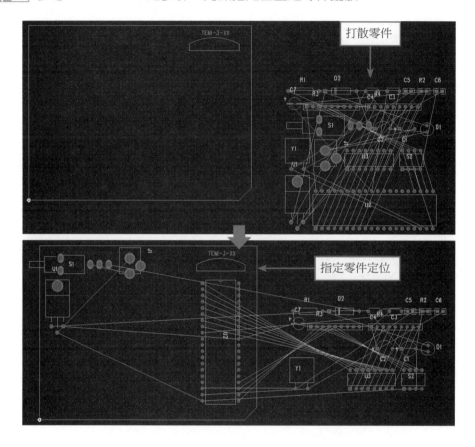

Step 02 完成題本所規定之特定位置零件擺放後，依序將所有零件做擺放（建議參考原電路圖之位置做擺放（線路連接較容易），完成後再將零件編號做正向旋轉擺放。

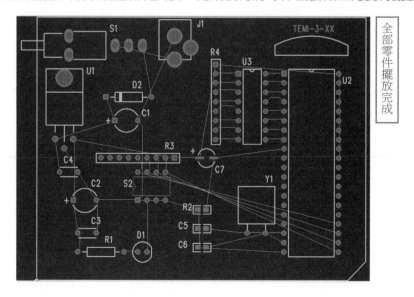

❖ 試題四 — 零件擺放及編輯完成圖

Step 01 參考 5-5 STEP-5 之步驟；先做指定位置之零件擺放。

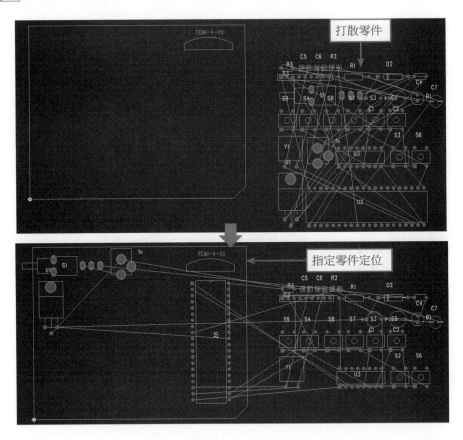

Step 02 完成題本所規定之特定位置零件擺放後，依序將所有零件做擺放（建議參考原電路圖之位置做擺放（線路連接較容易），完成後再將零件編號做正向旋轉擺放。

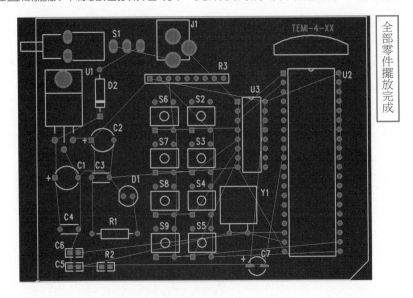

❖ 試題五 — 零件擺放及編輯完成圖

Step 01 參考 5-5 STEP-5 之步驟；先做指定位置之零件擺放。

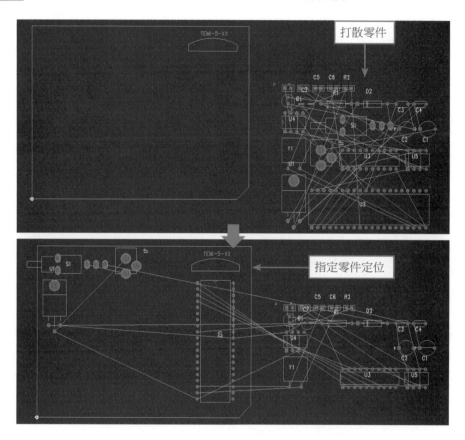

Step 02 完成題本所規定之特定位置零件擺放後，依序將所有零件做擺放（建議參考原電路圖之位置做擺放（線路連接較容易），完成後再將零件編號做正向旋轉擺放。

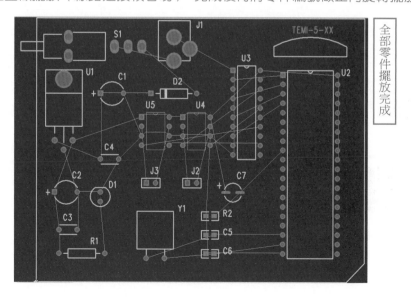

STEP-6 電路板佈線

電路板佈線

電路板框為 X：3600mils*Y：2800mils 採用**雙層板**佈線。

注·意·事·項

1. 本階段在電路板佈線的工作方式，採取雙層板的走線作業，所有走線可以分別安排在 Top 與 Bottom 二個板層來進行，且全部的零件必須擺放在 Top 板層。

2. 電路圖中編號 R2、C5、C6 及 C7 等四個為 SMD 的元件，請將所有的元件皆擺放於頂層。

3. 請將電路圖上所有電源（VCC、VEE、V-in、+5V、+12V、+15V、-15V 等）、接地（GND）以及編號 J1 到 S1 再到 U1 的網絡走線（NET）寬度設定為 20 mils，其它網絡走線的寬度則設定為 8 mils。

4. 應試者進行電路板佈線時，電路板上所有物件的安全間距與佈線等規則，直接套用系統所預設的狀態來進行作業即可。

5. 應試者進行電路板佈線時，可以使用 Via 導孔在 Top 與 Bottom 二個板層之間，來完成佈線的工作；亦可使用 Jumper 跳線來協助進行佈線，但必須依照評分標準給予扣分。

6. 進行本階段之電路板佈線時，若有任何一條走線需要轉彎時，必須避免產生直角轉彎的佈線方式；佈線時也不能夠使用不規則曲線。

❖ 板層的選擇

`Step 01` 本試題在電路板佈線的工作方式，採用「**雙層板**」的走線作業，所有走線除了零件是屬於 SMD（SMD 接腳需焊接在表面（Top 層），該零件外觀接腳屬正方形，如：▣▣、◉⬎ 等，需走在 TOP 層，其餘零件走線皆可在「TOP 層或 Bottom 層」。

`Step 02` 游標移至板層選取下拉式選單，選擇 (V)Bottom，零件接腳會變成「紅色」。

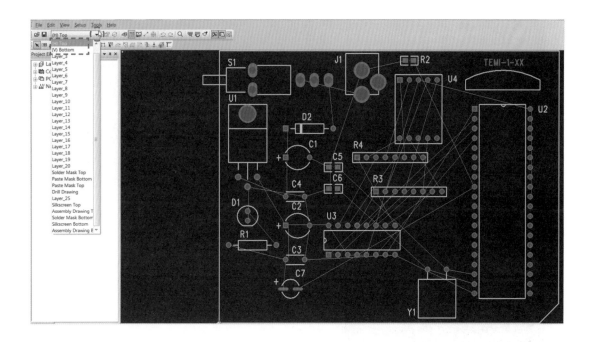

❖ 線路寬度設定

佈線前設定

Step 01 特定網路走線線寬設定：由功能表 Setup > Design Rules，出現 Rules 對話盒，先點擊「Net」選項設定特定線路線寬，依題本規定電路圖上所有電源（VCC、VEE、V-in、+5V、+12V、+15V、-15V 等與接地（GND、AGND 等）的網路走線（NET）線寬設定為 20mils；電源（VCC）與接地（GND）設定為**最小線寬：8**、**預設線寬：20**、**最大線寬：20**（單位 mils）。兩者設定完成後按 ⟨ Close ⟩ 離開，繼續其他網路走線設定。

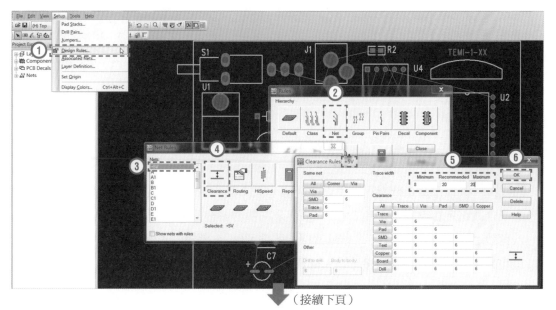

（接續下頁）

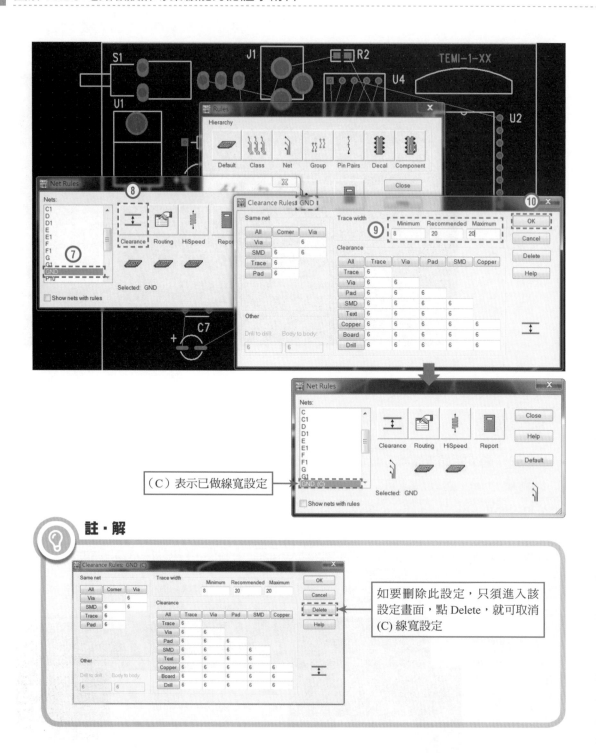

（C）表示已做線寬設定

註・解

如要刪除此設定，只須進入該設定畫面，點 Delete，就可取消（C）線寬設定

Step 02 其他網路走線線寬設定：步驟一（NET 特定走線）設定完後，依題本規定電路圖上其他網路走線線寬設定為 8mils；接下來點擊對話盒 Default（程式預設走線線寬，即若沒有設定其他特定設定下，系統就會採用此設定值），選擇 Clearance（安全間距），設定為**最小線寬：8、預設線寬：8、最大線寬：20**（單位 mils），設定完成後按 Close 離開。

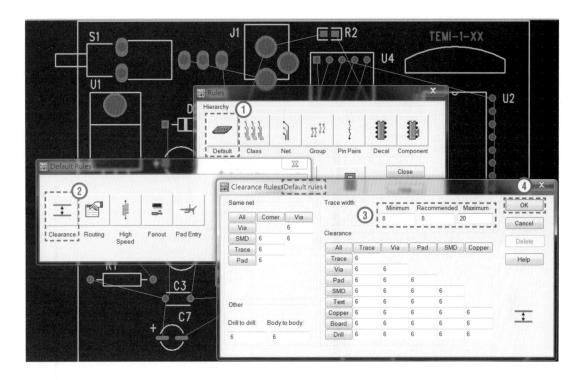

修改線路

Step 01 如發現線路寬度不對或要做設定可以直接對線寬做修改，滑鼠移至空白處點一下右鍵，出現快顯對話框點選 Select Nets（整條線路），滑鼠直接點擊要修改之線路左鍵二下，出現「Net Properties」對話框，可於 Trace Width 內輸入線寬寬度即可，如需鎖住線寬再做步驟 4~7。

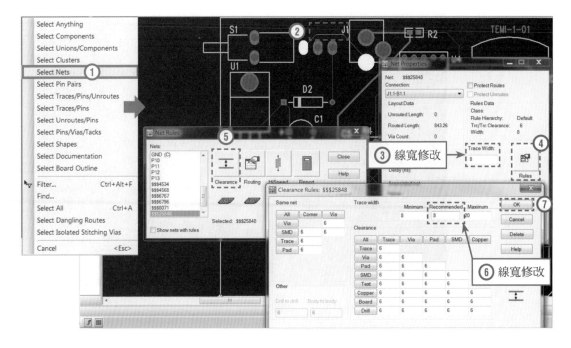

❖ 電路佈線

Step 01 設定物件最小移動間距：建議將移動格點設定為「X：20、Y：20（mils）」，於佈線時較容易。

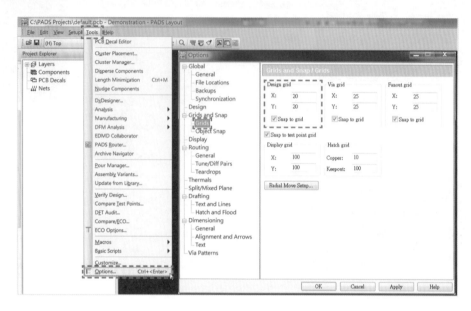

Step 02 屬於 SMD 零件（試題一為 C5、C6、C7、R2）一定需要佈線在 TOP 層（因為零件結構接腳是做在 TOP 層）；如何知道零件類別，作法：選擇板層至 Bottom 層，即可發現部分零件為藍色，就代表此零件只能做 Top 層佈線，無法在 Bottom 層佈線。

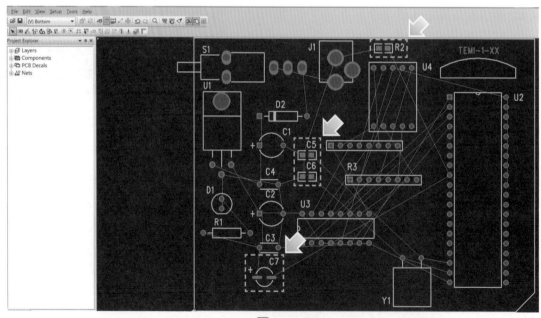

（接續下頁）

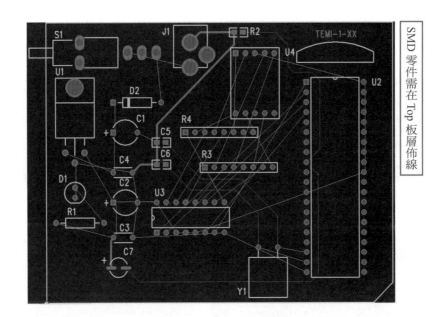

SMD零件需在Top板層佈線

Step 03 在 TOP 板層，點選設計工具列 🔲 鈕，選擇 ▶ 手工佈線，將游標移至零件接腳處點左鍵一下，線路即成**藍色**；在 Bottom 板層，點選設計工具列 🔲 鈕，選擇 ▶ 手工佈線，將游標移至零件接腳處點左鍵一下，線路即成**紅色**，如要轉彎則點一下左鍵，連接至另一零件接腳處會出現圓圈 ⊕ 點一下左鍵即完成接線；完成走線之線路在 TOP 層會變成藍色，Bottom 層會變成紅色，未完成之走線會呈現白色。

技巧一：手工佈線時，當點選起點（零件接腳）左鍵一下，開始拉線時如需轉彎則點一下左鍵，繼續接到終點（零件接腳），在終點處游標會變成圈圈狀，可以按滑鼠左鍵一下，即完成此段走線。

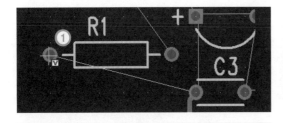

① 指向起點，按滑鼠左鍵一下

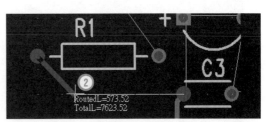

② 移動滑鼠拉出走線，遇轉彎時點一下左鍵

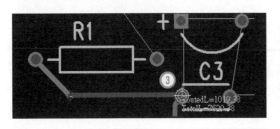

③ 到達終點會出現圈圈狀

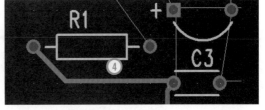

④ 點一下左鍵即完成此段走線

技巧二：如需修改已完成之走線，於該線段任一點點一下左鍵，依實際需求再重新佈線，即可變更此線段。

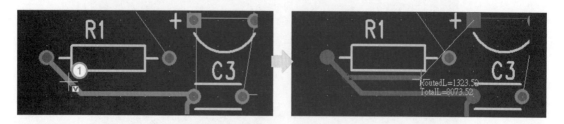

① 原已完成之線段，在走線狀態下，於該線段任一插入點，點一下左鍵後，移動滑鼠。

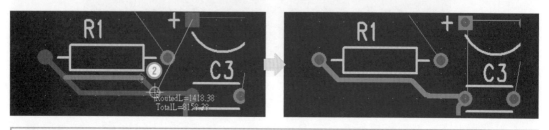

② 如要轉彎點一下左鍵，接至原線段任一處出現一個圈圈即表示可與舊有線段做連接，點滑鼠二下完成新線段。

技巧三：走線走到一半時，按鍵盤 Esc 鈕，即會回復該線段原始未佈線狀態。因第二階段為「雙層佈線」，可選擇兩面來佈線，TOP 層無法佈線就換 Bottom 層佈線；依此技巧將此線路完成佈線，如下圖。

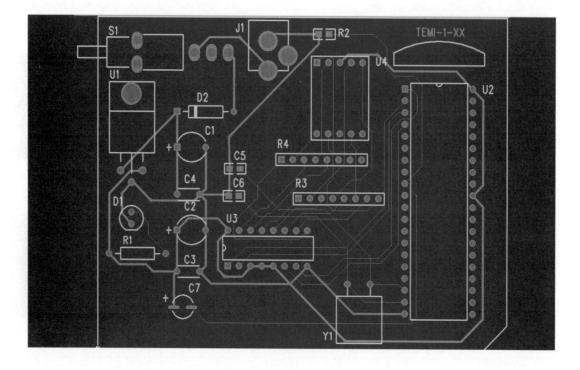

Step 04 完成電路佈線後，確認線寬是否正確；由於試題本要求「**編號 J1 到 S1 再到 U1 的網絡走線（NET）寬**度設定為 **20 mils**」，故應試者請依前述「線路寬度設定」內之線路修改方式修正線寬。

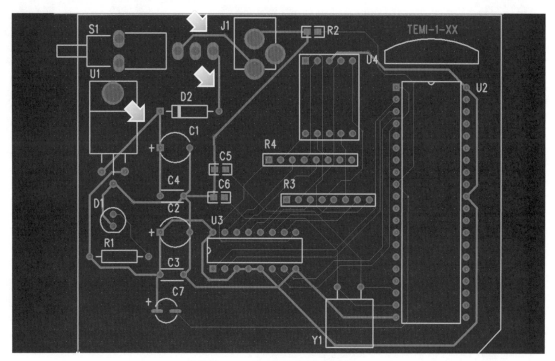

試題一：電路佈線完成圖

❖ 其他技巧

放置導孔

Step 01 在線路佈線時如遇同一層線路有「交叉情形」即線路短路，可使用「導孔」來解決。

Step 02 在零件接腳處點一下滑鼠左鍵，移動滑鼠至所對應之另一零件終點接腳，在途中遇到同層以佈線完成之線路，此時可使用導孔方式佈線來避開此線路；作法：在佈線圖中在電擊滑鼠右鍵，出現選單，選擇 Add Via 後，出現導孔 ⓡ 移動滑鼠，由導孔出來之線路為紅色（所代表的是該線路是在 Bottom 層），此時將線路與 TOP 層線路交叉（就不會是短路現象），接下來可直接接到另一零件之接腳即完成接線或視需求需再回到 TOP 層佈線，則需再點選滑鼠右鍵一下，出現選單，選擇「Add Via」後，出現第二個導孔 ⓡ 移動滑鼠至另一零件接腳即完成佈線。

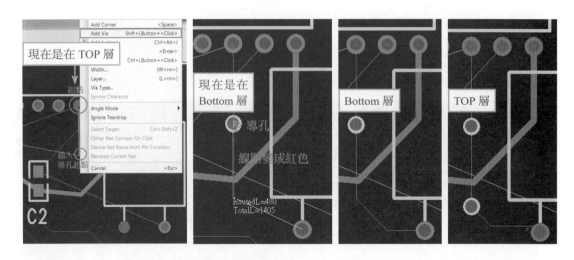

放置跳線（非必要時否則盡量少用跳線）

Step 01 在單面板佈線時往往遇到線路多時，很難順利完成佈線，遇到在同一板層佈線時兩條線有相交時，就必須使用跳線來完成。

Step 02 在 ![icon] 狀態下，滑鼠直接點擊起點移動滑鼠在適當位置（周圍無
線路或零件）點一下右鍵，出現快顯對話框選擇 Add Jumper 後即出現跳
線圖案（見右圖），滑鼠移動跨過與另一條走線相交點後點一下左鍵後即
出現 ![icon]，接下來直接繼續連到終點點左鍵二下。

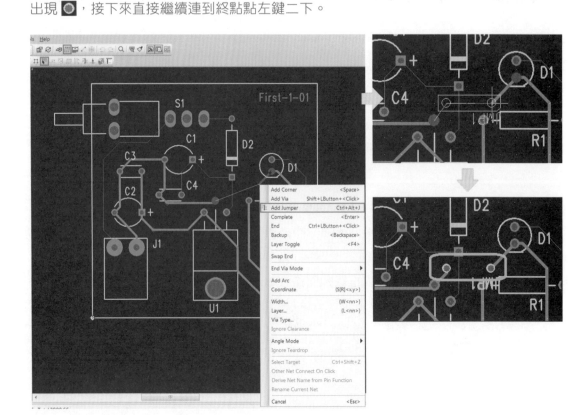

Step 03 跳線編號 JMP 需擺放好（方法與零件編號編輯一樣），點選 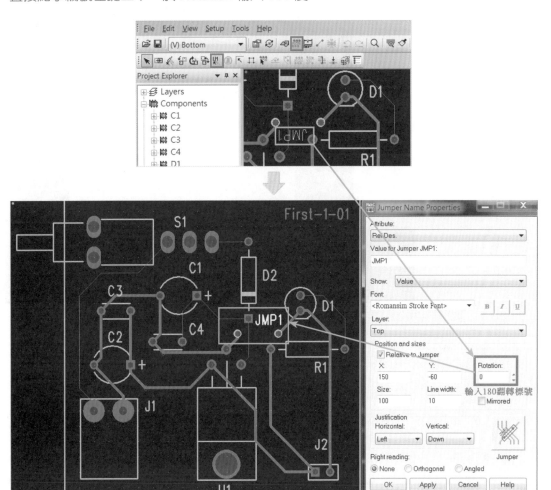 來移動編號，直接點擊編號左鍵二下，於 Rotation 輸入 180 度。

5-6-1 設計驗證

完成所有佈線後，先做線路檢查；由 Tools > Verify Design，出現對話框點選 Clearance（安全間距）後按 Start ，系統開始檢查走線間距是否有違反規定，檢查完成後會出現結果對話框，如有異常會直接顯示在對話框內；接下來點選 Connectivity（連接線）後按 Start 系統開始檢查線路是否有未佈線之線路。

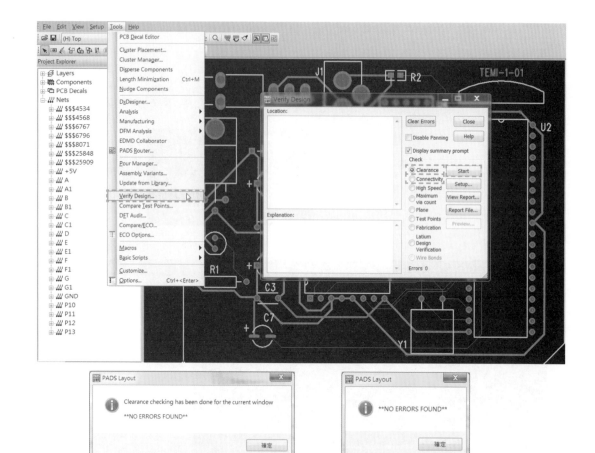

無發現違反安全間距問題　　　　無發現未佈線之線路問題

❖ 佈線異常

- 兩走線間距太近。

- 有時走線如太接近電容器之「＋符號」也會顯示異常。

- 兩條走線相交（即焊接時短路），需用跳線或走線繞遠一點。

- 走線太靠近零件接腳。

- 走線時產生直角轉彎佈線或以不規則曲線佈線。

- 走線寬度未依規定設定（電源與接地走線寬度為 20mils，其他走線寬度為 8mils）。

- 使用跳線：每使用一個跳線扣 10 分，累積最多可扣除 25 分，除非必要否則盡量少用跳線。

- 單層板佈線時未在 Bottom 板層佈線。

- 零件重疊或零件接腳太接近。

5-6-2 試題二～五佈線完成圖

利用第三章及第五章 5-6 節之相關技巧繪出二～五題線路圖。

佈線流程提示：線寬設定（電源（20mil）、接地（20mil）、其他網路走線（8mil））
> 板層選擇 > 設定物件最小移動間距 > TOP 層佈線 > Bottom 層佈線 > 編號 J1 到
S1 再到 U1 線寬設定（20mil）。

❖ 試題二 — 電路佈線完成圖

SMD 零件 TOP 層佈線　　　　　　　　　編號 J1 到 S1 再到 U1 線寬設定

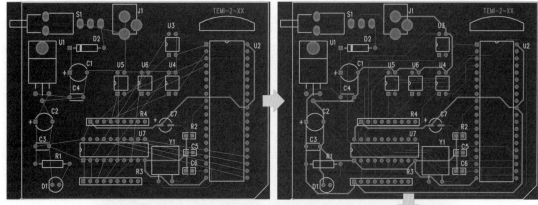

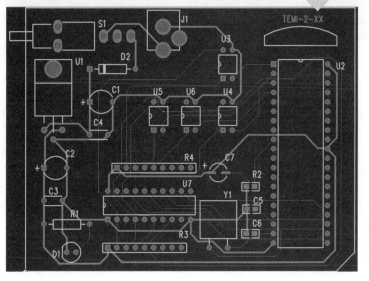

佈線完成圖

注·意·事·項

如果線路可在同一層完成佈線，那就直接佈線，不需再切換至 Bottom 層佈線，不過此
項會變得較有難度，如需快速完成還是以簡單佈線為主。

❖ 試題三 — 電路佈線完成圖

SMD 零件 TOP 層佈線　　　　　　編號 J1 到 S1 再到 U1 線寬設定

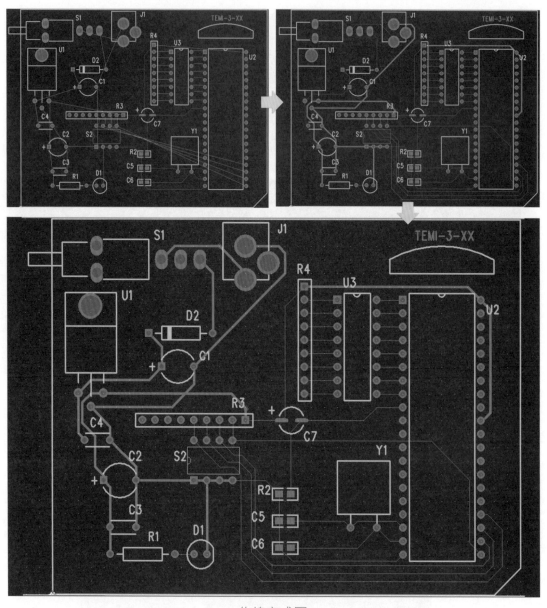

佈線完成圖

注·意·事·項

如果線路可在同一層完成佈線，那就直接佈線，不需再切換至 Bottom 層佈線，不過此項會變得較有難度，如需快速完成還是以簡單佈線為主。

❖ 試題四 — 電路佈線完成圖

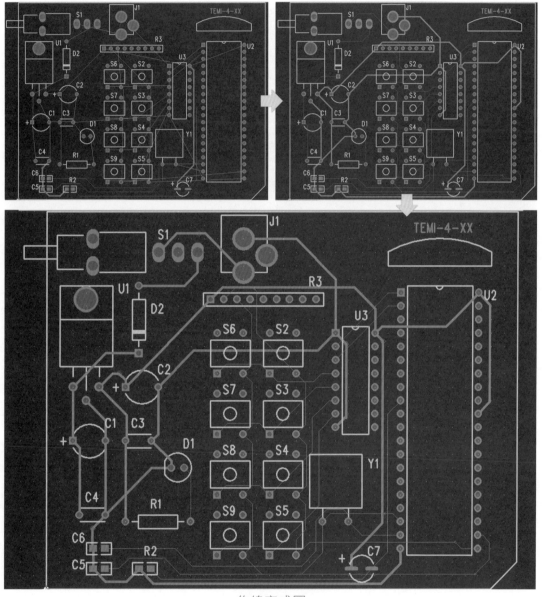

SMD 零件 TOP 層佈線 　　　　 編號 J1 到 S1 再到 U1 線寬設定

佈線完成圖

📢 注·意·事·項

如果線路可在同一層完成佈線，那就直接佈線，不需再切換至 Bottom 層佈線，不過此項會變得較有難度，如需快速完成還是以簡單佈線為主。

❖ 試題五 — 電路佈線完成圖

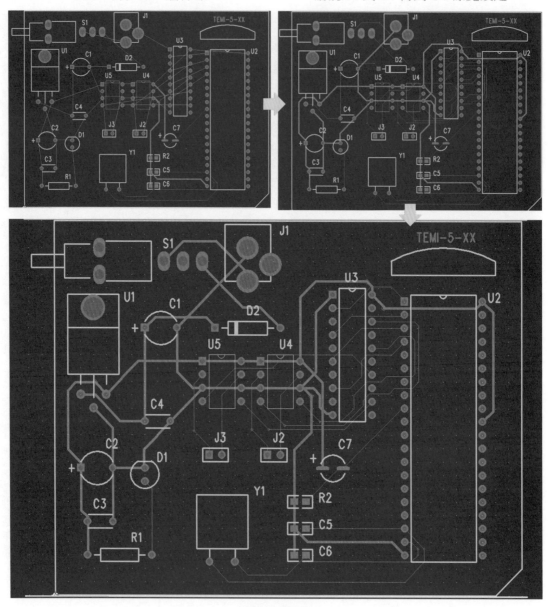

SMD 零件 TOP 層佈線   編號 J1 到 S1 再到 U1 線寬設定

佈線完成圖

注·意·事·項

如果線路可在同一層完成佈線，那就直接佈線，不需再切換至 Bottom 層佈線，不過此
項會變得較有難度，如需快速完成還是以簡單佈線為主。

STEP-7 電路板鋪銅

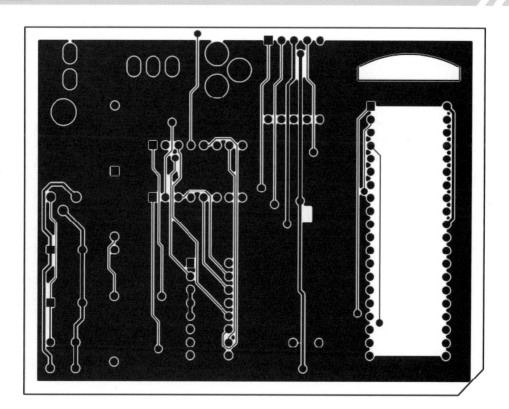

 注 · 意 · 事 · 項

1. 應試者在依序完成板框編修設計與電路板佈線作業之後，必須在電路板的 Bottom 板層進行鋪銅的處理，整個鋪銅的電路板座標範圍分別為（100,100）、（100,2700）、（3500,2700）、（3500,100）。

2. 在電路板的 Bottom 板層做好鋪銅的規劃設定工作之後，必須再進行切除部份鋪銅的處理作業，至於切除鋪銅的電路板座標範圍分別為（2700,300）、（2700,2200）、（3300,2200）、（3300,300）。

3. 應試者在陸續完成鋪銅與切除鋪銅的規劃作業之後，始可實施灌銅的手續；實際規劃與安排狀況可參考上圖所示。

❖ 設定鋪銅範圍

此步驟為建立鋪銅之範圍；在電路板的「Bottom 板層」進行鋪銅的處理，整個鋪銅的電路板座標範圍分別為（100,100）、（100,2700）、（3500,2700）、（3500,100）。

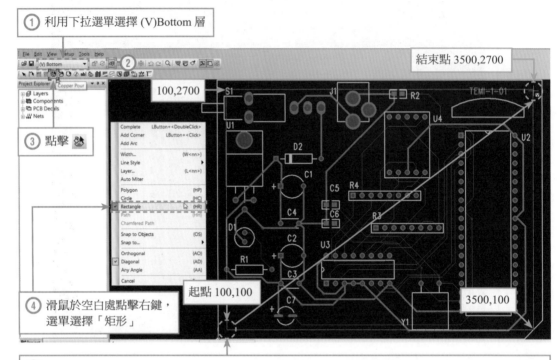

① 利用下拉選單選擇 (V)Bottom 層

②

③ 點擊

④ 滑鼠於空白處點擊右鍵，選單選擇「矩形」

結束點 3500,2700

100,2700

起點 100,100

3500,100

⑤ 依題本規定繪製一矩形（左下 X:100,Y:100 滑鼠左鍵點一下後放開移動至右上 X3500,Y:2700 再點一下左鍵即完成繪製），其 X,Y 座標為（100,100）、（100,2700）、（3500,2700）、（3500,100）

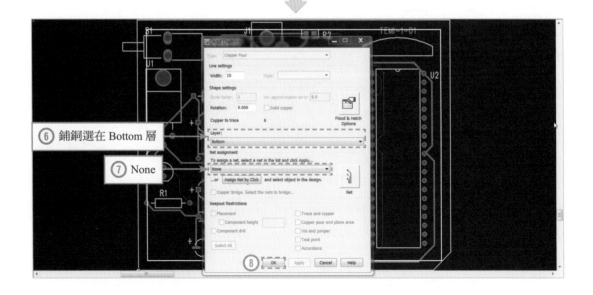

⑥ 鋪銅選在 Bottom 層

⑦ None

⑧

❖ 切除部分鋪銅範圍

在電路板的 Bottom 板層做好鋪銅的規劃設定工作之後，必須再進行切除部份鋪銅的處理作業，至於切除鋪銅的電路板座標範圍分別為（2700,300）、（2700,2200）、（3300,2200）、（3300,300）。

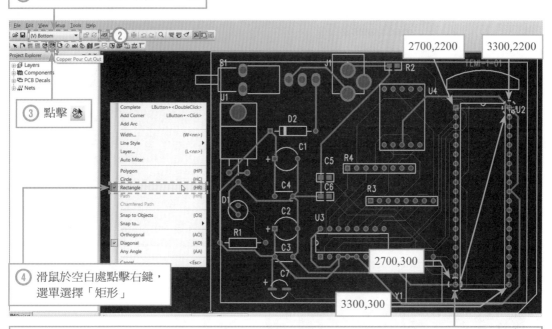

① 利用下拉選單選擇 (V)Bottom 層

②

③ 點擊 🖱

④ 滑鼠於空白處點擊右鍵，選單選擇「矩形」

2700,2200　　3300,2200

2700,300

3300,300

⑤ 依題本規定繪製一矩形（左下 X:2700,Y:300 滑鼠左鍵點一下後放開移動至右上 X3300,Y:2200 再點一下左鍵即完成繪製），其 X,Y 座標為（2700,300）、（2700,2200）、（3300,2200）、（3300,300）

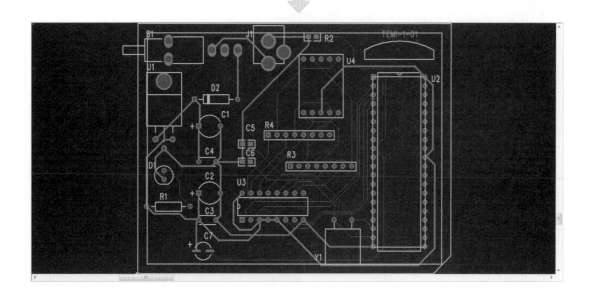

❖ 合併外框

鋪銅區外框與欲切除鋪銅區外框繪製完成後，接下來就是把此二外框作合併整合成為同一個區域範圍。

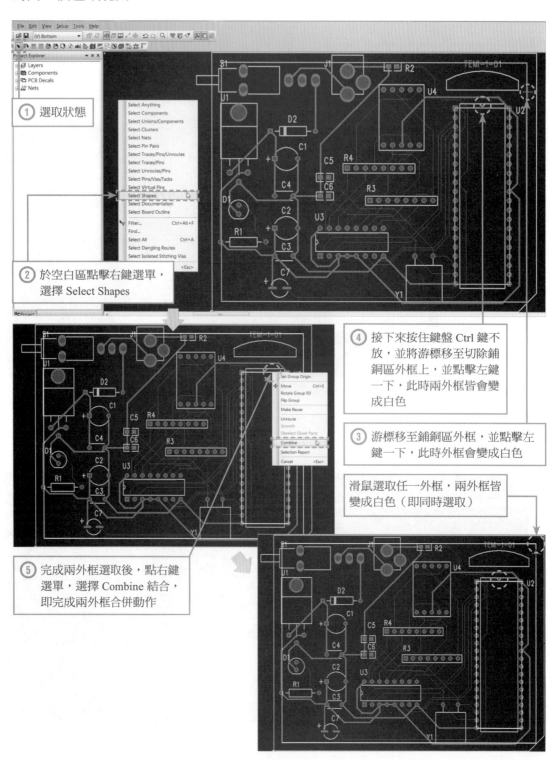

❖ 電路板倒銅處理

將所設定之範圍作倒銅動作。

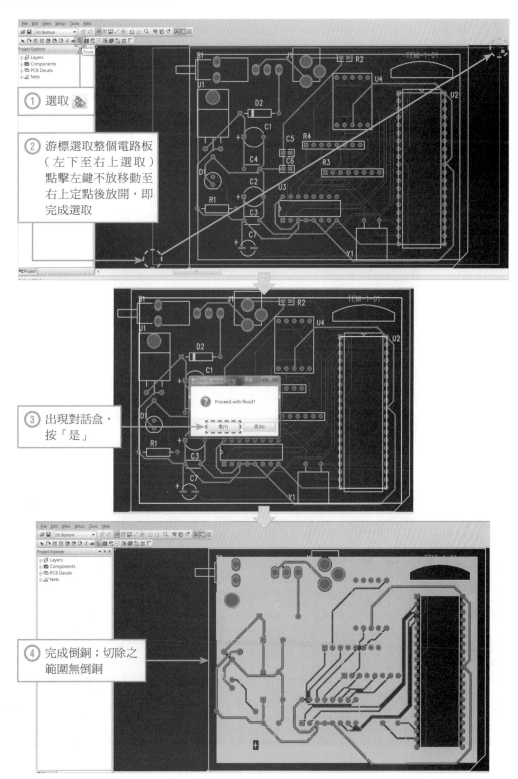

註 · 解

建議完成倒銅後再做一次設計驗證。

❖ 清除倒銅區域

如果倒銅有錯誤，想要重新倒銅，點擊 鈕後，出現對話盒，點選 [確定] 即完成清除倒銅範圍。

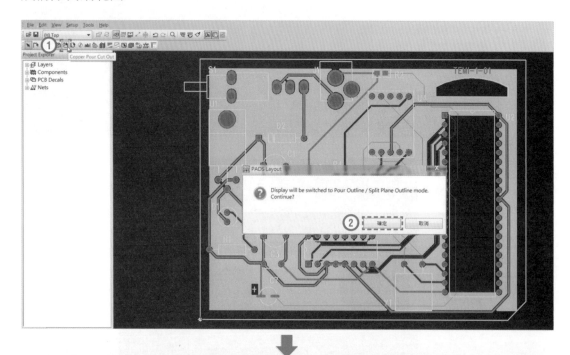

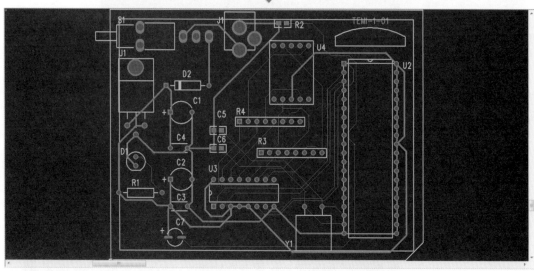

STEP-8 儲存檔案

❖ 儲存電路檔案

依題本規定第一階段之電路圖需儲存在考場隨身碟中新增資料夾（PP123456 範例）> Two 子資料夾中，並以 PCB-N-XX 作為電路圖檔按（File Name）的主檔名 .pcb，而 N 所代表的是試題號碼，XX 所代表的是考生的工作崗位號碼。

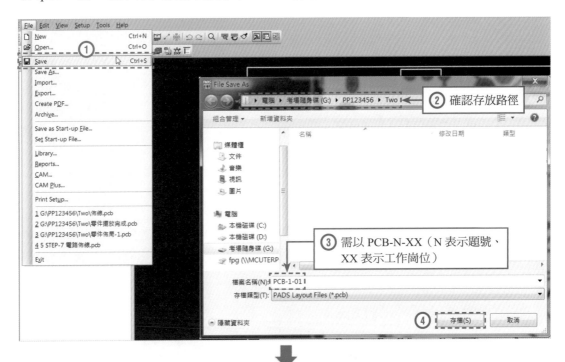

STEP-9 生產文件製作

在完成所有電路板佈線相關的作業之後，對於後續電路板的生產文件之製作和輸出需依下列方式作操作。

5-9-1 輸出 PDF

注·意·事·項

完成電路板佈線工作之後，請依序輸出 PDF 檔以及 ASC 檔，並以 PCB-N-XX 作為檔案的主檔名，將檔案儲存在 Two 資料夾裡面；當輸出 PDF 檔時，請依照下列畫面來進行格式與內容的設定，把輸出文件設定成黑白模式，在底層（Bottom）所要顯示的資訊項目裡，將 Hatch Outlines 取消、Pour Outlines 致能，在組裝頂層（Assembly Top）所要顯示的資訊項目裡，將頂層零件外觀線條（Component Outlines Top）勾選致能，最後把 AssemblyBottom 與 Composite 二層刪除，僅列印三張。

Step 01 輸出 PDF 檔：由工具列 First > Create PDF 出現 PDF 對話框，依題本規定只需輸出三層，分別為 Top、Bottom、Assembly Top；故先將對話框內的 Assembly Bottom 及 Composite 刪除（作法：先點選項目後再按 ✕ 即可刪除），接下來把輸出文件設定成黑白模式（Black and white）。

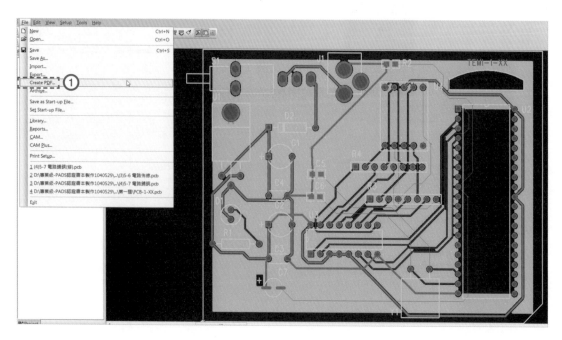

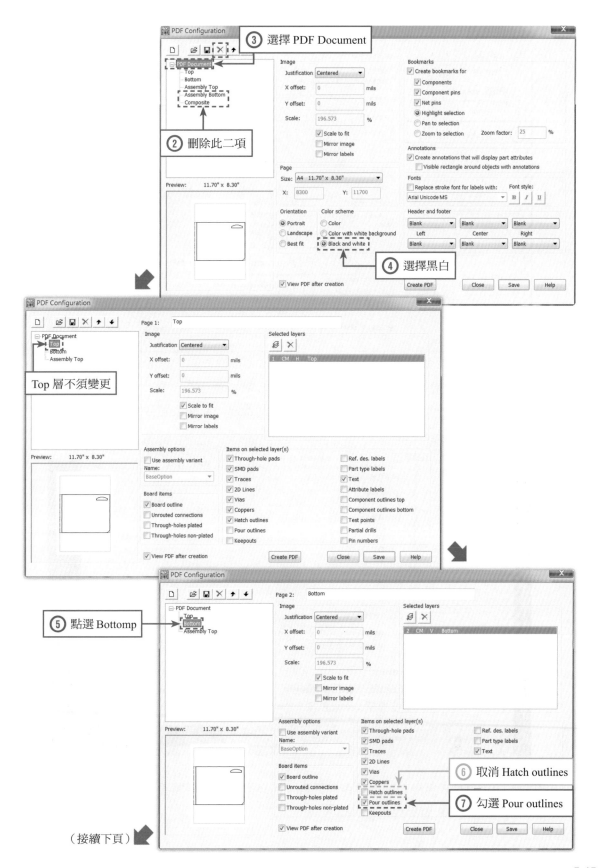

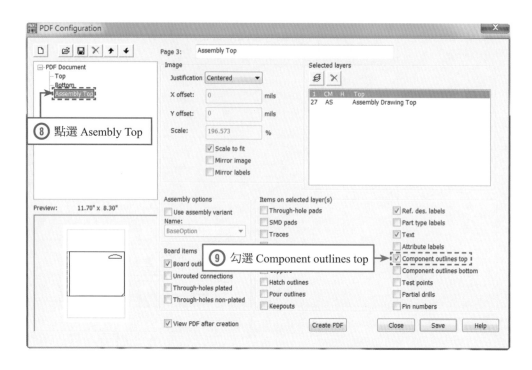

Step 02 完成所有項目之設定後，接下來滑鼠點擊 Create PDF ，會出現儲存對話框，依題本規定需儲放在 First 子資料夾中，檔名會自動帶出，直接按儲存鈕即可。

Step 03 輸出 PDF 後檢查線路是否有異常（如有則需回到原電路做修改），無誤後關閉 PDF 檔，點擊 PDF 對話框內 Close 。

❖ 試題一 — 電路板佈線圖

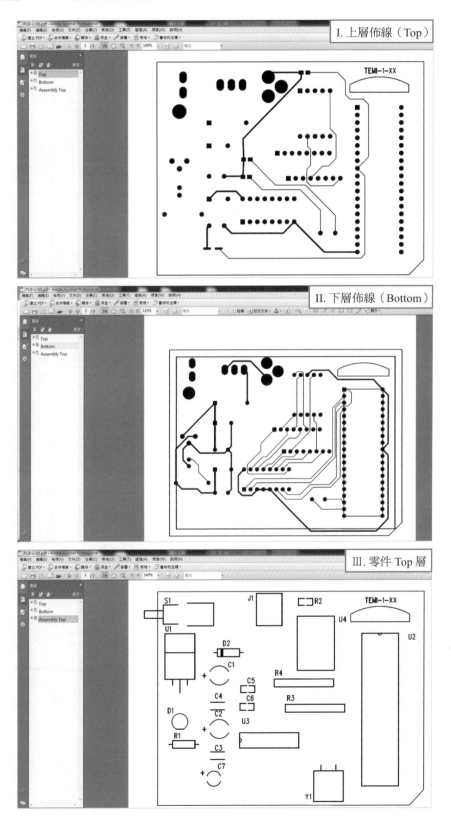

5-9-1-1 試題二～五 PDF 輸出（上層、下層、零件 Top 層）

❖ 試題二 ─ 電路板佈線圖

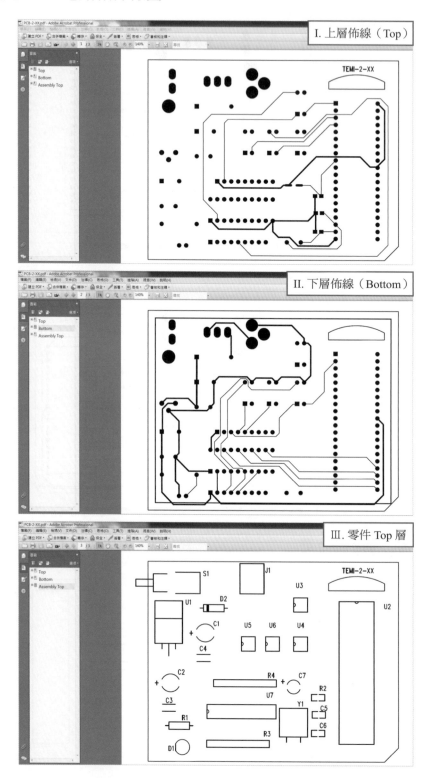

❖ 試題三 — 電路板佈線圖

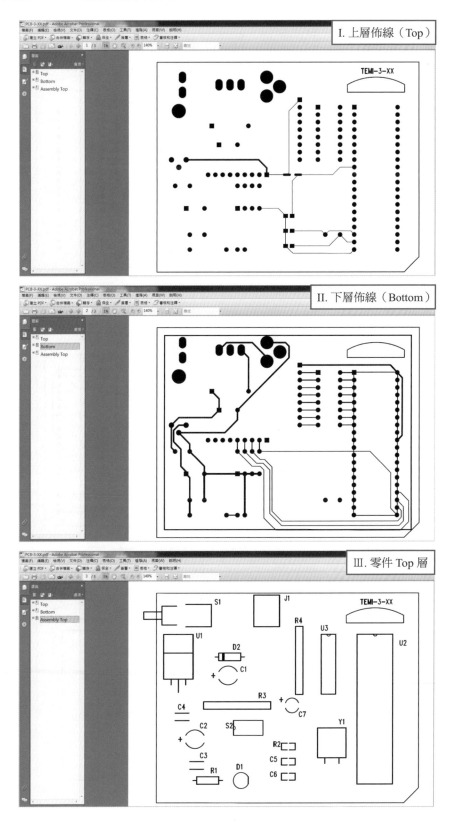

❖ 試題四 ─ 電路板佈線圖

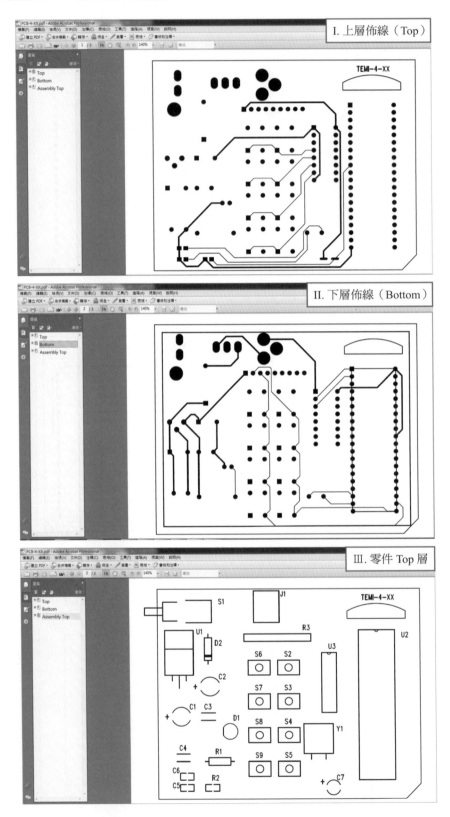

❖ 試題五 — 電路板佈線圖

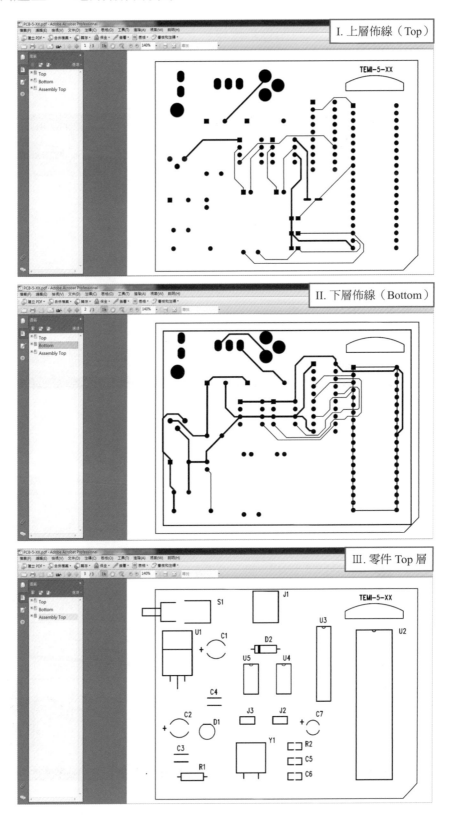

5-9-2 輸出 ASC 檔

由 File > Export，出現儲存對話框直接按儲存鈕，出現 ASC 輸出對話框，滑鼠點擊 Select All 選擇全部選項後，按 OK 即完成 ASC 檔儲存。

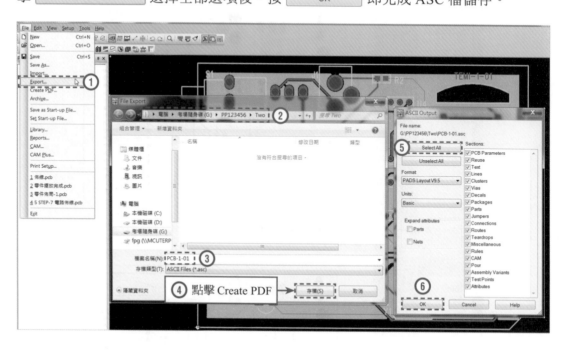

5-9-3 CAM 建立與輸出

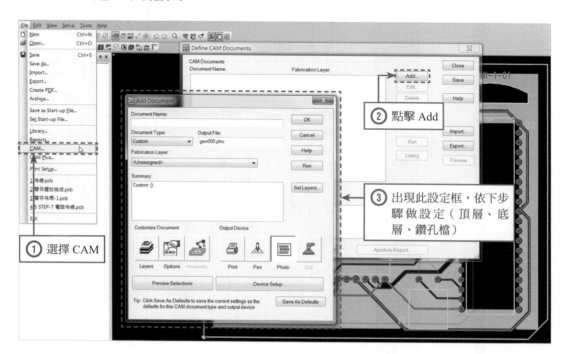

注·意·事·項

應試者除了建立 PDF 檔以及 ASC 檔之外，還必須進一步輸出生產製造電路板時所需要的 CAM（Computer Aided Manufacturing）檔案，用來驅動雕刻機或者進行量產的作業。請依序將頂層與底層的底片檔（Gerber File）分別以 top 和 btm 為主檔名；此外，還得將 NC 鑽孔檔（NC Drill Fill）以 drl 為主檔名，全部輸出在考場隨身碟裡的 Two 資料夾裡面。

❖ 底片檔

頂層設定（Top）

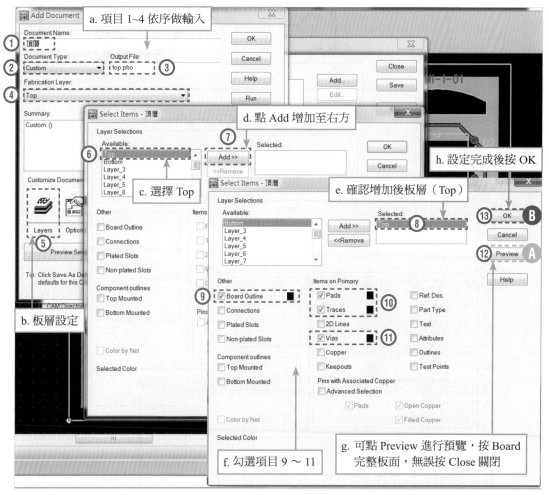

（接續下頁 A，B 項）

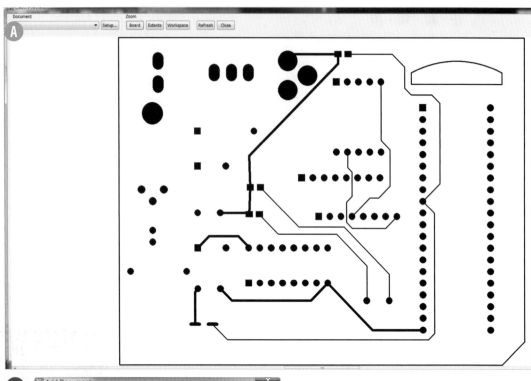

底層設定（Bottom）

設定方式同頂層設定，在此
不在多做說明。

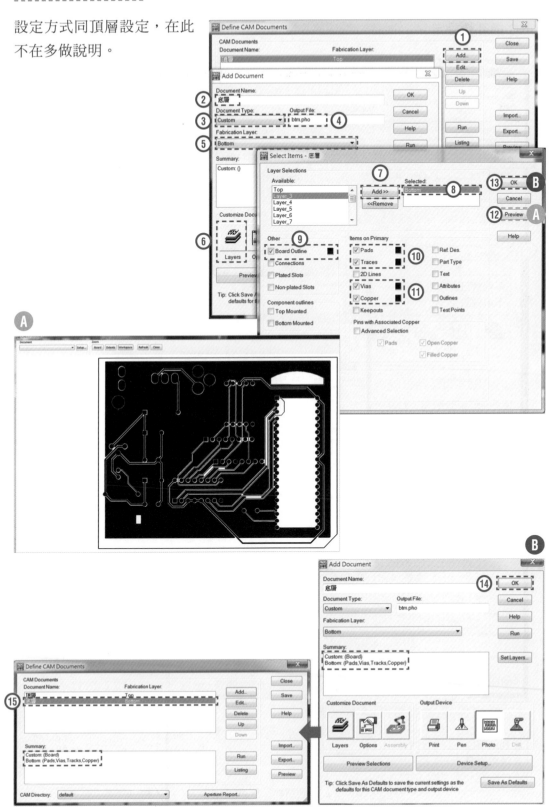

❖ 鑽孔檔

NC 鑽孔檔設定

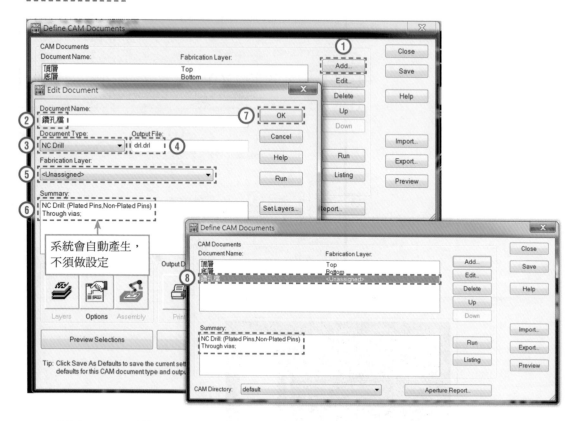

❖ 儲存 CAM 檔

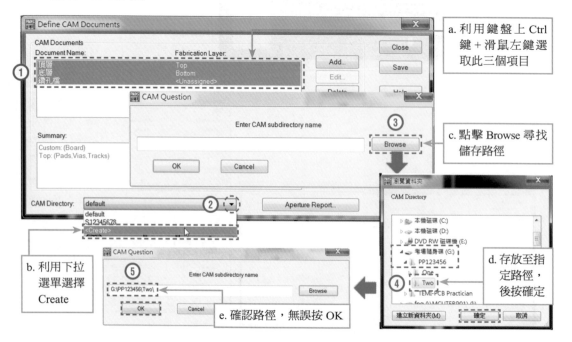

（接續上頁）

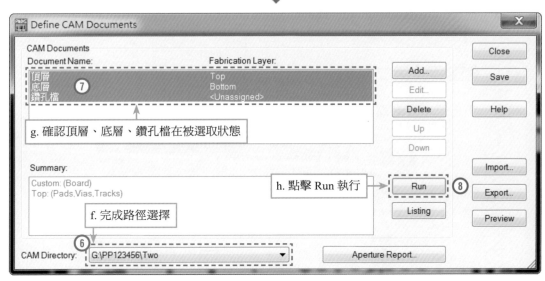

g. 確認頂層、底層、鑽孔檔在被選取狀態

h. 點擊 Run 執行

f. 完成路徑選擇

j. 完成 CAM 指定層面輸出設定後，
點擊 Save 後再按 Close

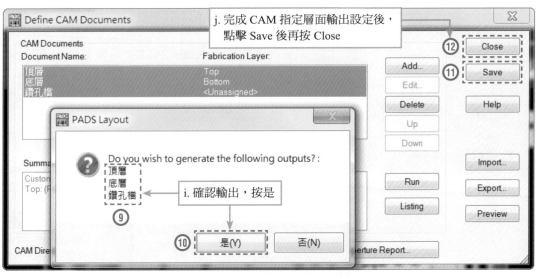

i. 確認輸出，按是

第二階段快速檢視（以例題一為例）

儲存檔案確認（第二階段）

檢視一下自己所存之檔案是否有遺漏。

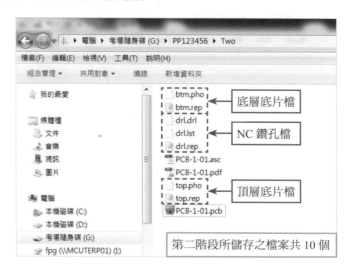

❖ 第二階段：板框編修設計、電路板佈線

板框確認

電路板確認 1（可在 PDF 狀態下查看，較為清楚）

(13) 未正確新增資料夾、檔案、圖名或名稱錯誤者（每項）

(10) 未依要求在 Top 板層放置電路圖檔案名稱或錯誤

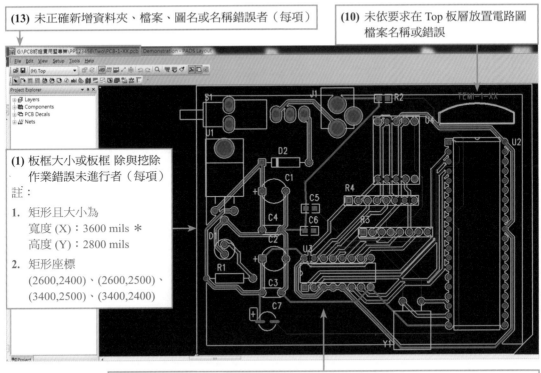

(1) 板框大小或板框 除與挖除
作業錯誤未進行者（每項）

註：

1. 矩形且大小為
   寬度 (X)：3600 mils ＊
   高度 (Y)：2800 mils

2. 矩形座標
   (2600,2400)、(2600,2500)、
   (3400,2500)、(3400,2400)

(3) 題本所指定零件之擺放位置與方向不正確者（每顆）
　　　註：指定零件座標 J1(1500,2350)、S1(350,2500)、U1(200,1500)、U2(2700,2200)

(4) 電路板中有缺少、多餘或錯誤的零件包裝者（每顆）

(7) 零組元件擺放重疊或超出電路板框者（每顆）

(9) 電路佈線時板層設定錯誤或使用跳線佈線者（每處）

(11) 佈線出現垂直轉彎或使用不規則與曲線佈線（每線）

(12) 零組元件或文字標記擺放歪斜、重疊或板層錯誤者

線徑確認

1. 路徑 | Setup | >> | Design Rules... | >>  >> +5V (C) 、 GND (C)

[電源、接地、J1 到 S1 到 U1（需自行設定）走線預設 20mils]

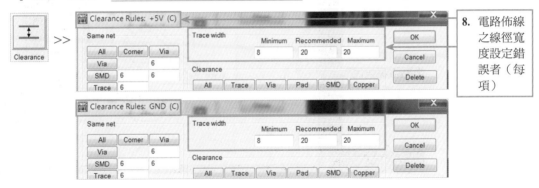

8. 電路佈線之線徑寬度設定錯誤者（每項）

2. 路徑 | Setup | >> | 🖼 Design Rules... | >> | 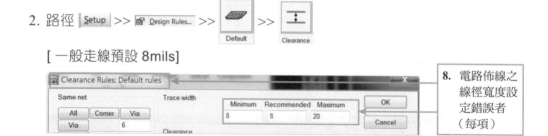 Default | >> | Clearance |

[一般走線預設 8mils]

8. 電路佈線之
線徑寬度設
定錯誤者
（每項）

走線檢查（如有異常訊息，請將錯誤點更正後再做一次檢查）

路徑： | Tools | >> | Verify Design... |

1. 點選 ◉ Clearance >> | Start | ：

(6) 電路佈線時發生違反安全間距
或錯誤交叉者（每線）

PADS Layout

ⓘ Clearance checking has been done for the current window

NO ERRORS FOUND

| 確定 |

無發現違反安全間距問題

2. 點選 ◉ Connectivity >> | Start | ：

(5) 網絡與元件接腳未正確完成
佈線或有遺漏者（每處）

PADS Layout

ⓘ **NO ERRORS FOUND**

| 確定 |

無發現未佈線之線路問題

❖ 第二階段：電路板鋪銅、生產文件製作

電路板確認 2

8. 未正確新增資料夾、檔案或名稱錯誤者（每項）

4. 未正確進行灌銅的設定與操作者

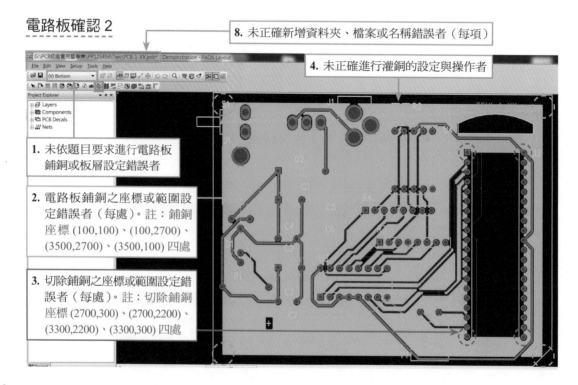

1. 未依題目要求進行電路板
鋪銅或板層設定錯誤者

2. 電路板鋪銅之座標或範圍設
定錯誤者（每處）。註：鋪銅
座標 (100,100)、(100,2700)、
(3500,2700)、(3500,100) 四處

3. 切除鋪銅之座標或範圍設定錯
誤者（每處）。註：切除鋪銅
座標 (2700,300)、(2700,2200)、
(3300,2200)、(3300,300) 四處

檔案確認

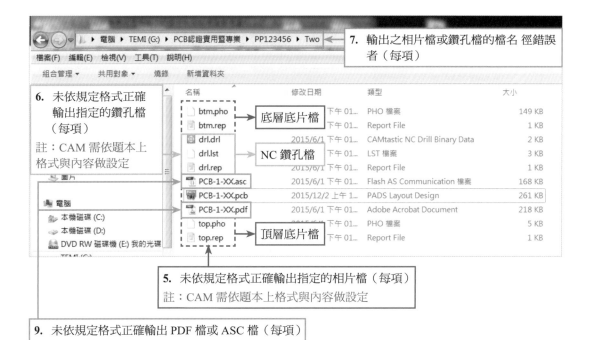

6. 未依規定格式正確輸出指定的鑽孔檔（每項）

註：CAM 需依題本上格式與內容做設定

7. 輸出之相片檔或鑽孔檔的檔名 徑錯誤者（每項）

底層底片檔

NC 鑽孔檔

頂層底片檔

5. 未依規定格式正確輸出指定的相片檔（每項）

註：CAM 需依題本上格式與內容做設定

9. 未依規定格式正確輸出 PDF 檔或 ASC 檔（每項）

註：PDF 需依題本上格式與內容做設定

10. 文件或資料列印錯誤者（每項）

註：可先檢視後確認無誤再做列印，一旦列印視同交卷

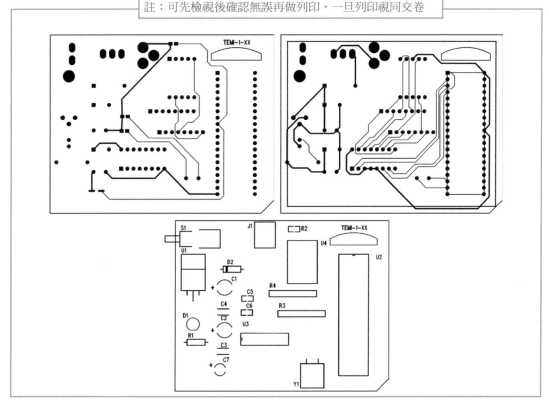

❖ 監評委員使用「Compare/ECO」檢查作業

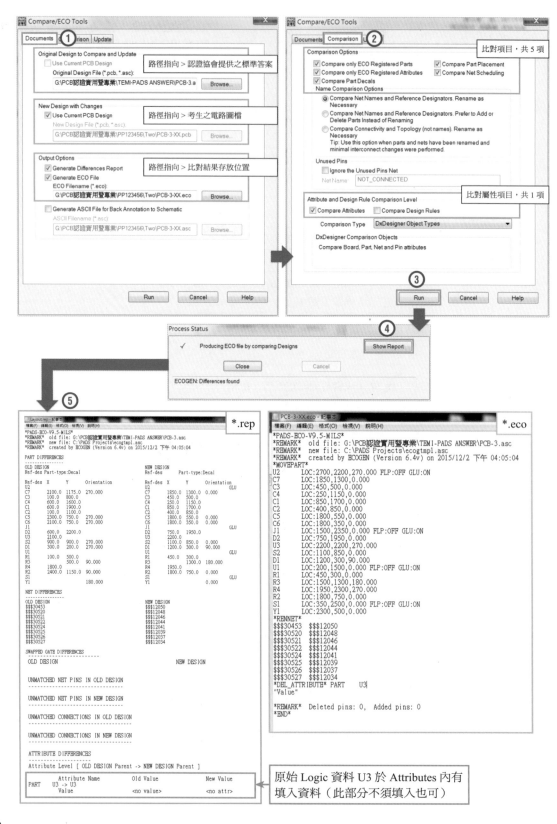

6

電路板設計國際能力認證
學科試題 400 題題庫

本章學習重點

☑ 電路板設計國際能力認證學科試題 400 題題庫

SECTION 6-1 電路板設計國際能力認證學科試題 400 題題庫

答案	題號	題 目
C	1	如下圖為何種元件之符號？ 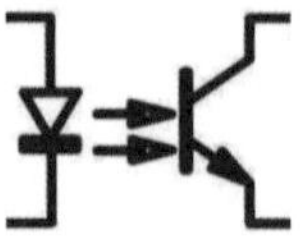 （A）發光二極體（B）光電晶體（C）光耦合器（D）雷射二極體
B	2	下圖 IC 符號第一支接腳位置在 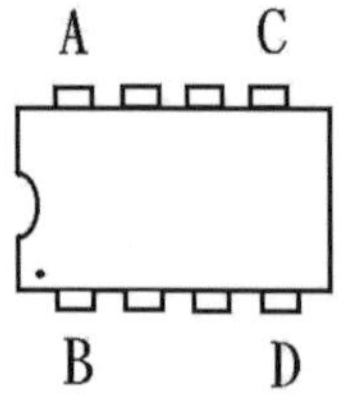 A　　C B　　D （A）A 腳（B）B 腳（C）C 腳（D）D 腳
C	3	下圖元件符號為 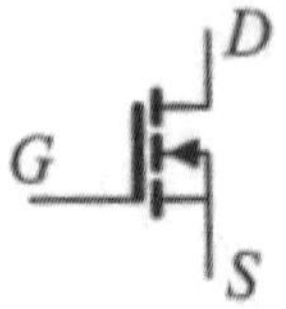 *G* ——┤├—— *D* *S* （A）N 通道 JFET（B）P 通道 DE-MOSFET（C）N 通道 E-MOSFET （D）PNP 電晶體
B	4	下圖電子電路符號為  （A）電壓源（B）電流源（C）伏特計（D）安培計

答案	題號	題　目
D	5	下圖符號為  （A）電燈（B）電話端子盤（C）電力分電盤（D）電力配電盤
A	6	下圖所示之 CLK 端的三角符號表示？ 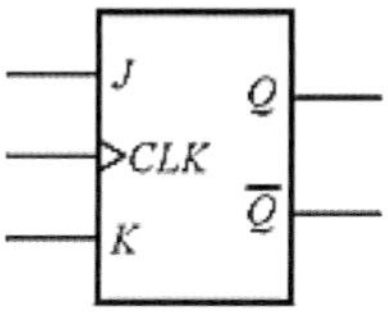 （A）邊緣觸發（B）重設控制（C）延遲輸入（D）單向導通
D	7	下圖所示之符號為？  （A）紅色指示燈（B）白色指示燈（C）黃色指示燈（D）綠色指示燈
C	8	可交、直流兩用的電表，其面板上的符號為？ （A） 　　（B） 　　（C） 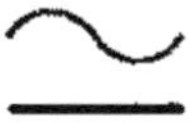　　（D） 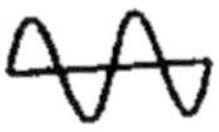
A	9	下圖為何種之電路符號？ 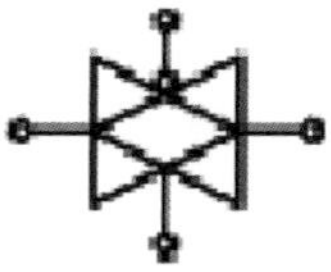 （A）傳輸閘（B）緩衝器（C）放大器（D）非反相器
A	10	下列圖示哪一個是 PNP 電晶體？ （A） 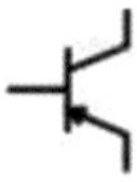　　（B） 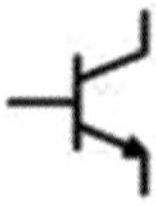　　（C） 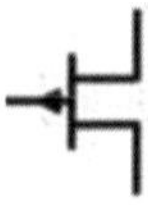　　（D） 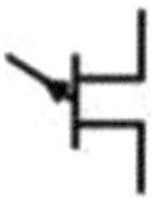
B	11	如下圖符號中，若輸入均為 "1" ，試問輸出為 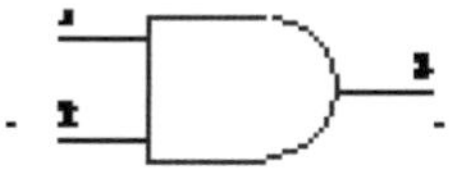 （A）0（B）1（C）不確定（D）高阻抗

答案	題號	題　目
A	12	如圖為發光二極體（LED）之符號，其順向切入電壓約為 1~2V，所以如要使 LED 發光，則直流電壓  **A** ➤❘◀ **B** （A）A 端加正電壓、B 端加負電壓（B）A 端加負電壓、B 端加正電壓（C）只要加上直流電壓即可發光（D）足夠的電流即可
B	13	如下圖，為何種元件之符號？  ▲ —❘◀— ❚ （A）發光二極體（B）光二極體（C）紅外線二極體（D）雷射二極體
B	14	如下圖所示的電晶體為何種電晶體？  （A）單載子電晶體（B）光電晶體（C）功率電晶體（D）穩壓電晶體
D	15	下圖電路符號為何種邏輯閘？  （A）反或（NOR）閘（B）或（OR）閘（C）互斥或（XOR）閘（D）反互斥或（XNOR）閘
B	16	請問下列電路符號為何種邏輯閘？ 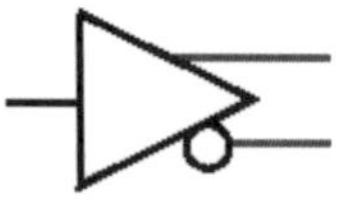 （A）高電位動作的三態閘（B）互補式輸出的緩衝器（Buffer）（C）反（NOT）閘（D）低電位動作的三態閘
D	17	請問下列電路符號為何種邏輯閘？  （A）高電位動作的三態閘（B）互補式輸出的緩衝器（Buffer）（C）反（NOT）閘（D）低電位動作的三態閘

答案	題號	題　目
C	18	下圖是什麼正反器？ 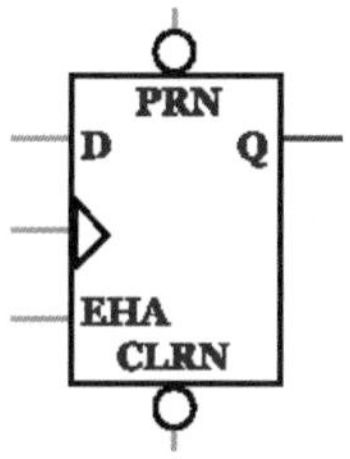 （A）無預置 / 清除的負緣觸發 D 型正反器 （B）有預置 / 清除的負緣觸發 D 型正反器 （C）有預置 / 清除的正緣觸發 D 型正反器 （D）無預置 / 清除的正緣觸發 D 型正反器
A	19	下列符號為哪一種類的排阻？ 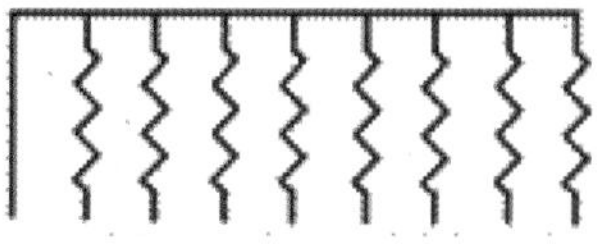 （A）A type（B）B type（C）C type（D）D type
B	20	下列符號為哪一種類的排阻？ 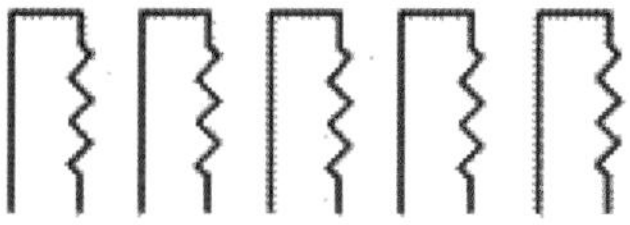 （A）A type（B）B type（C）C type（D）D type
D	21	下列符號為哪一種類的排阻？ 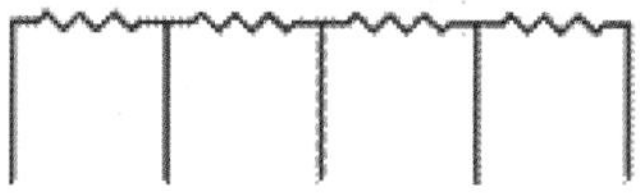 （A）A type（B）B type（C）C type（D）D type
A	22	下列符號是哪一種零件的符號？ 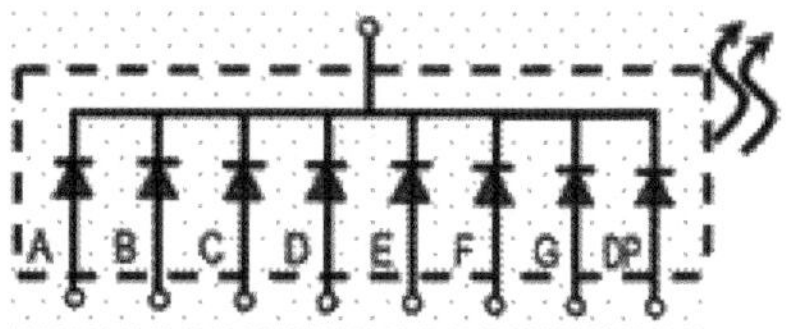 （A）共陰極七段顯示器（B）共陽極七段顯示器（C）蕭特基二極體 （D）稽納二極體

答案	題號	題　目
B	23	下列符號是哪一種零件的符號？ 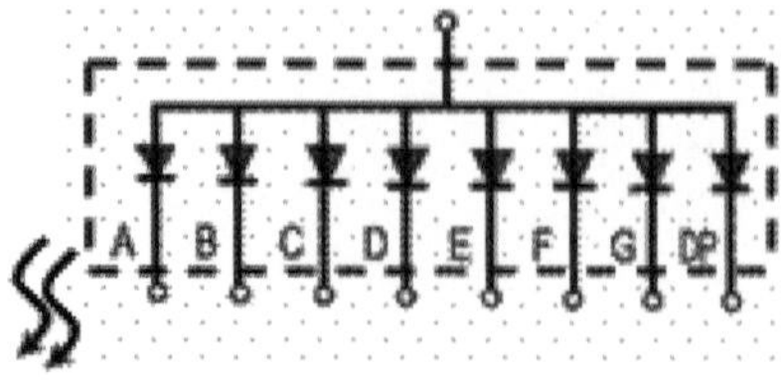 （A）共陰極七段顯示器（B）共陽極七段顯示器（C）蕭特基二極體（D）稽納二極體
A	24	下圖符號為？  （A）直流電壓源（B）交流電壓源（C）保險絲（D）指撥開關
C	25	下圖符號為？  （A）直流電壓源（B）交流電壓源（C）保險絲（D）指撥開關
D	26	下列何者為電解電容？ （A） 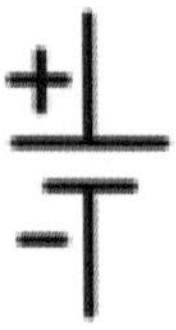　　　（B） 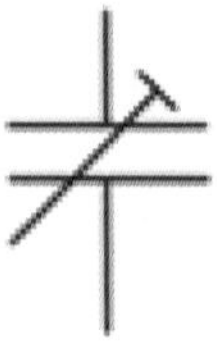　　　（C） 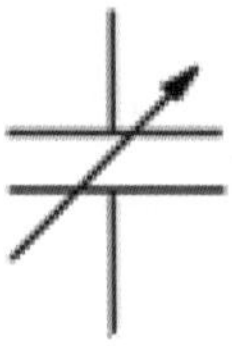　　　（D） 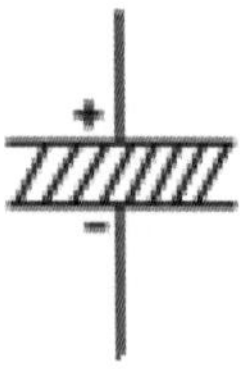
B	27	下圖為哪一種電路？ 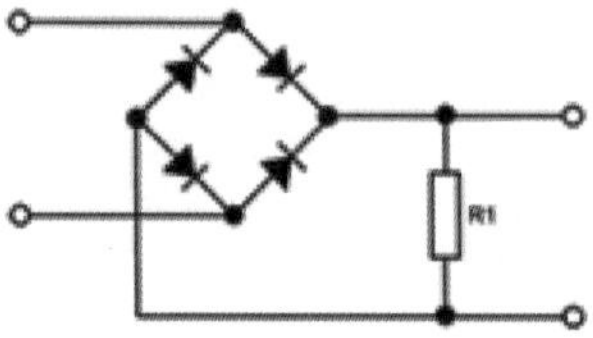 （A）稽納整流（B）橋式整流（C）濾波整流（D）半波整流

答案	題號	題　目
D	28	下圖為哪一種電路？ 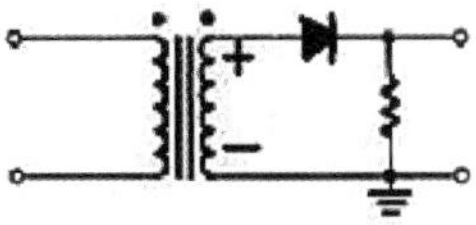 （A）稽納整流（B）橋式整流（C）濾波整流（D）半波整流
D	29	代表何種邏輯閘？ 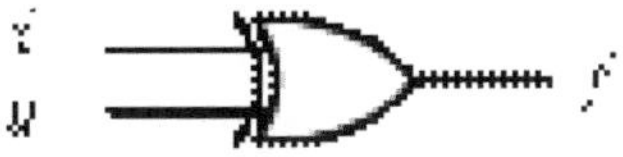 （A）及（AND）閘（B）反（NOT）閘（C）或（OR）閘 （D）互斥或（XOR）閘
A	30	何者為史密特閘？ （A） 　　　　　（B）  （C） 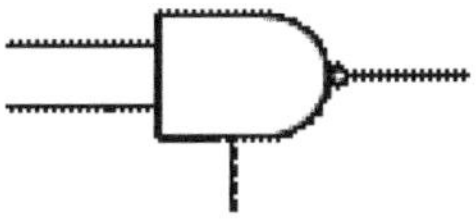　　　　　（D） 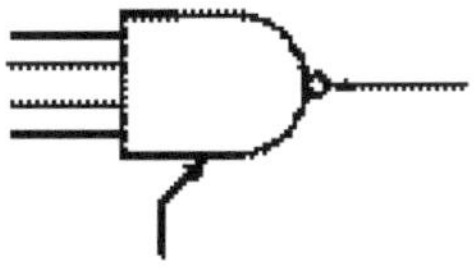
B	31	如圖，與下列何者相等？？ 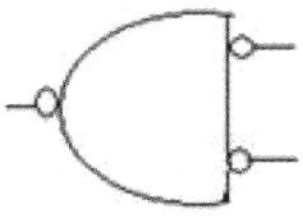 （A） 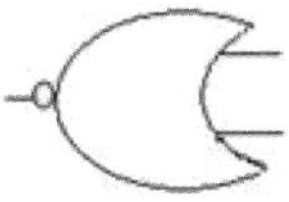　　　（B） 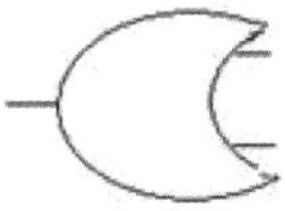　　　（C） 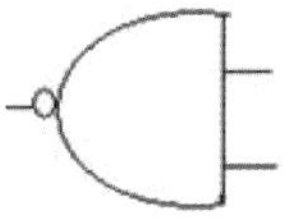　　　（D） 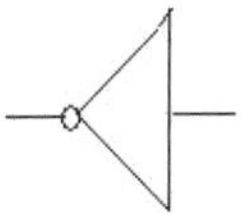
C	32	下圖電路可取代何種邏輯閘？ 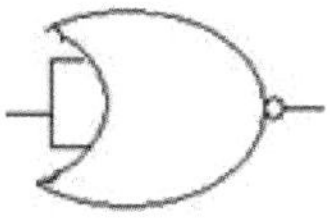 （A）AND（B）OR（C）NOT（D）XOR

答案	題號	題　目
B	33	下圖符號為？  （A）水泥電阻（B）可變電阻（C）固定抽頭電阻（D）熱敏電阻
A	34	下圖符號為？  （A）電感（B）電阻（C）電容（D）電磁線圈
D	35	下圖符號為？ 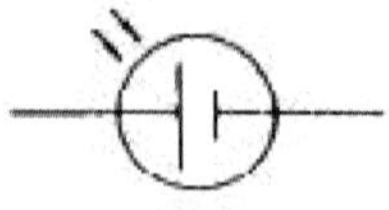 （A）發光二極體（B）光電晶體（C）電解電容（D）太陽電池
C	36	三用電表面板上有一鏡面是為了避免 （A）儀器誤差（B）系統誤差（C）視覺誤差（D）殘餘誤差
D	37	關於邏輯測試棒，下列敘述何者錯誤？ （A）可測 High 電位（B）可測 Low 電位（C）可測 P ulse（D）可測電壓大小
A	38	三用電表的直流電壓檔，其實際值所測得的電壓為？ （A）平均值（B）有效值（C）峰值（D）峰對峰值
D	39	下列何者不是手工具的選擇與使用原則？ （A）選擇適合工作所需的標準工具（B）選用正確的方法使用工具 （C）工具應保持定期保養使用（D）選用價格低廉為主，而不需考慮其材質
B	40	欲使用電源供應器產生雙電源（±5V）輸出供應系統電路，正確的作法為下列何者？ （A）兩組各自獨立電源調整輸出（B）串聯同步調整輸出 （C）並聯同步調整輸出（D）重複固定 5V 電源供應兩次
D	41	檢測數位邏輯電路最簡易的工具為？ （A）示波器（B）邏輯分析儀（C）三用電錶（D）邏輯探棒

答案	題號	題　目
D	42	下列哪一種儀器可以用來測量邏輯狀態的變化？ （A）計數器（B）訊號產生器（C）Q表（D）邏輯探棒
D	43	欲測量電路上匯流排是否正常傳送，應使用何種儀器？ （A）三用電表（B）訊號產生器（C）頻譜分析儀（D）邏輯分析儀
C	44	數位 IC 測試器無法測試下列何種 IC？ （A）74LS32（B）7447（C）NE555（D）4017
B	45	下列何者為觀察振盪訊號之儀器？ （A）訊號產生器（B）示波器（C）振盪器（D）三用電表
C	46	示波器面板上有一訊號端子，CAL 0.5V p-p，係為 （A）校準輸入（B）接地用（C）校準輸出（D）微調端子
D	47	示波器水平基準線傾斜時，應使用起子調整 （A）垂直掃描時間（B）水平掃描時間（C）焦距（focus） （D）旋轉 （Rotation）鈕
C	48	訊號產生器（Singnal Generator），其 SYNC 端子是用來輸入何種訊號？ （A）垂直訊號（B）水平訊號（C）同步觸發訊號（D）彩色同步訊號
D	49	下列何種儀器是比較型儀表 （A）VTVM（B）示波器（C）三用電表（D）惠斯頓電橋
A	50	大部份示波器大都採用 （A）靜電聚焦（B）電磁聚焦（C）感應聚焦（D）凸透鏡聚焦
D	51	示波器的校正輸出一般輸出波形為 （A）正弦波（B）三角波（C）脈衝波（D）方波
A	52	微動開關上註明甚麼的記號，其意是指在正常狀態下是導通的 （A）NC（B）NO（C）COM（D）ON
C.	53	邏輯分析儀是一種類似於示波器的波形測量設備，可測量功能下列敘述何者正確？ （A）同示波器測量功能（B）同數位電表測量功能 （C）只能測邏輯準位 0 和 1（D）只能測量 DC 電壓和電流
C.	54	二極體編號為 1N4001 中的"1N"代表 （A）輸入（B）順向（C）1 個接合面（D）1 安培的耐流

答案	題號	題　目
C	55	二極體編號為 1N4003 中的 "4003" 代表額定電流以及額定反向電壓 （A）1A、50V（B）1A、100V（C）1A、200V（D）1A、400V
C	56	若使七段顯示器的 a、b、c、d、g 段通電，則會顯示哪個數字？ （A）5（B）4（C）3（D）2
C	57	要讓七段顯示器顯示數字 2，試問要讓哪些腳通電？ （A）cdefg（B）acdfg（C）abdeg（D）abcdef
B	58	通常數位 IC 的哪一隻腳位，被封裝為 IC 的電源供應（Vcc）腳位？ （A）A（B）B（C）C（D）D
C	59	編號 7805 與 7912 IC 之輸出電壓各為何？ （A）+5V、+12V（B）-5V、+12V（C）+5V、-12V（D）-5V、-12V
C	60	若有一電阻上面所示之色碼誤差之顏色為銀色，則其誤差值為百分之幾？ （A）1（B）5（C）10（D）15
D	61	大部份 DIP 封裝的 14 PIN TTL 74 系列 IC 接 Vcc 的接腳為第幾腳？ （A）1（B）7（C）8（D）14
B	62	麥拉電容器上標示 4 7 4K 則電容量為 （A）0.047（B）0.47（C）4.7（D）47 μ F
B	63	五個色環為精密電阻器其誤差為 1% 應用何種顏色表示 （A）黑（B）棕（C）紅（D）橙
A	64	常用 74 系列雙排包裝（DIP）的腳距為 （A）0.1 吋（B）0.2 吋（C）0.3 吋（D）0.4 吋
D	65	發光二極體所發出光的顏色與 （A）外加電壓的大小有關（B）外加電壓的頻率有關 （C）通過的電流大小有關（D）製造的材料有關

答案	題號	題　目
B	66	電晶體編號 2SA×××　中，英文字母中的 A 代表 （A）NPN 電晶體（B）PNP 電晶體 （C）N 通道 JFET（D）P 通道空乏型 MOSFET
A	67	電阻的色碼為紅紫橙紅，試問其電阻值最大值可能為 （A）27.5K（B）27.0K（C）37.5K（D）18.5K　Ω
D	68	色碼電阻的阻值為 69.8KΩ 0.1%，試問其色碼為何？ （A）藍白灰紅棕（B）藍灰白橙紅（C）綠白灰橙藍（D）藍白灰紅紫
D	69	此一包裝方式為？ （A）PGA（B）TQFP（C）BGA（D）DIP
D	70	此一包裝方式為？ （A）TSOP（B）TQFP（C）TO-5（D）SOT-223
B	71	此一包裝方式為？ （A）TSOP（B）TQFP（C）TO-5（D）SOT-223
A	72	此一包裝方式為？ （A）TSOP（B）TQFP（C）TO-5（D）SOT-223

答案	題號	題　目
C	73	此一包裝方式為？ （A）DIP（B）TO-5（C）TO-8（D）TO-220
D	74	此一包裝方式為？ （A）PGA（B）TQFP（C）TO-8（D）PLCC
B	75	此一包裝方式為？ （A）DIP（B）TO-5（C）TO-8（D）TO-220
D	76	電容若標示為 203，則表示電容為多少 μF？ （A）0.1（B）1.0（C）0.047（D）0.02
B	77	功率電晶體 TO-3 的包裝中，外殼通常是電晶體的哪一極？ （A）基極（B）集極（C）射極（D）正極
A	78	若某一電阻的色碼，顏色分別為黃、紫、金、紅，它的電阻值為？ （A）4.7Ω±2%（B）5.7Ω±3%（C）6.3Ω±2%（D）6.2Ω±5%
C	79	功率電晶體之鐵殼，可視為此電晶體之 （A）E 極（B）B 極（C）C 極（D）固定用或作為接地端
C	80	電晶體各極判別以何種方法為宜 （A）背誦來判別（B）分類來判別（C）電表實測判別（D）標示判別

答案	題號	題　目
D	81	IC 座包裝方式有許多種，如：DIP、LCC、PLCC、PGA、ZIF…等，一般 IC 插入 IC 座後，若欲拔除則需花很大力氣，一不慎很可能就傷及作業人員或 IC，那一種 IC 座是屬於沒有插入力的包裝？ （A）DIP（B）LCC（C）PLCC（D）ZIF
D	82	印刷電路板（PCB）在進行佈線（LAYOUT）時，下列那一種線最粗 （A）位址線（B）信號線（C）CLOCK 線（D）電源線
C	83	電容為 104J 表示容量為 0.1 uF、誤差為何？ （A）±1%（B）±2%（C）±5%（D）±10%
C	84	容量小的電容其容量值在電容上用字母表示或數字表示，其中數字表示 102 為多少電容量？ （A）0.1 uF（B）100pF（C）1000pF（D）0.01 uF
D	85	關於印刷電路板敘述下列何者錯誤？ （A）種類可分為單面板、雙面板、多層板、軟式電路板 （B）其基板是以不導電材料所製成的 （C）簡稱 PCB 或 PWB （D）若其電子產品功能越複雜、迴路距離越長、接點腳數越多，PCB 所需層數越少
A	86	關於軟式印刷電路板特性下列何者錯誤？ （A）重量重（B）體積小（C）可撓性（D）可彈性
A	87	電解電容器之兩極導線較長一端為 （A）正極（B）負極（C）無意義（D）與廠商設計無關
A	88	發光二極體之兩極導線較長一端為 （A）正極（B）負極（C）無意義（D）與廠商設計無關
D	89	在 IC 接腳中，NC 表示 （A）接地（B）接正電壓（C）接負電壓（D）空接
A	90	下列何者代表光敏電阻 （A）Cds（B）Diode（C）LCD（D）LED
D	91	表面黏著技術的電阻、電容尺寸規格下列何者為非？ （A）0201（B）0603（C）1206（D）1212

答案	題號	題　目
A	92	下列何者非 SMD 鉭質電容尺寸規格 （A）TANE（B）TANB（C）TANC（D）TANDSOT
A	93	下列何者非表面黏著技術元件特性 （A）體積大（B）抗震能力強（C）重量輕（D）高頻特性好
B	94	二極體表面上之帶狀標誌表示此端為 （A）正極（B）負極（C）無意義（D）與廠商設計無關
B	95	量測電晶體 C.B.E 腳位適用下列何種儀器？ （A）邏輯探棒（B）三用電表（C）示波器（D）邏輯分析儀
C	96	四個色環為精密電阻器其誤差為 10 %應用何種顏色表示 （A）金（B）棕（C）銀（D）橙
B	97	五個色環為精密電阻器其誤差為 0.05％應用何種顏色表示 （A）黑（B）灰（C）紅（D）綠
B	98	IC 7447 是一個 BCD 解碼器，可將 BCD 碼轉換為七段顯示器所需之訊號因此，IC 7447 的資料輸出腳數量為 （A）8（B）7（C）4（D）3 支
C	99	一般 DIP 包裝的 IC 兩鄰近接腳的距離是 （A）1mil（B）10mil（C）100mil（D）1000mil
D	100	二極體 1N4004 耐壓 （A）50V（B）100V（C）200V（D）400V
B	101	矽二極體的順向偏壓近似多少 V ？ （A）0.25（B）0.7（C）5.0（D）2.0
C	102	電容器上標示 202，則其電容量為幾 PF ？ （A）20（B）200（C）2000（D）20000
C	103	七段顯示器的共腳（共陰或共陽）常位於 （A）外側左（B）外側右（C）中間腳（D）二側旁腳
C	104	請問一顆 7 段顯示器，共有幾支接腳？ （A）8（B）9（C）10（D）11
C	105	大部份 DIP 封裝的 16 PIN TTL 74 系列 IC 接 GND 的接腳為第幾腳 （A）6（B）7（C）8（D）9

答案	題號	題　目
D	106	下列何者封裝方式非表面黏著技術？ （A）TQFP（B）TSOP（C）SOT-223（D）DIP
B	107	關於 BGA 的描述下列何者錯誤？ （A）成品設計直徑約 8~12mil （B）晶粒底部以直線方式佈置許多錫球 （C）與 TSOP 封裝相比，具有更小的體積與散熱 （D）主要應用高密度產品，如晶片組、CPU、Flash 等
A	108	常用的 DIP 封裝符合 JEDEC 標準，二接腳之間的間距（腳距）為？ （A）0.1 吋（B）0.2 吋（C）0.3 吋（D）0.4 吋
C	109	零件包裝為 0805，下列何者不是它的特性？ （A）兩銲點之間的距離為 80 mil（B）為 50mil 方形的銲點 （C）為 5mil 方形的銲點（D）是 SMT 零件
C	110	為何現在的電子產品的零件多為 SMT，下列哪一不是它的發展原因？ （A）縮小產品的體積（B）增加零件布局的密度 （C）容易進行電路板的布線（D）減少鉛錫的使用量
B	111	SMT 表面黏著元件和 THT 插件式元件相比較，下面那一敘述不對？ （A）SMT 比 THT 的零件要小 （B）SMT 比 THT 的零件要貴 （C）SMT 技術使得在 PCB 板上的零件要比 THT 的密集很多 （D）SMT 比 THT 的零件要薄
C	112	SMD 電阻上面數字為 472 之元件的阻值？ （A）472 Ω（B）470 Ω（C）4.7 KΩ（D）47 KΩ
C	113	下列何者是積體電路中最常製作的元件？ （A）變壓器（B）電感（C）電晶體（D）電容
A	114	據報導指出：台積電與聯電在 90 奈米製程世代發展至今已步入成熟階段，產能比重均已大幅提高這裡所指的 90 奈米，為何種尺寸？ （A）電晶體的閘極長度（B）電容器的絕緣層厚度 （C）電路的金屬線寬度（D）金屬間的連結栓直徑
B	115	下列何者不是用 SMT 表面黏著技術？ （A）PLCC（B）DIP（C）BGA（D）SIP

答案	題號	題 目
B	116	在積體電路中，以下何種元件最難製造？ （A）電阻（B）電感（C）電晶體（D）FET
B	117	下列何種不是表面黏著技術（SMT）固定零件時使用？ （A）助銲劑（B）快乾膠（C）錫膏（D）錫油
D	118	下列何者不是表面黏著技術（SMT）的優點？ （A）可雙面黏著（B）線路的密度更高 （C）產品更輕巧（D）抗雜訊更佳
D	119	下列何者不是電子零件的封裝方式？ （A）BGA（B）PGA（C）PBGA（D）LPGA
C	120	符號「DIP20」，意思為何？ （A）目標位址值為 20（B）零件數值為 20KΩ （C）零件外型為雙排共 20 支接腳（D）零件序號
D	121	零件包裝符號「0805」，意思零件長寬尺寸為何？ （A）0.8mm*0.5mm（B）0.8cm*0.5cm （C）0.8inch*0.5inch（D）80mil*50mil
B	122	下列哪一種機器，不屬於 SMT 產線？ （A）錫膏印刷機（B）錫爐（C）取置機（D）迴銲爐
C	123	IC 中的導線架常使用下列那一種材料？ （A）鐵合金（B）鎳合金（C）銅合金（D）銀合金
D	124	請問 0805 的 SMT 電阻在攝氏 70 度下，其額定功率為： （A）1/20W（B）1/16W（C）1/10W（D）1/8W
B	125	請問以下何種材料使用在 IC 的封裝技術上： （A）橡膠（B）陶瓷（C）金屬（D）玻璃
C	126	以下何者不是電子元件包裝規格？ （A）DIP（B）TO-5（C）LINE（D）TO-220
D	127	MC78M05BT 穩壓 IC 的散熱片與哪一腳連接？ （A）輸入（B）輸出（C）沒有與任何接腳相連（D）接地
C	128	2N3055 功率電晶體的包裝規格為 （A）TO-72（B）TO-220（C）TO-3（D）TO-5

答案	題號	題　目
C	129	SMD 元件之外形尺寸、封裝與功率之對應關係為何？ （A）0402 為 1/8W（八分之一瓦）（B）1206 代表公制單位 （C）0805 代表 2.0mm x 1.2mm（D）0603 代表銲點大小
B	130	電阻元件封裝 AXIAL0.3 之意義何者正確？ （A）長方形貼片（B）成軸狀（C）間距為 3mm（D）表面 片式元件
D	131	PLCC 元件封裝之意義何者正確？ （A）扁平封裝（B）四側接出 L 形引腳 （C）玻璃環氧纖維封裝（D）引　中心距 1.27mm
D	132	標準雙排式封裝（Dual In-Line Packaging，DIP）IC 如圖所示 G 的長度為何？ 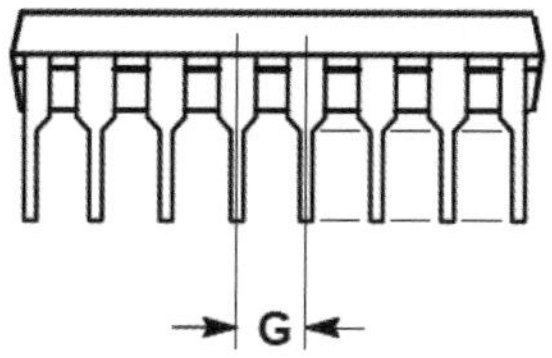 （A）（A）1mm（B）1.54mm（C）2mm（D）2.54mm
C	133	如圖所示之零件封裝名稱為  （A）TO-92（B）TO-220（C）TO-3（D）TO-252
B	134	表面貼裝電組規格為 1206，"1206" 代表的意義為？ （A）電阻值（B）零件尺寸（C）製造日期（D）公司代號
B	135	須要零件密集的電路板常用之零件為 （A）THT（B）SMT（C）SYM（D）TQC
D	136	IC 包裝類別 ①TSOP、②PLCC、③DIP、④SOP、⑤QFP、⑥uBGA、⑦PGA，那些是針腳貫孔銲接 THT 元件 （A）①②④⑥（B）①②④⑤（C）③⑤⑥（D）③⑥⑦
B	137	IC 包裝類別 ①TSOP、②PLCC、③DIP、④SOP、⑤QFP、⑥uBGA、⑦PGA，那些是表面銲接 SMT 元件 （A）①②④⑥（B）①②④⑤（C）③⑤⑥（D）③⑥⑦

答案	題號	題　目
C	138	一般 14pin DIP 包裝 IC 座兩排接腳間的距離是 （A）1000mil（B）500mil（C）300mil（D）100mil
C	139	SMT 包裝 0805 的電阻相當幾 W 的電阻？ （A）1/2 W（B）1/4 W（C）1/8 W（D）1/10 W
B	140	下列哪一種電子元件封裝其引腳密度最高？ （A）SOJ 封裝（B）BGA 封裝（C）DIP 封裝（D）PLCC 封裝
D	141	SMT 包裝 0603 的電阻相當幾 W 的電阻？ （A）1/2 W（B）1/4 W（C）1/8 W（D）1/10 W
B	142	一平方公尺面積單面覆蓋銅箔重量 1oz（28.35g）的銅層厚度請問一盎司（oz）等於多少密爾（mil）厚度？ （A）1.2（B）1.4（C）1.6（D）2.0
B	143	下列何者不是印刷電路板常用的金屬塗層？ （A）金（B）鎳（C）銅（D）錫
A	144	印刷電路板（PCB）材料核心為基板材，最常見的基板為銅箔基板（CCL）CCL 主要原料為銅箔和什麼組成？ （A）玻璃纖維布（B）紙漿（C）樹脂（D）鋁板
C	145	在多層板 PCB 中下列何者是將幾層內部 PCB 與表面 PCB 連接的方法？ （A）導孔（via）（B）埋孔（Buried vias） （C）盲孔（Blind vias）（D）穿孔（Through holes）
A	146	在雙面板 PCB 中，兩面的導線需相連時，必須要在兩面間有適當的電路連接才行這種電路間的「橋樑」叫做？ （A）導孔（via）（B）埋孔（Buried vias） （C）盲孔（Blind vias）（D）穿孔（Through holes）
C	147	下列何者不是單面板應用之優點？ （A）單面走線（B）厚度較雙面板及多層板薄 （C）熱傳導較雙面板及多層板慢（D）可承載零件
D	148	工廠在打件前，會先針對 PCB 板作哪一項測試，確認面積能夠受熱均勻且不會發生零件空銲的現象？ （A）X-Ray 測試（B）OPEN/SHORT 測試 （C）ATE 測試（D）溫度分佈測試

答案	題號	題　目
D	149	下列 PCB 基板，何者具有可彎曲和可變形的特性？ （A）電木板（B）紙質基板（C）玻纖環氧基板（D）金屬基板
A	150	下列何種材料將絕緣基板和銅箔黏合製成銅箔基板（Copper Clad Laminate）？ （A）環氧樹脂（B）甲醛樹脂（C）氰基丙烯酸酯（D）聚氨酯
B	151	一般雙面電路板設計，並無下列哪一層面？ （A）Top solder mask layer（B）Ground layer （C）Bottom signal layer（D）Top signal layer
C	152	哪一種印刷電路板很少被設計或生產 （A）單層板（B）雙層板（C）三層板（D）四層板
D	153	下列那一種印刷電路板是軟性電路板？ （A）酚醛紙層壓板（B）環氧紙層壓板 （C）聚酯玻璃氈層壓板（D）聚酯薄膜印制電路板
B	154	PCB 製程為了符合歐盟 RoHS 規範，在外層電鍍與表面處理上必須禁止下列何種物質的使用？ （A）錫（B）鉛（C）銀（D）金
D	155	在最基本的 PCB，零件集中在其中一面，導線則集中在另一面上因為導線只出現在其中一面，所以我們就稱這種 PCB 為 （A）雙面板（Double-Sided Boards）（B）多層板（Multi-Layer Boards）（C）導孔（via）（D）單面板（Single-sided）
C	156	一般零件外觀尺寸單位中 1mil 的長度 = ？ （A）1/10 inch（B）1/100 inch（C）1/1000 inch（D）1/10000 inch
A	157	PCB 多層板（Multi-Layer Boards）結構敘述，何者錯誤？ （A）通常層數都是奇數，並且包含最外側的兩層 （B）導孔（via）是貫穿整個板子兩側 （C）盲孔是將幾層內部 PCB 與表面 PCB 連接，不須穿透整個板子 （D）埋孔則只連接內部的 PCB
D	158	硬式電路板幾乎都採用電鍍銅箔，一般厚度是以重量表示（1oz/ft2=1.35mil）下列那一種較不常用？ （A）1 oz（B）1/2 oz（C）1/3 oz（D）1/4 oz

答案	題號	題　目
A	159	PCB 銅箔厚度常用的單位是？ （A）盎司（oz）（B）mil（C）mm（D）公克
B	160	蝕刻槽的主要功能為？ （A）進行電路圖影像轉移（B）將不需要的銅箔去除 （C）去除影像上殘留的乾膜（D）將基板鍍上一層金屬
C	161	關於外層線路正片與負片何者正確？ （A）正片多為鍍錫之抗蝕刻層（B）負片多為乾膜之抗蝕刻層 （C）正片製程之蝕刻液為氯化鐵（D）負片電鍍銅成本較高
B	162	用來保持線路及各層之間的絕緣性，俗稱為基材在電路板疊層設計， 又稱為？ （A）零件層（B）介質層（C）電源層（D）玻璃纖維層
A	163	目前 PCB 板製造商，因板面空間的限制以及線路密度的提昇，所使用 的新一代製程技術簡稱為 （A）HDI（B）HCI（C）HHG（D）HCC
C	164	PCB 基板的板層屬性中，下列何者不屬於非電氣板層？ （A）防銲層（Solder Mask Layer）（B）文字面（Silk Layer） （C）內層走線層（Inner Layer）（D）錫膏層（Paste Layer）
A	165	印刷電路板製程中的底片曝光是採 （A）紫外線（B）紅外線（C）白光線（D）黃光線
B	166	下列何者不是銅箔基板（Copper Clad Laminate）的蝕刻製程之一？ （A）貼附蝕刻阻劑（B）噴錫（C）曝光顯影（D）蝕刻
A	167	電路板鑽孔後上下層需要電鍍導通，業界表示符號為何？ （A）PTH（B）NPTH（C）VIA（D）PAD
A	168	雙面電路板製做，下列何者流程較正確？ （A）裁板→鑽孔鍍銅→線路蝕刻→防銲綠漆→文字印刷 （B）裁板→線路蝕刻→鑽孔鍍銅→防銲綠漆→文字印刷 （C）裁板→防銲綠漆→鑽孔鍍銅→線路蝕刻→文字印刷 （D）裁板→文字印刷→鑽孔鍍銅→線路蝕刻→防銲綠漆

答案	題號	題　目
A	169	在 PCB 製程中的防銲製程是將防銲漆覆蓋於 PCB 板表面，其主要目的是防銲、護板及絕緣，請問對防銲漆使用的品質要求標準為何？ （A）IPC-SM -840C（B）IPC-CC -830A （C）IPC-HM-860（D）IPC-TF-870
D	170	何者不是 PCB 面文字面印刷模糊、殘缺、偏位其原因？ （A）菲林制作網面偏位，定位孔不良（B）印刷時比印網不良 （C）PCB 背面不光潔，機板變形（D）字型錯誤
B	171	在電路板的插接端點上（俗稱金手指）鍍上一層高硬度耐磨損的鎳層及高化學鈍性的金層來保護端點及提供良好接通性能稱為？ （A）噴錫（B）鍍金（C）預銲（D）碳墨
B	172	PCB 外層線路完成後需再披覆絕緣之樹酯層，其主要用途為何？ （A）保持線路顏色一致（B）避免氧化及銲接短路 （C）增強張力與彈性（D）兼具防水與防火功能
D	173	在電路板之銲接端點上，以熱風整平之方式覆蓋上一層錫鉛合金層，其功能為何？ （A）增加厚度與寬度（B）防止元件短路 （C）美觀與強化結構（D）提供良好之銲接性能
C	174	AOI（Automated Optical Inspection）是自動光學檢查技術，AOI 在下列哪一個 PCB 製程缺陷檢測的準確率最低？ （A）缺件（Missing）（B）偏斜（Skew） （C）錫橋（solder bridge）（D）墓碑（tomestone）
A	175	PCB 多層板材質為全玻璃纖維者，其名稱為 （A）FR-4（B）FR-1（C）CEM-3（D）CEM-1
D	176	PCB 零件之銲接，基本上以何種方法為主？ （A）錫爐銲接（B）迴銲銲接（C）烙鐵銲接（D）高週波銲接
D	177	將 1000 伏特電壓導入 PCB 上相臨電路或板層做電性檢驗，在幾秒內不能產生火花或損壞？ （A）（A）5（B）10（C）20（D）30
D	178	下列軟體何者不適用於電路圖繪製？ （A）PADS（B）OrCAD（C）Protel（D）AutoCAD

答案	題號	題　目
A	179	PADS Logic 電路繪製的文件屬性為？ （A）sch（B）pcb（C）asc（D）lib
B	180	PADS 適用於何種工程之設計軟體？ （A）電力分析（B）電子線路（C）機械結構（D）建築設計
C	181	PADS Logic 中，設定 Display Grid 為 100，則為幾公分？ （A）2.54（B）100（C）0.254（D）10
D	182	PADS Logic 中若要變更元件外觀，使其產生垂直鏡射的效果，可使用何種快速鍵組合？ （A）Ctrl+Tab（B）Ctrl+R（C）Ctrl+F（D）Ctrl+Shift+F
A	183	PADS Logic 中如何清除螢幕殘留影像？ （A）Refresh <End> 　（B）Add Connection <F2> （C）Option <Ctrl+Enter> 　（D）Zoom <Ctrl+W>
B	184	在 Pads Logic 繪製電路圖時要偏移畫面，若按著 Shift 鍵，同時滑鼠中間的滾輪往前滾動，則畫面哪方向往中間偏移？ （A）往上（B）往左（C）往右（D）往下
A	185	在 Pads Logic 設定格點（Grids）有設計格點（Design）值、信號名稱及文字格點（Labels and Text）值及顯示格點（Display Grid）值，若 Snap to Grid 勾選時，是針對哪一格點值做 Snap 的功能？ （A）Design（B）Labels and Text （C）Display Grid（D）Design 和 Display Grid
C	186	在 Pads Logic 設計公司特色的圖框，利用 Add Filed 加入特殊字串，下列哪一特殊字串不在 Add Filed 的清單中？ （A）File Name（B）Company Name（C）Draw Name（D）Scale
B	187	在 Pads Logic 的環境下，下面有一個輸出視窗（Output Window），進行實時對話說明，會用不同顏色說明不同訊息，下列哪一個是正確的？ （A）紅色代表有訊息（Messages）產生 （B）藍色代表連結（Link）到某一檔案 （C）黑色代表有警告（Warnings）產生 （D）綠色代表有錯誤（Errors）產生

答案	題號	題　目
C	188	在 Pads Logic 的環境下，要選擇物件時有一個物件過濾器（Filter），可使我們正確選到要的物件，功能表列的 Edit/Filter 可打開 Filter 視窗，下列哪一快速鍵也有同樣功能？ （A）Ctrl+F（B）Ctrl+Alt+E（C）Ctrl+Alt+F（D）Ctrl+E
A	189	在 Pads Logic 繪製線路圖時，74LS244 的實體包裝 DIP20 要換成 SO20WB，下列哪一步驟是正確的？ （A）點選 74LS244 後，按滑鼠右鍵→點選 Properties → 　　　選按 PCB Decals 按鈕 （B）點選 74LS244 後，按滑鼠右鍵→點選 Properties → 　　　選按 Attributes 按鈕 （C）進入 File → Library，出現 Library Manager 視窗→選按 Decals 按鈕 （D）進入 File → Library，出現 Library Manager 視窗→選按 Logic 按鈕
C	190	在 PCB 上進行零件佈局時，那一項敘述是錯的？ （A）輸入和輸出元件應盡量遠離 （B）易受雜訊的零件不能相互靠得太近 （C）易發熱的零件，可裝在印刷電路板上 （D）高電壓的零件應佈置在維修不易觸及的地方
B	191	使用 4 層電路板來分開 PCB 上不同性質的電路，通常中間兩層會作為那一層？ （A）訊號層（B）電源層（C）文字層（D）防銲層
B	192	PCB 的設計流程有幾個步驟，分別為（1）網絡表輸入、（2）檢查、（3）電路圖底片檔輸出、（4）零件佈局、（5）佈線，請正確排出先後順序？ （A）12345（B）14523（C）54213（D）31452
C	193	印刷電路板佈線時，導線轉彎處一般如何處理？ （A）以鈍角來轉彎（B）以直角來轉彎 （C）以圓弧來轉彎（D）以銳角來轉彎
D	194	下列那一項不是鋪銅的主要原因？ （A）對於大面積的地或電源鋪銅，具有遮罩作用 （B）增加散熱功能 （C）信號完整性要求，給高頻數位信號一個完整的回流路徑 （D）增加美觀

答案	題號	題　目
B	195	印刷電路板繪製軟體：PADS、Protel 等，製作完成之電路圖輸出成光學底片，大都採用何種資料格式？ （A）PCX（B）Gerber（C）Bitmap（D）True Type
B	196	下列那一種軟體雖具有繪製電路圖功能，但無法直接轉 PCB Layouts ？ （A）OrCAD（B）AutoCAD（C）Protel（D）PADS
D	197	PADS Logic 中有關於零件未放置前之快速鍵何者有誤？ （A）Ctrl+Tab：更換零件外型（B）Ctrl+R：旋轉 90° （C）Ctrl+F：水平鏡射（D）Ctrl+Alt+F：垂直鏡射
D	198	在 PADS Logic 的 Setup/Design Rules 設定的規則下列那一個子功能設定後何者無法套用到 PADS Layout 使用？ （A）Default（B）Class（C）Net（D）Differential Pairs
B	199	在 PASD 的 Export 按鈕的功能是輸出物件，而在不同狀態下，所輸出的檔案及物件則有所不同請問，關於以下輸出的延伸檔名何者錯誤？ （A）零件包裝檔之延伸檔名為「＊.d」 （B）零件檔之延伸檔名為「＊.g」 （C）非電氣圖案之延伸檔名為「＊.l」 （D）零件圖案檔之延伸檔名為「＊.c」
D	200	在零件包裝設計精靈裡的 BGA/PGA 頁裡，若 Staggered Rows 選項，則會有什麼效果？ （A）挖空接腳（B）新增接腳列 （C）刪除接腳列（D）採用階梯式接腳佈置
D	201	PADS Logic 繪製電路圖時，下列何者不具有放大的功能？ （A）Page Up 鍵　　（B）Ctrl 鍵 + 滑鼠滾輪 （C）Ctrl 鍵 + W 鍵（D）Insert 鍵
D	202	PADS Layout 繪製雙層電路板，在底層走線時欲切換至頂層走線的功能鍵為？ （A）F1（B）F2（C）F3（D）F4
A	203	PADS Logic 需在什麼狀態下才能新增電源或接地符號？ （A）拉連接線狀態（B）放置零件狀態 （C）選擇零件狀態（D）選擇連接線狀態

答案	題號	題　目
B	204	繪製電路圖時零件的接腳網路名稱（Net Name）相同，表示在電路板編輯時其零件接腳為？ （A）相同位置（B）互相連接（C）相同板層（D）線寬相同
D	205	繪製電路圖時預設圖框（Sheet border）的右下方表格，其中欄位名稱放置文字，欄位內容則放置？ （A）空白（B）文字（C）常數（D）資料變數
A	206	繪製電路圖時，設計格點（Design Grid）的作用為何？ （A）較易接腳連接線（B）較易選取零件 （C）較易修改文字內容（D）較易刪除連接線
A	207	零件表列 Q1、2N3053、TO-39，試問 TO-39 屬何項目？ （A）PCB DECAL（B）Value（C）Reference（D）Part Name
A	208	於零件表列中之電阻，何者屬於 Reference 項目？ （A）R2（B）RES-1/4W（C）2K（D）R1/4W
A	209	用來佈線之網路表（Netlist）檔，至少應該包含哪些項目？ （A）零件序號、零件包裝名稱、網路名稱、連線關係 （B）零件序號、零件名稱、零件數量、連線關係 （C）零件序號、零件編號數值、網路名稱、連線關係 （D）零件名稱、零件包裝名稱、網路名稱、連線關係
C	210	表列 Q1-3、J1、J2、R1 R5、R3-4，表示共有幾個零件？ （A）7 個（B）8 個（C）9 個（D）10 個
C	211	在 PADS Logic 電路圖繪製軟體中，取用有極性電容器 100uF 時，下列何者正確？

答案	題號	題　目
A	212	下列那一個不是 PADS Logic 所能輸出（File Export）的檔案格式？ （A）*.eco（B）*.txt（C）*.ole（D）*.asc
C	213	在 PADS Logic 裡要掛 / 卸零件庫應如何操作？ （A）啟動 Tools/Library…命令（B）啟動 Setup/Library…命令 （C）啟動 File/Library…命令（D）啟動 View/Library…命令
B	214	PADS Logic 所提供之接地符號有幾種不同外型？ （A）2 種（B）3 種（C）4 種（D）5 種
D	215	在 PADS Logic 裡最多可以定義多少個板層數？ （A）100 層（B）150 層（C）200 層（D）250 層
B	216	PADS Logic 產生之 BOM 表儲存在那裡？ （A）使用者指定之目錄（B）在 C:\PADS Projects 目錄 （C）在 D 磁碟中（D）以上皆非
A	217	在繪製電路圖時，以下兩個接地符號 ▽ 與 ⏚ 有何不同？ （A）▽ 代表 Analog GND， ⏚ 代表系統 GND （B）▽ 代表系統 GND， ⏚ 代表 Analog GND （C）▽ 與 ⏚ 皆代表相同的接地 （D）▽ 代表其它 GND， ⏚ 代表 Analog GND
A	218	在 PADS Logic 中，如何更改 Sheet 的名稱？ （A）Setup->Sheets->Rename（B）File->Sheets->Rename （C）Sheets->Rename（D）Tools->Sheets->Rename
A	219	在 PADS Logic 中，在繪製完電路圖後如何產生 BOM 表？ （A）File->Reports->Bill of Materials 打勾 （B）File->Export->Bill of Materials 打勾 （C）Tools->Layout Netlist-> Bill of Materials 打勾 （D）File->Creat PDF->Bill of Materials 打勾
A	220	請問在 PADS Logic 中，以下那組快速鍵組合可以改變電容元件的外觀？ （A）Ctr+TAB（B）Ctr+S（C）Shift+TAB（D）Shift+S

答案	題號	題　目
A	221	當完成電路圖繪製後，要利用那種延伸檔名將繪製結果傳給 PADS Layout 以進行 PCB layout 的設計工作？ （A）ASC（B）REP（C）SCH（D）ECO
C	222	何者不是用來連結二支電氣接腳特性的繪圖工具？ （A）電氣連接線工具（B）網路標籤 （C）繪圖用的畫線工具（D）繪製匯流排工具
D	223	電路圖轉檔到 PCB Layout 時一般會透過何種檔案執行轉檔動作？ （A）doc 檔（B）htm 檔（C）jpg 檔（D）net 檔
D	224	階層電路圖檔繪製時應特別那一個細節？ （A）各模組的外觀（B）各模組的電路圖檔名 （C）各模組的相關文件注釋（D）各模組間的電氣信號連結
D	225	電路圖繪製首要注重那一細節？ （A）文件注釋（B）文件版本 （C）零件擺置（D）各零件間電氣接腳是否連接正確
B	226	製作電路圖之零件時，應清楚交待那一細節？ （A）電件實際外觀（B）實際電子零件電氣接腳數 （C）電子零件功能示意圖（D）電子零件的文件注釋
D	227	設計一個電路板時那一個不是主要考慮的因素？ （A）多少佈線層（B）雜訊免疫力 （C）信號分類（D）零件 ID 編號擺置
C	228	在 PADS Logic 操作中，設定電路圖名稱應選擇哪一個功能選項？ （A）File/Sheets（B）Edit /Sheets（C）Setup/Sheets（D）View /Sheets
D	229	在 PADS Logic 操作中，輸出 PDF 檔應選擇哪一個功能選項？ （A）Tools/Create PDF（B）Edit /Create PDF （C）Help/Create PDF（D）File/Create PDF
A	230	在 PADS Logic 操作中，輸出 netlist 檔應選擇哪一個功能選項？ （A）Tools/Layout Netlist（B）File/Layout Netlist （C）Edit/Layout Netlist（D）Help/Layout Netlist

答案	題號	題　目
B	231	在 PADS Logic 操作中，要載入零件庫應選擇哪一個功能選項？ （A）File/Import（B）File/library （C）File/Export（D）File/Create PDF
B	232	在 PADS Logic 操作中，Tools 功能表的 Compare/ECO 功能中 Comparison 標籤有四項可勾選功能，以下何者不是？ （A）Compare Part Attributes（B）Compare Values Attributes （C）Compare Net Attributes（D）Compare Design Rules
A	233	繪製電路圖使用可變電阻，調整方向對應增益大小，應將何者標示？ （A）順時鐘方向、逆時鐘方向、電刷之編號（B）電阻值大小 （C）角度與電阻值（D）溫度特性
C	234	電路圖繪製應以何者為考量？ （A）盡量將圖放入單一張圖（B）由主動元件開始，再畫被動元件 （C）依系統功能方塊圖擺放相對應位置（D）將相同元件擺在一起
B	235	ADC 元件於電路圖繪製應注意下列那一項？ （A）將其它元件靠近 ADC 排列整齊 （B）類比接地符號與數位接地符號不同，並單點相連接 （C）電源電壓值相同大小 （D）編號以 U 為起始字母
D	236	數位控制 IC 之旁路電容應繪於何處？ （A）依電壓大小分組排列（B）依容量不同分組排列 （C）排列整齊於電路圖下方（D）愈靠近電源與接地腳位
B	237	多組元件之空餘接腳應如何處置？ （A）標示 NC 符號（B）將輸入接腳連至接地或電源之固定電壓 （C）將輸出接腳串接電阻到接地端（D）將所有輸入端並接在一起
C	238	電路圖之圖紙大小應如何決定？ （A）愈大愈好（B）考慮列印能出圖之清晰程度 （C）印表機或繪圖機最大圖尺寸考量（D）以列印紙大小來考量
A	239	PADS Logic 繪製電路圖時若要更換零件外型可按？ （A）Ctrl+Tab（B）Ctrl+R（C）Ctrl+F（D）Ctrl+Shift+F

答案	題號	題　目
B	240	若要更換電源或接地的符號，必須在尚未固定位置時按下列那一個鍵來更換？ （A）Ctrl+R （B）Ctrl+Tab （C）Ctrl+F （D）Ctrl+Shift+F
C	241	PADS Logic 中儲存電路檔的快捷鍵是？ （A）Ctrl+N （B）Ctrl+O （C）Ctrl+S （D）Ctrl+P
B	242	PADS Logic 中若要載入零件庫必須？ （A）由 Tools -> Library -> Library List （B）由 File -> Library -> Library List （C）由 Edit-> Library -> Library List （D）不必操作系統會自動加入
B	243	PADS Logic 中若要繪製匯流排須選擇下列那一個圖示 （A）🖈 （B）🖉 （C）📐 （D）📝
A	244	欲將 PADS Logic 中所繪電路圖轉至 PADS Layout 製作電路板須先產生？ （A）Netlist 檔 （B）PDF 檔 （C）BOM 檔 （D）PCB 檔
A	245	若已經確定的電路板尺寸，下一步 PCB 設計時須先注意哪一項步驟？ （A）依要求放置所須定位之零件 （B）有極性元件方向 （C）零件高低大小 （D）佈線距離
A	246	PADS Logic 設計雙層板時，要貫穿 Top 層及 Bottom 層可加入何種方式？ （A）導孔（Via） （B）埋孔（Buried vias） （C）盲孔（Blind vias） （D）跳線 （Jump）
D	247	PADS Logic 可以產生的 SPICE 格式網絡表，不包含下列哪一種格式？ （A）Intusoft ICAP/4 （B）Berkeley SPICE 3 （C）PSpice （D）Orcad
C	248	PADS Logic 設計電路時，同一功能的電路元件，有無要求之原則？ （A）應均勻分散在 PCB 四處 （B）應視設計者方便 （C）應盡量靠近放置 （D）應從小元件開始放置
C	249	PADS Logic 設計電路時，跳線不要放在何種元件下面？ （A）固定電阻 （B）二極體 （C）IC （D）LED
C	250	使用 PADS Logic 繪製電路圖時重要的訊號要標示下列，以利繪製 PCB？ （A）電壓 （B）電流 （C）路徑及線寬 （D）安全距離

答案	題號	題　目
B	251	使用 PADS Logic 繪製電路圖基本步驟 ① 載入零件庫 ② 設定圖紙圖框 ③ 提取零件及擺置 ④ 繪製接線 ⑤ 產生網路檔順序？ （A）①②③④⑤（B）②①③④⑤（C）③①②④⑤（D）③④①②⑤
D	252	PADS Logic 繪圖設定格點，操作步驟是 Tools/Options/??? 頁，調整 Grids 框 Design 50、Display Design 100？ （A）Line Widths 頁（B）Text 頁（C）Design 頁（D）General 頁
B	253	PADS Logic 為方便繪圖如何設定較佳顯示的游標為 X 型？ （A）Set/Design Rules… （B）Tools/ Options/ General /Cursor 框 Large cross ☑Diagonal （C）Tools/ Options/ Design 頁 （D）Tools/ Options/ General /Cursor 框 Full cross ☑Diagonal
A	254	PADS Logic 中可全面性的選取零件、接線、編號等，操控方式是？ （A）選擇過濾工具列（Selection Filter Toolbar）點選 Anything （B）選擇電路圖編輯工具列（Selection Filter Toolbar）點選 Duplicate （C）選擇過濾工具列（Selection Filter Toolbar）點選 Parts （D）選擇電路圖編輯工具列（Selection Filter Toolbar）點選 Properties
B	255	PADS Logic 是以何種操控導向式來繪製電路，並以 ESC 鍵中斷與停止該操作功能？ （A）工具導向式（單一繪圖作用）（B）功能導向式（單獨功能作用） （C）物件導向式（隨選隨有作用）（D）階層導向式（專案層面作用）
D	256	電路圖繪製的一般原則下列何者為非？ （A）正電在上（B）負電在下（C）輸入在左（D）輸出在上
D	257	將第一個 IC 畫在電路圖上常編號為？ （A）A1（B）C1（C）J1（D）U1
B	258	在 PCB Logic 裡要讓零件在 Y 軸方向鏡射應？ （A）按 Ctrl＋F 鍵（B）按 Ctrl＋Shift＋F 鍵 （C）按 Ctrl＋Y 鍵（D）按 Ctrl＋V 鍵
C	259	在 PCB Logic 繪圖中想看所有物件範圍應？ （A）按 Ctrl＋Shift＋F 鍵（B）按 Home 鍵 （C）按 Ctrl＋Alt＋E 鍵（D）按 Z＋A 鍵

答案	題號	題　目
B	260	在 PCB Logic 中欲改變黑底的畫面應？ （A）按 Ctrl +Alt+E 鍵（B）按 Ctrl +Alt+C 鍵 （C）按 Ctrl +Shift+F 鍵（D）按 Ctrl +D 鍵
C	261	在 PCB Logic 中的零件圖編輯下列何者為非？ （A）採手工繪製是針對非矩形的零件圖（B）採零件圖精靈是針對矩形的零件圖（C）採零件圖精靈是針對多閘的零件圖（D）繪圖工具是使用 Editing Toolbar
A	262	在 PADS LOGIC 網格點的設置中, 若在鍵入 g 20 表示為？ （A）Design Grid 為 20（B）Via Grid 為 20 （C）Display Grid 為 20（D）Design Grid Only 為 20
A	263	下圖之電路圖的架構為何？ 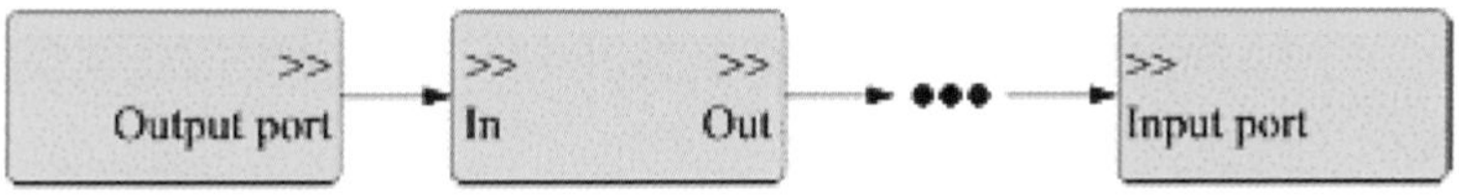 （A）平坦式電路設計（Flat Design） （B）簡單階層式設計（Simple Hierarchy Design） （C）複雜階層式設計（Complex Hierarchy Design） （D）Multi-Channel 式電路圖
A	264	如圖所示為一個正方形的 IC 封裝設計，其中一邊的長度為 1.26 英吋，也就是 1260 mil 若兩排接腳的間距為 0.94 英吋，各排有 12 支接腳，而接腳間距為 0.1 英吋，如圖所示，X 應為多少？ 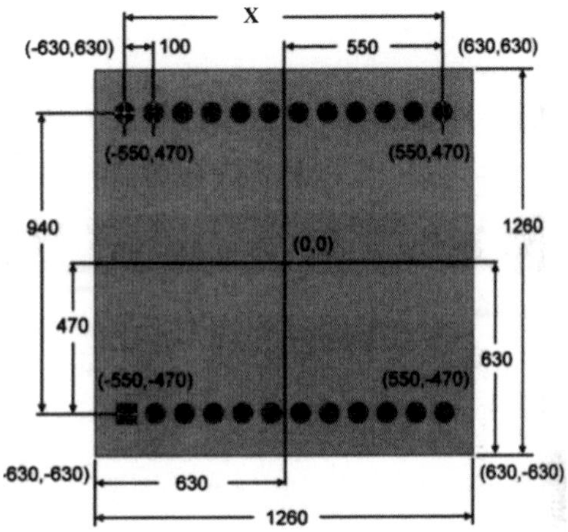 （A）1100 mil（B）1200 mil（C）1300 mil（D）1400 mil

答案	題號	題　目
B	265	設計印刷電路板時，若要防止高頻向外輻散，電路板必須以下列何者標準來設計？ （A）EMA（B）EMC（C）EMD（D）EMI
B	266	PADS Layout 選擇匯入的電路圖檔案為？ （A）sch（B）asc（C）err（D）rep
A	267	PADS Layout 如何選擇繪製板框工具？ （A）Drafting Toolbar 🖲（B）Design Toolbar ⚙ （C）Dimensioning Toolbar ▦（D）ECO Toolbar ✎
D	268	PADS Layout 如何選擇擺放螺絲孔工具？ （A）Drafting Toolbar 🖲（B）Design Toolbar ⚙ （C）Dimensioning Toolbar ▦（D）ECO Toolbar ✎
C	269	PADS Layout 單層電路板設計中，若發生走線交叉問題，可選擇如何解決？ （A）Add Corner（B）Add Via（C）Add Jumper（D）Add Arc
B	270	PADS Layout 中何者功能選項可以打散零件？ （A）Cluster Placement（B）Disperse Components （C）Nudge Components（D）Cluster Manager
C	271	PADS Layout 中在移動元件時，可以使用哪個指令方便元件定位？ （A）M（B）W（C）S（D）D
D	272	若要設計四層的電路板，請問下列何者為最適當的疊層設計？ （A）電源層 / 信號層 / 接地層 / 信號層 （B）電源層 / 信號層 / 信號層 / 接地層 （C）信號層 / 電源層 / 信號層 / 接地層 （D）信號層 / 接地層 / 電源層 / 信號層
A	273	在 Pads Layout 設計電路板時，若按著 Ctrl 鍵，同時滑鼠中間的滾輪往前滾動，則畫面的現象如何？ （A）放大（Zoom In）（B）縮小（Zoom Out） （C）畫面刷新重畫（Redraw）（D）適當大小顯示（Board）
C	274	在 Pads Layout 疊層設計，若信號層（上）對信號層（下），佈線原則要一信號層水平佈線，另一信號層則垂直佈線，是避免產生甚麼效應？ （A）電感效應（B）電阻效應（C）電容效應（D）電磁效應

答案	題號	題　目
D	275	在 Pads Layout 進行佈線之前，要先設定佈線規則，點按功能表的 Setup/Design Rules…，會出現 Rules 視窗請問在下列哪一個細部設定不是在 Default 的規則架構內？ （A）Clearance （B）Routing （C）High Speed （D）Differential Pairs
B	276	在 Pads Layout 進行自動佈線時，佈線規則為線寬 12 mils、間距 12mils，請問下列何者格點設定最適當？ （A）12 mils（B）25 mils（C）36 mils（D）48 mils
B	277	若 PCB 有表面黏著（SMT）的主動零件，為了 PCB 可製造性，則在零件四個角落或印刷電路板四個角落至少要有幾個校正標記（MARK）？ （A）1（B）2（C）4（D）5
C	278	零件佈局時，電解電容不要擺在那一零件的旁邊？ （A）陶片電容（B）小功率電阻（C）大功率電晶體（D）數位 IC
D	279	印刷電路板佈局設計時，對於零件的排列必須考慮那些因素？ （A）是否可以節省電路板的大小（B）電壓及接地路徑的線徑大小 （C）各零件接腳的寬度及孔徑（D）以上皆要考慮
D	280	電路圖在 PCB 佈線（Layout）時，下列幾種佈線，那一種線最粗？ （A）位址線（B）信號線（C）時脈線（D）電源線
D	281	PCB 佈局之前應先考慮什麼？ （A）需考慮電路板外部接線端子的位置（B）將元件放置在適當的位置（C）需考慮不同性質的電路應予以適當的區隔（D）以上皆要考慮
B	282	較複雜的電路具有三種不同接地佈線配置，其中包含了較易產生雜訊的電路、低階類比訊號處理電路、高頻數位電路，這三種不同性質電路的地線，應如何處理？ （A）分別拉線，再予以全部連接（B）分別拉線、彼此隔離，再以單點方式予以連接（C）共同拉線，全部予以連接（D）不需特別處理
C	283	數位 IC 旁的削尖電容（Despiking capacitor）其特質為容量小、頻寬高，目的是什麼？ （A）產生雜訊干擾（B）降低流過接地阻抗的電流 （C）提供 IC 開關時的瞬間脈衝電流（D）減少接地迴路的電感

答案	題號	題　目
A	284	在 PADS Layout 中若要改變單位下列何者是正確方式？ （A）Tools/Options/Global 設定 Design units 選項 （B）Setup/Design Rules 設定 Units （C）Setup/Options/Global 設定 Design units 選項 （D）Tools/Design Rules 設定 Units
D	285	PCB 設計在處理振盪器（XTAL）的信號時要注意什麼？ （A）零件與本身信號鋪 GND 銅箔屏蔽（B）零件下方禁止其他信號線經過（C）振盪器的兩個信號線寬、線長盡量一樣（D）以上皆是
B	286	PADS Layout 在單層佈線的過程中下列何種方式無法添加跳線？ （A）在 Design Toolbar 的工具列點按 🖈 圖示（B）Setup/Jumper （C）Ctrl+Alt+J（D）右鍵出現快顯功能表後點按 Add Jumper
C	287	PADS Layout 共有 4 種視圖模式，若想要以負片視圖模式顯示，下列何者是正確的切換鍵？ （A）O Enter（B）T Enter（C）C Enter（D）D Enter
D	288	預佈線分析（Pre-Routing Analysis）的功能，以下敘述何者錯誤？ （A）節省自動佈線時間（B）防止無法規範的情況發生（C）提高自動佈線前可改善的方式（D）將所有問題與解決方法記錄在 Input 視窗
C	289	進行互動式走線時，若要產生彈簧線，需按哪一個組合鍵？ （A）Ctrl + A（B）Ctrl + X（C）Shift + A（D）Shift + X
A	290	PCB 基板層面設定參數，不包括下列哪個選項？ （A）顏色設定（B）實體厚度 （C）蝕刻層名稱（Etch Subclass Name）（D）材質（Material）
D	291	關於 Rotate 90 的功能是將零件逆時針旋轉 90 度，可以按鍵盤上哪個按鍵就能將零件旋轉？ （A）Ctrl + A（B）Ctrl + E（C）Ctrl + H（D）Ctrl + R
D	292	所謂「Auto Miter」的功能是什麼？ （A）自動拆線（B）自動存檔（C）自動畫邊（D）自動導角
D	293	下列何者不是走線太長所造成的結果？ （A）阻抗增加（B）抗雜訊能力下降（C）成本增加（D）散熱不易

答案	題號	題　目
C	294	製作高速電路板時為何走線應避免 90 度直角？ （A）易導致訊號傳送延遲（B）易造成電路板製造困難 （C）易產生輻射現象（D）易造成銅箔脫落
A	295	使用貫孔（Via）時 PCB 厚度越薄，其電容效應及電感效應會如何變化？ （A）電容效應越小，電感效應也會越小（B）電容效應越小，電感效應會越大（C）電容效應越大，電感效應會越小（D）電容效應越大，電感效應也會越大
B	296	電路板編輯器（PCB Editor）輸出何種文件適用於製造實體電路板？ （A）CAD 文件（B）CAM 文件（C）CAI 文件（D）CAS 文件
A	297	在電路板零件佈局時，欲臨時增減零件需做？ （A）工程變更設計（Engineering Change Order）（B）工程設計變更（Engineering Design Changes）（C）工程變更作業（Engineering Change Operation）（D）直接增減零件即可
D	298	標準 DIP8，其 pin 1 至 pin 4 之距離為何？ （A）2.54mm*4（B）3000mil（C）400mil（D）300mil
D	299	標準 DIP8，其 pin 1 至 pin 8 之距離為何？ （A）700mil（B）800mil（C）8000mil（D）2.54mm*3
D	300	設定電路板尺寸如名片大小，板框約若干？ （A）210mm*350mm（B）2100mm*3500mm （C）210mil*350mil（D）2100mil*3500mil
C	301	以下佈線要求，何者不合一般電路佈線常理？ （A）VDD 與 GND 走線設為 20mil，其他走線設為 10mil（B）避免直角轉彎走線方式（C）採取單層板走線必須安排在 TOP 板層（D）走線與走線安全間距設為 8mil
D	302	送 PCB 廠製作印刷電路板，不需何種文件資料？ （A）Drill file（鑽孔資料檔）（B）Gerber file（各層底片資料檔） （C）Aperture file（光圈鏡頭資料）（D）BOM file（零件一覽表）
C	303	在 Design Toolbar 功能列中，可對零件任意旋轉為下列那個圖示？ （A）Move（B）Radial Move （C）Spin（D）Move Reference Designator

答案	題號	題　目
B	304	在 ⊞ Design Toolbar 功能列中，下列那個圖示可對零件逆時針旋轉 90 度？ （A）⊞ Move（B）⚞ Radial Move （C）⟳ Spin（D）⟲ Move Reference Designator
B	305	在 PADS Layout 電路板設計軟體中，要擺放螺絲孔，應在 ⟋ ECO Toolbar 工具列下選取那個圖示？再選取由載入之零件？ （A）⟲ Add Route（B）▓ Add Com ponent （C）Gnd/Vcc Rename Net（D）7400/7410 Change Component
D	306	下列那一個符號是 ECO Toolbar？ （A）⟲（B）▓（C）⊞（D）⟋
B	307	在 PCB Layout 裡要移動零件編號位置要按下列那一按鈕？ （A）⟲（B）⟲（C）⊞（D）⟲
A	308	在 PCB Layout 裡要佈線要按下列那一按鈕？ （A）⟲（B）⟲（C）⊞（D）⟲
D	309	PADS Layout 在做 PCB 板電路設計時若要在電路板上加入文字要按下列那一按鈕？ （A）▓（B）DXF（C）⟲（D）abl
C	310	在四層以上的 PCB Layout 時，會將振盪器、晶體及 Clock 支援電路等放置於單一的區域地平面上，此一區域需在第一層，請問為何需要此一區域地平面？ （A）加強振盪器元件的穩固（B）提升振盪器之接地腳阻抗 （C）用以補捉振盪器內部的 common-mode RF 電流以減低 RF 幅射 （D）提供適當的元件辨識功能
B	311	四層板的 Ground Plane 通常位於第幾層？ （A）1（B）2（C）3（D）4
B	312	在電流為 1 安培下，若希望溫度上升不超過攝氏 10 度，請問佈線的銅箔寬度為何？（假設 PCB 之銅箔厚度為 1oz）？ （A）5 mils（B）10 mils（C）15 mils（D）20 mils

答案	題號	題　目
A	313	利用 PADS Layout 做 PCB 佈線設計時，以下何者為正確的設計流程？ （A）Import .asc 檔案 -> 特殊元件定位 -> 其它元件定位 -> 佈線 （B）Import .asc 檔案 -> 其它元件定位 -> 特殊元件定位 -> 佈線 （C）Import .asc 檔案 -> 佈線 -> 特殊元件定位 -> 其它元件定位 （D）Import .asc 檔案 -> 特殊元件定位 -> 佈線 -> 其它元件定位
B	314	何謂 3-W 法則？ （A）Trace 間之分隔距離應一倍於單一 Trace 之寬度 （B）Trace 間之分隔距離應兩倍於單一 Trace 之寬度 （C）Trace 間之分隔距離應三倍於單一 Trace 之寬度 （D）Trace 間之分隔距離應四倍於單一 Trace 之寬度
A	315	請問下列何者是正確的 Pad 大小與 Hole 大小之間的關係？ （A）Pad 至少為 Hole 直徑的 1.8 倍 （B）Pad 至少為 Hole 直徑的 1.6 倍 （C）Pad 至少為 Hole 直徑的 1.4 倍 （D）Pad 至少為 Hole 直徑的 1.2 倍
C	316	一般差動信號的 Trace 走線以那種方式最好？ （A）任意走線方式（B）兩線走不同方向 （C）兩線並行等距且等長（D）兩線不並行且等長
D	317	一般處理高頻數位電路零件擺置以那方式較佳？ （A）較高頻電路放置角落（B）較低頻電路放置角落（C）高低頻電路混合擺置（D）依照電子零件操作頻率由高頻到低頻方向擺置
C	318	四層板中高速 clock 的 Trace 應放置在什麼的位置為較佳方式？ （A）與 Power 層相鄰（B）與 Ground 層相鄰 （C）與完整沒破裂 Ground 層相鄰（D）與完整沒破裂 Power 層相鄰
D	319	當元件電路及信號連線之速度在多少 Hz 以下時，單點接地是最佳的方式？ （A）1k（B）10k（C）100k（D）1M
B	320	銅在 100MHz 時集膚深度大約在多少？ （A）0.066mm（B）0.0066mm（C）0.66mm（D）0.00066mm

答案	題號	題　目
A	321	在 PADS Layout 操作中，要輸出 ASC 檔應如何操作？ （A）File/Export（B）File/Import （C）File/Create PDF（D）Tools/Export
D	322	在 PADS Layout 操作中，點選任一 Nets，按滑鼠右鍵選擇 Properties 的 Trace Width 時顯示空白代表？ （A）寬度為 10 miles（B）寬度為 20 miles （C）寬度為 8 miles（D）寬度不一致
A	323	在 PADS Layout 操作中，Add Route 的功能鍵為？ （A）F2（B）F3（C）F5（D）F6
B	324	最高工作頻率之元件應擺置於 PCB 何處？ （A）接近輸入或輸出端（B）內部最中央處 （C）最外部（D）靠近電源端
C	325	數位接地與類比接地應如何處置？ （A）任意連接（B）多點連接（C）單點連接（D）環路連接
C	326	有關於蛇形佈線下列敘述何者正確？ （A）增加電感量（B）減少資料上昇時間 （C）蛇形線距最少為線寬之兩倍（D）增加阻抗
C	327	佈線成井字形分佈之用途為何？ （A）防止元件碰撞（B）美觀 （C）分佈電流平衡（D）增加強度與張力
A	328	為減少無用輻射，時脈信號應如何處理？ （A）不可貫孔至其它層並增加終端電阻（B）使用多組旁路電容 （C）增加電感與電容濾波器（D）使用較寬之導線
B	329	I/O 板邊須鋪銅，並打 via 多個，其功能為何？ （A）避免 PCB 彎曲變形（B）防止 ESD 干擾 （C）散熱（D）固定 I/O 板機構
B	330	PADS Layout 中搬移零件若要直接輸入零件座標應先按？ （A）A 按鍵（B）S 按鍵（C）D 按鍵（D）F 按鍵

答案	題號	題　目
B	331	一般採取單層板的走線，所有的走線都安排在何板層進行？ （A）Top Layer（B）Bottom Layer （C）Paste Top Layer（D）Paste Bottom Layer
C	332	PADS Layout 走線時若要輸入線徑寬度可按？ （A）R（B）E（C）W（D）Q
C	333	PADS Layout 中使用 Ctrl+F 的功能是？ （A）零件旋轉（B）零件鏡射 （C）將零件放置於 Bottom（D）編輯零件屬性
B	334	PADS Layout 中若要繪製板框須選擇下列那一個圖示？ （A）（B）（C）（D）
B	335	同一類型的元件在電路面板上以相同方向之方式排放較佳之原因，何者為誤？ （A）加快機器插件速度（B）節省零件成本（C）PCB 過波峰銲錫爐時，可減少其暴露在錫流的時間（D）檢查錯誤時較容易
B	336	設計 PCB 之電源 波時，為了考慮較佳濾波效果，濾波電容器位置應設計？ （A）離電源輸入端較遠處（B）離電源輸入端越近越好 （C）離負載輸出端越近越好（D）並無影響
B	337	PCB 之信號線、地線與電源線之線寬敘述，何者最佳？ （A）地線 > 信號線 > 電源線（B）地線 > 電源線 > 信號線 （C）地線 = 電源線 = 信號線（D）地線 = 信號線 > 電源線
A	338	設計 PCB 內部之數位電路與類比電路的共地處理方式？ （A）各自分開互不連接（B）至多僅能一半面積連接 （C）至少一半面積連接（D）兩者共用同一接地
C	339	佈線設計完成後，應做檢查佈線設計，以下何者為錯誤原則？ （A）類比電路和數位電路部分，是否有各自獨立的地線 （B）為避免影響銲接品質，字元標誌是否壓在元件銲接面上 （C）PCB 中是否還有能讓信號線加寬的地方 （D）電源線和地線的寬度是否合適

答案	題號	題　目
D	340	PADS Logic 基本標題欄記錄與簡述 ① 檔名 ② 公司 ③ 版本 ④ 繪圖者 ⑤ 日期 ⑥ 版本 ⑦ 功能 ⑧ 價錢 ⑨ 圖名 ⑩ 編號 （A）①②④⑤⑨⑩（B）①③⑤⑦⑧⑩ （C）①③⑥⑦⑧⑨（D）①②④⑤⑥⑨
C	341	PADS Layout 放置電子元件的順序原則是 ① 有限制位置的 ② 與機構有關的 ③ 有固定零件的 ④ 主要（動）元件 ⑤ 被動元件 ⑥ 外接端 ⑦ 測試點 （A）①②③④⑤⑥⑦（B）⑥④①②③⑤⑦ （C）②③①④⑤⑥⑦（D）①③④②⑥⑤⑦
B	342	PADS Layout 放置電子元件以零件或路徑為主考慮，若以零件為主也要考慮？ （A）最短路徑及零件分布對稱性（B）最佳路徑及最短路徑（C）零件分布對稱性及最佳路徑（D）零件分布對稱性及零件分布均勻性
D	343	PADS Layout 放置電子元件以零件或路徑為主考慮，若以路徑為主也要考慮？ （A）最短路徑及零件分布對稱性（B）最佳路徑及最短路徑（C）零件分布對稱性及最佳路徑（D）零件分布對稱性及零件分布均勻性
B	344	PADS Layout 放置電子元件的格點較佳設定為？以方便零件互相對準用 （A）50 Mils（B）100 Mils（C）150 Mils（D）200 Mils
A	345	線路佈線考慮 PCB 製作要考慮 ① 避免 T 型線 ② 避免小於 90 度 ③ 避免直角線 ④VIA（貫孔）越少越好 ⑤ 兩相臨線寬差距大安全間距要大 1 倍 ⑥ 佈線距板邊致少 50mil （A）①②③④（B）②③④⑤（C）③④⑤⑥（D）①②⑤⑥
B	346	PCB 上導線的寬度主要由何因素決定？ （A）電壓差（B）電流大小（C）電阻大小（D）成本高低
A	347	PCB 上導線間的距離主要由何因素決定？ （A）電壓差（B）電流大小（C）電阻大小（D）成本高低
A	348	標準銅箔厚的 PCB 線寬 1mm 其限載電流約？ （A）1A（B）2A（C）0.5A（D）0.25A

答案	題號	題　目
D	349	PCB 佈線的一般原則下列何者為非？ （A）相同零件之擺放方向應儘量一致（B）熱敏元件與散熱元件應相互遠離（C）元件安排應配合 PCB 外形（D）散熱元件應集中在一起
C	350	在 PCB Layout 裡，要將電路板的顏色改為綠色，下列何者為非？ （A）啟動 Setup/Display Colors 進入（B）按 Ctrl + Alt + C 鍵 進入 （C）在顏色對話盒選擇 Default Palette 鍵更改 （D）在顏色對話盒選擇 Palette 鍵更改
D	351	高品質的旁路電容，通常為 0.1uF 與多少電容值的電容並聯在每一個電源平面與地平面之連接處？ （A）10uF（B）1uF（C）0.01uf（D）0.001uF
A	352	PCB LAYOUT 設計中走線的轉彎角度，下列何者最優？ （A）鈍角（B）直角（C）銳角（D）以上皆是
C	353	在 PADS Layout 中從 File/Import 中下列何者類型檔案無法引入？ （A）Protel 之 PCB 檔（B）P-CAD 之 PCB 檔 （C）ORCAD 之 PCB 檔（D）CADSTAR 之 PCB 檔
D	354	下列電磁干擾的描述何者錯誤？ （A）過度的電磁干擾會形成電磁污染，危害人們的身體健康，破壞生態平衡 （B）電磁干擾傳輸有兩種方式：一種是傳導方式；另一種是輻射方式 （C）抑制干擾傳播的技術包含如遮罩、接地、搭接、合理佈線等方法 （D）90% 的電磁相容問題是由於元件特性和裝置容量問題所造成的
C	355	電磁相容是指設備或系統在其電磁環境下能正常工作且不對該環境產生電磁干擾的能力．請問其英文簡寫為？ （A）EMI（B）IEC（C）EMC（D）EEC
B	356	高速信號電路板的設計，為消弭信號的延遲誤差，在佈線時會設計等長的佈線方式（蛇線）請問下列何者佈線最不適當？ （A）⎍⎍⎍⎍　（B）⋀⋁⋀⋁⋀ （C）∿∿∿∿　（D）⊔⊔⊔⊔
B	357	為避免產生電磁干擾，印刷電路板中之接地迴路應如何？ （A）須為一封閉之迴路（B）不可為一迴閉之迴路 （C）無所謂（D）只要不構成線圈狀即可

答案	題號	題　目
B	358	在多心電纜中，由於導線間電容耦合而造成互相干擾的現象稱為什麼干擾？ （A）電磁干擾（B）串音干擾（C）雜訊干擾（D）輻射干擾
D	359	PCB 佈局時，不同類型電路要分在不同區域，其主要目是什麼？ （A）容易判斷（B）幫助走線（C）節省空間（D）減少干擾
C	360	磁屏蔽材料應具備何種特性？ （A）磁偏角大（B）磁滯損失大（C）導磁係數大（D）剩磁大
D	361	差動信號佈線方式，下列何者敘述較不正確？ （A）兩條信號走線要等長（B）兩線要在同一走線層，保持平行 （C）兩線要在上下相鄰兩層，保持平行（D）兩線長度不可相等
C	362	下列何者不影響多層高速電路板銅箔走線的特性阻抗？ （A）銅箔走線寬度（B）電路板玻纖介質的介電常數 （C）銅箔走線長度（D）銅箔走線厚度
C	363	為降低 IC 的電磁干擾問題，在做電路板設計時，旁路電容擺佈何處？ （A）靠近 IC 的訊號輸入端（B）靠近 IC 的訊號輸出端 （C）靠近 IC 的電源接腳（D）靠近 IC 的接地接腳
C	364	當為兩層板 PCB 設計時，高頻電路應以控制下列何者為主要目標？ （A）Layout 形狀（B）路徑長度 （C）信號迴路之表面阻抗（D）電源迴路
D	365	FCC 及 DOC 規範在 450KHz 至多少頻率範圍間為電源線傳導干擾？ （A）1MHz（B）10 MHz（C）15 MHz（D）30 MHz
D	366	除了所需的信號以外而出現在電路內的任何電氣訊號稱為？ （A）輸入（B）輸出（C）接地（D）雜訊
D	367	接地環路造成雜音源，應如何處置？ （A）增加另一接地環路（B）使用差模扼流圈 （C）擴展環路面積（D）移除一個接地端
C	368	多層板之電源層比較接地層板邊小，其目的為何？ （A）連接電源方便（B）產生擺置元件空間 （C）防止輻射干擾產生（D）增加電容量

答案	題號	題　目
C	369	目前經濟部標準檢驗局檢測 EMS 的相關標準依據？ （A）ANS3548（B）GB4943（C）CNS13438（D）EN55022
B	370	避免有 T 型佈線及不均勻的佈線以防止何情況產生？ （A）產生尖波（B）反射電壓 （C）使電流不均勻，線路會發熱（D）無不良影響
D	371	高頻線路避免有長距離的平行走線，耦合電容加大較會產生何情況？ （A）無不良影響（B）使電流不均勻，線路會發熱 （C）反射電壓（D）產生尖波
B	372	高電壓、高溫、危險物體等，應漆有何種顏色三角警告標示符號表示？ （A）黃（B）紅（C）藍（D）綠
B	373	由陰極射線管構成的螢幕，會射出什麼，它可能引發血癌之類的疾病？ （A）X 光（B）低頻電磁波（C）高頻電磁波（D）紅外線
A	374	使用滅火器應站在？ （A）上風（B）下風（C）逆風（D）側風
C	375	依勞工安全衛生設施規定，每一勞工至少應有 5.7 立方公尺工作場所， 且每分鐘至少需要有多少的新鮮空氣？ （A）0.2 立方公尺（B）2 立方公尺 （C）0.6 立方公尺（D）6 立方公尺
B	376	失能傷害是指因受傷而損失的工作時間超過多久？ （A）48 小時（B）24 小時（C）12 小時（D）8 小時
B	377	依據國際電氣標準所定，E 種絕緣材料之最高使用溫度為 （A）105℃（B）120℃（C）130℃（D）180℃
A	378	下列何者不是勞工安全衛生法規定之必要安全衛生設備？ （A）防止颱風、地震引起之危害（B）防止電、熱及其他之能引起之 危害（C）防止高壓氣體引起之危害（D）防止監視儀表、精密作業等 引起之危害
D	379	下 對工業用標示顏色所代表之意義的使用 明，何者為錯誤？ （A）紅色表示防火設備、禁止（B）黃色表示注意、警告 （C）綠色表示安全、救護設備（D）藍色表示放射性危險

答案	題號	題 目
C	380	選擇使用滅火器材，主要是依據下列何者因素？ （A）風向（B）場所（C）燃燒物（D）氣候
B	381	火災發生時，下列何者不是正確的處置方法？ （A）應依逃生路線選擇最近的安全門疏散（B）為求迅速疏散可使用電梯（C）不可停留在逃生路線的中途（D）不可再重回火災現場
C	382	下列措施中何者不能防止靜電對電子元件之破壞？ （A）桌面舖導電性桌墊（B）人員帶接地手環 （C）穿平底膠鞋（D）使用離子吹風機
B	383	電源關閉後，為什麼要等數秒鐘後再開？ （A）除去靜電（B）使電路恢復穩定狀態 （C）讓開關休息（D）避免過熱
D	384	人體器官對電擊的承受，最易使之致命的是何種部位？ （A）手（B）腳（C）肺（D）心臟
A	385	含油性電氣設備著火而電源無切斷時，應可使用下列何種方式滅火？ （A）二氧化碳滅火器（B）泡沫滅火器（C）濕棉被（D）水
B	386	我國專利法採行？ （A）先發明主義（B）先申請主義（C）先實施主義（D）以上皆非
C	387	關於資訊安全中密碼設定之描述，下列敘述何者為正確？ （A）密碼應以明確、人能看得懂之格式儲存在固定檔案中，以方便當事人遺忘時可以查詢 （B）密碼之編定應有一定之規則可循 （C）密碼須定期加以更換 （D）以上皆是
B	388	著作權登記應向那個機關申請？ （A）教育部（B）經濟部智慧財產局 （C）經濟部中央標準局（D）內政部警政署
C	389	何者不屬於著作權登記申請書的範圍 （A）申請人國籍（B）申請人姓名 （C）申請人作品售價（D）申請人作品完成日

答案	題號	題　目
B	390	由廠商在其生產或輸入應回收商品或容器上標示，以方便民眾辨識回收的標誌為？ （A） CE （B） ⊞ （C） ↗ （D） ♡
A	391	下列圖案中，何者為我國的環保標章？ （A） （B） （C） （D）
D	392	依廢棄物清理法，廢電子電器、廢資訊物品經處理後，其資源回收再利用比例應達之百分比為多少？始可向資源回收管理基金申請回收清除處理補貼 （A）40%（B）50%（C）60%（D）70%
C	393	空氣污染防制法中，二氧化硫（SO_2）的「小時平均值」標準規定為多少 ppm 以下？ （A）0.03 ppm（B）0.1 ppm（C）0.25 ppm（D）0.5 ppm
B	394	依水污染防治法設置水質監測站，其採樣頻率，以每季一次為原則，其監測項目<u>不包含</u>下列何項？ （A）水溫（B）水清澈度（C）溶氧量（D）氫離子濃度指數
C	395	使用綠色電腦的好處，除符合地球生態外，尚能節省電腦所用之？ （A）硬體費用（B）維修費（C）電費（D）軟體費用
C	396	能源之星專案是以個人電腦在非工作模式下能節省多少耗電標準？ （A）70%～90%（B）25%～50%（C）50%～75%（D）60～80%
D	397	環保署針對各行業之廢棄物訂有回收清除處理方法及設施標準，其中不包括： （A）廢資訊物品（B）廢機動車輛（C）廢乾電池（D）廢傢俱
B	398	廢棄電路板處理哪一項錯誤 （A）包括金屬、塑料、玻璃等回收價值高 （B）一頓的晶片電路板可以分解出 130 公斤黃金，20 公斤錫，0.4 公斤銅 （C）電子垃圾裡絕大部分成分都可以回收利用 （D）電路板中富含玻璃纖 和樹脂，分離後的廢渣還可用於建材原料

答案	題號	題　目
C	399	依據歐盟有害物質限制指令（RoHS），其規定限用物質與濃度下列何者錯誤？ （A）鉛，規範濃度 1000ppm（B）汞，規範濃度 1000ppm （C）鎘，規範濃度 1000ppm（D）六價鉻，規範濃度 1000ppm
B	400	依據歐盟廢電機電子設備指令（WEEE），其產品範圍分為 10 大類，以下何者非 10 大類範圍？ （A）大型家用電器（B）大型機械設備 （C）照明設備（D）玩具、娛樂及運動器材

A

專業級電路板設計
國際能力認證術科題目

台灣嵌入式暨單晶片系統發展協會

電路板設計國際能力認證術科測試題目

認 證 等 級

□實用級 Practician Class	☑專業級 Specialist Class
□專家級 Expert Class	□大師級 Master Class

應 試 者 參 考 使 用。嚴 禁 畫 記！

本試題為術科正式測驗時供應試者參考之資料，應試者不得隨意塗改或註記。

公佈日期：2013年12月01日
使用日期：2014年01月01日起

目 錄

電路板設計國際能力認證『專業級』術科應試參考資料

壹、實施方式

一、 本認證的主要宗旨和目的是為了推動業界認同、產業需要之電路板設計國際能力認證，秉持專業、務實、前瞻、公正為原則，以培養符合產業需求之電路板設計基礎技術人才。

二、 電路板設計國際能力認證在等級的規劃方面共計有實用級、專業級、專家級、大師級等四個等級；本術科題本的內容為專業級的測試資料。

三、 欲參加電路板設計國際能力認證『專業級』者，必須先通過電路板設計國際能力認證實用級合格；因此，專業級認證的進行共有二種方式，第一種模式就是與實用級認證合併進行，第二種模式就是單獨進行專業級認證。

四、 本試題係採『認證前公佈試題』原則命製，主辦單位應將試題參考資料於術科測試日一個月前，函送認證辦理單位；而認證辦理單位應於認證日三星期前（日期以郵戳為憑）將測驗所需相關參考資料公佈於認證專屬的網站。

五、 各梯次認證之考試場地、設備規格及注意事項將於認證日三星期前分別公佈在主辦單位網站（www.temi.org.tw）和認證辦理單位之網站。

六、 考生准考證與認證相關參考資料將於認證日 15 天前（日期以郵戳為憑）由認證主辦單位以掛號郵寄給應試人員。

七、 本試題測試內容主要區分為二個階段來進行，第一階段主要利用 PADS Logic 軟體依序進行圖框編輯設定、零件編修創建、階層電路繪製、文件檔案輸出等工作；第二階段則使用 PADS Layout 軟體進行板框編修設計、電路板佈線、電路板鋪銅、生產文件製作等作業。

八、 本級認證之學科筆試暨術科測試將視每一場應試者人數的多寡，由三至五位監評人員擔任評分工作，一位擔任主監評人員、其餘幾位則為監評人員。

九、 每一場次術科認證當日必須由主監評人員主持，場地試務人員協助辦理公開抽籤，每一位應試人員必須親自抽籤決定自己的工作崗位座號。

十、 術科認證評分時，主要以應試者所完成之檔案內容與列印紙本作為評分依據，其畫面、結果必須符合試題說明與作業要求。

十一、認證辦理單位應依題目說明和作業要求，提供符合本職類試題要求之認證結果成品文件三份，以作為本術科認證評分之參考依據。

十二、主辦單位應將完整之全套試題於認證當日監評協調會前，函送認證辦理單位備用。

十三、為保障合作企業及參與命題委員之權益，TEMI 協會建立之能力認證推動流程及學術科題目，已在台灣及中國大陸申請專利保護，保障 TEMI 協會所擁有之智慧財產權及著作權。TEMI 協會各職類能力認證題目、內容、程式檔案與資料，僅能作為認證輔導教學、TEMI 授權相關競賽使用，如有其他用途歡迎來函申請 TEMI 協會授權，未經授權同意請勿作為其它用途使用。

貳、應試須知

一、 認證當日必須由監評人員主持辦理公開抽籤（正式認證前 15 分鐘），每一位應試人員必須親自抽籤決定自己的工作崗位，若應試者放棄權益則由監評人員代為抽籤。

二、 本級認證作業主要可區分成二個階段來進行，第一階段測試內容主要利用 PADS Logic 軟體，依序進行圖框編輯設定、零件編修創建、階層電路繪製、文件檔案輸出等工作；第二階段測試內容則以 PADS Layout 軟體，分別進行板框編修設計、電路板佈線、電路板鋪銅、生產文件製作等作業。經監評人員評定術科認證總成績均達 60 分以上（含 60 分），且在每一個階段的電路圖繪製與電路板佈線之作業當中，沒有任何一項被判定為未正式施作者，則本次術科認證始為及格通過。

三、 本級認證的評分方式採取二階段個別進行，考生必須在分別完成第一階段或第二階段的設計工作之後提出評分的要求，因此每位考生應該進行二次的評分作業；否則就是等待認證時間結束時，再由監評委員依序唱名進行評分。

四、 參加認證考試之人員必須使用認證單位所提供之試題、紙張及設備，不得自行攜帶。

五、 應試人員必須依照題目說明進行工作，在規定時間內完成符合題目要求與評分標準之認證成品。

六、 提出評分要求時必須完成崗位環境整理並同時繳交成品、評分表。

七、 注意事項

（一） 認證當天應試人員請務必攜帶准考證、身分證明文件（文件上有照片者）以及應考通知，在通知文件規定的時間內辦理報到入場手續；凡無准考證或身分證明文件者最遲可在認證開始後 90 分鐘之內備妥補驗或簽立能力認證應試切結書。

（二） 欲參加專業級認證者必須先行取得實用級的證照始可報名，假若，考生在實用級認證時的學科成績已達 80 分以上者，則僅需進行專業級的術科測驗即可，全程共需三個小時，上午 09:00 至 12:00 或下午 01:30 至 04:30；如果，考生在實用級認證時的學科成績未達 80 分以上者，必須加考學科測驗，全程共需三個半小時，整個測驗時間將為上午 08:30 至 12:00 或下午 01:00 至 04:30。

（三） 經監評人員正式宣布認證開始後 15 分鐘之內未能入場應試者視為自動放棄，取消該次應試資格。

（四）　應試人員必須在認證時間結束之前，依規定完成術科測驗的工作，並請監評人員確認檢查後在評分表上簽名，未能於時間內完成者將以零分論處。

（五）　凡經半數以上監評人員判斷或有直接具體事證顯示應試人員故意損壞公物、儀器或設備者，除應負賠償責任之外，一律取消該次應試資格。

（六）　應試人員在完成術科測試後應對所使用之環境和桌面進行適當的整理清潔工作，否則視情節輕重由監評人員決定扣分多寡，最高扣減分數可達20分。

（七）　應試人員於認證時，作品和成績一經監評人員評定後不得要求更改；若有疑問或異議者請依申訴辦法或複查規定辦理。

（八）　應試人員不得攜帶或夾帶任何非認證辦理單位所提供之儲存設備（工具）、圖說、材料、元件和其它檔案資料入場，一經發現即視為作弊，並以不及格論處。

（九）　應試人員不得將試場內之任何器材及資料等攜出場外，否則以不及格論處。

（十）　應試人員不得接受他人協助或協助他人認證如經發現則視為作弊，雙方皆以不及格論處。

（十一）應試人員於測驗進行中，應遵守測驗場內外秩序，禁止吸煙、窺視、嬉戲、喧嘩或交談。

（十二）應試人員於測驗過程中，若因急迫需要上洗手間，須事先取得監評人員同意，並由監評人員指派專人陪往；應試人員不得要求增加或延長測試時間。

（十三）應試人員在測驗期間未經監評人員允許私自離開試場，或雖經允許但無特殊理由離場逾 15 分鐘不歸者，以不及格論處。

（十四）應試人員於認證時，不得要求監評人員公佈或告知術科測驗成績。

（十五）如有突發事項或未盡事宜，則可由監評人員討論決議，報請認證主辦單位同意後公佈執行。

（十六）應試人員在測驗進行前需將電子通訊器材（如行動電話、PDA 及電子辭典等）置於考場指定位置，不得攜帶進入崗位，一經發現視為作弊並以零分論處。

（十七）如有其它規定事項或相關說明，另於考場補充。

參、專業級認證時間

一、　欲參加電路板設計國際能力認證『專業級』者，必須先通過電路板設計國際能力認證實用級合格；因此，專業級認證的進行方式共有二種，第一種模式就是與實用級認證合併進行，第二種模式就是單獨進行專業級認證。

（一）　第一種模式：合併進行

　　1. 假若採用第一種模式進行專業級認證，那麼實用級的認證時間與上午場流程完全相同；整個過程包括上午時段的實用級認證（學科筆試和實用級術科），以及下午時段的專業級認證二個部分，全程共規劃六個小時，其中上午 09:00 至 10:00 共一個小時為學科筆試時間（惟學科筆試最早可在應試 20 分鐘後繳卷），上午 10:00 至 12:00 以及下午 01:00 至 04:00 共五個小時乃術科測驗時間，期間中午 12:00 至下午 01:00 為午餐休息時間。

　　2. 認證結束若評分結果考生無法達到實用級的合格標準（學科 60 分以上、術科 60 分以上），則該次專業級術科的成績也得一併作廢不得保留，如果考生因為學科未達及格標準，而術科成績已通過合格標準，則該次術科成績可以予以保留。至於專業級認證的合格標準為學科 80 分以上、術科 60 分以上，其中學科的成績可以直接取用實用級的學科成績作為依據，唯專業級的學科成績如果未達 80 分以上者，必須針對學科部份再次進行測驗。

（二）　第二種模式：單獨進行 如果採用第二種模式進行專業級認證，則應試者必須先行取得實用級的證照始可報名，假若，考生在實用級認證時的學科成績已達 80 分以上者，則僅需進行術科測驗即可，全程共需三個小時，上午 09:00 至 12:00 或下午 01:30 至 04:30。如果，考生在實用級認證時的學科成績未達 80 分以上者，必須加考學科測驗，全程共需三個半小時，整個測驗時間將為上午 08:30 至 12:00 或下午 01:00 至 04:30。

二、　每一梯次若有進行學科筆試，則學科成績經所有監評人員審核簽名後，於術科認證結束之前在試場外公佈。

肆、專業級認證架構

電路板設計國際能力認證專業級『學科題目』內涵分析

【學科題庫】
題庫共 500 題
抽 50 題每題 2 分、答錯不倒扣 80（含）分以上及格

電路板設計國際能力認證專業級『術科題目』內涵分析

【第一階段】
這個部分的測試共規劃有五個題目（五選一），應試者得利用 PADS Logic 軟體依序進行

<table>
<tr><td>圖框編輯設定</td><td>零件編修創建</td></tr>
<tr><td>階層電路繪製</td><td>文件檔案輸出</td></tr>
</table>

等作業

佔 50%

【第二階段】
這個部分的測試乃是延續第一階段測試的操作，應試者得使用 PADS Layout 軟體依序進行

<table>
<tr><td>板框編修設計</td><td>電路板佈線</td></tr>
<tr><td>電路板鋪銅</td><td>生產文件製作</td></tr>
</table>

等作業

佔 50%

備註：

1. 凡欲參加電路板設計國際能力認證專業級者，必須先行通過實用級認證的及格標準；或者選擇實用級與專業級同時合併進行的認證模式。

2. 電路板設計國際能力認證專業級的及格標準為學科 80（含）分以上、術科 60（含）分以上；學科成績可以直接採用實用級認證的學科成績作為判斷依據。

伍、專業級試題說明

本級術科認證採取二階段測試評分，第一階段測試內容主要以電路圖繪製相關的操作為主，依序進行圖框編輯設定、零件編修創建、階層電路繪製、文件檔案輸出等工作；第二階段測試內容則以電路板佈線相關的操作為主，分別進行板框編修設計、電路板佈線、電路板鋪銅、生產文件製作等作業。考生依照工作崗位號碼區分為奇數組與偶數組，在監評人員的引導之下，由二組各自的考生代表，藉由抽籤方式決定二個階段的試題，全部的作業必須在三個小時之內完成。各項測試的動作要求詳述如后。

❖ 第一階段測試

本階段測試共規劃了五個試題，應試者藉由抽籤方式決定本階段的試題；每個試題都必須依序完成圖框編輯設定、零件編修創建、階層電路繪製以及文件檔案輸出等四項工作。應試者必須在 Mentor Graphics PADS 9.X 版的軟體環境之下，利用 Logic 軟體完成第一階段測試中與電路圖繪製相關的操作要求，再使用 Layout 軟體完成第二階段測試中與電路板佈線有關的操作要求。

一、電路圖繪製作業要求

(一)圖框編輯設定

1. 請在 PADS Logic 軟體環境之下，選擇使用 A4 大小的圖紙進行繪圖作業。

2. 請將圖紙上原有的標題欄之圖框先行刪除，再依照下列所提供的圖表規格與欄位名稱，在圖紙的右下方處編輯設計出一個新的標題欄之圖框，圖框內部各欄位的文字則全部使用 8pts 的標楷體，內容若為中文字則文字之間請空一格；實際所完成之圖框樣式如下範例所示，至於 1000mils 各欄位的內容文字，則依實際認證時的狀況來填寫或設定。

3. 完成圖框編輯設定作業之後，請將新的圖框樣式以 "TEMI-A4" 為名稱，儲存在後面指定的磁碟路徑檔案裡面，C:\MentorGraphics\9.3PADS\SDD_HOME\Libraries\temi。

4. 在本階段測試中，所有電路圖的繪製都必須套用這個名為 "TEMI-A4" 的圖框樣式。

	600mils	1000mils	600mils	1000mils	600mils	1000mils
300mils	檔名：	<File Name>	圖名：	<Sheet Name>	版本：	<Reversion>
300mils	公司：	<Company Name>	姓名：	<Drawn By>	日期：	<Drawn Date>

檔名：	First-N-XX.sch	圖名：	POWER	版本：	V 1.0
公司：	TEMI	姓名：	曾開心	日期：	2013/08/01

檔名：	First-N-XX.sch	圖名：	POWER	版本：	V 1.0
公司：	TEMI	姓名：	曾開心	日期：	2013/08/01

（二）文件檔案輸出應試者在完成第一階段的電路圖繪製測試之後，對於文件檔案輸出的有關規定請依照下列說明來作業：

1. 應試者所繪製電路上各零件的序號、名稱、數值、符號以及包裝，必須與題本所提供的範例電路圖相同。

2. 應試者所繪製電路上所使用的電源、接地或端點連接器等符號，必須與題本所提供的範例電路相同。

3. 應試者所繪製電路上所使用的輸出輸入端子必須加上文字標記說明。

4. 電路圖上各零件有關的屬性文字，在擺放時以靠近該零件但不歪斜重疊為原則。

5. 測試開始時考生必須先在考場電腦所提供的隨身碟裡面，以准考證號碼建立一個資料夾，接著以 One 和 Two 作為名稱新增二個子資料夾；One 資料夾用來儲存第一階段的有關檔案，Two 資料夾則用來儲存第二階段的相關檔案。

6. 完成電路圖繪製工作之後，請以 First-N-XX 作為電路圖檔案（File Name）的主檔名，其中 XX 代表考生的工作崗位號碼，而 N 所代表的是試題號碼，把這個電路圖檔案儲存放在 One 資料夾裡面。

7. 請依序輸出該電路的 PDF 檔以及 ASC（netlist）檔，並以 First-N-XX 作為檔案的主檔名，將檔案儲存在 One 資料夾裡面；當製作 PDF 檔時，請依照下列畫面來進行格式與內容的設定。

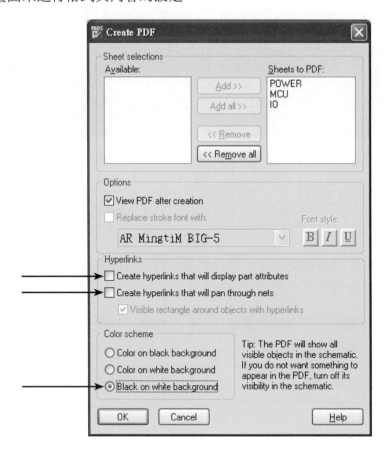

8. 最後，應試者在依序完成圖框編輯設定、零件編修創建、階層電路繪製以及文件檔案輸出等四項工作之後，才將 PDF 檔案列印出來；檔案一旦送出列印時，即視為本階段正式繳卷；監評委員會在收到考生所列印的文件之後針對第一階段進行評分工作。

二、分組試題說明與要求

第一階段的測試裡面共規劃了五個試題，考生依照工作崗位號碼區分為奇數組與偶數組，在監評人員的引導之下，由二組各自的考生代表，藉由抽籤方式決定本階段的試題（五選一）；應試者必須在 Mentor Graphics PADS 9.X 版的軟體環境之下，利用 Logic 軟體依序完成圖框編輯設定、零件編修創建、階層電路繪製以及文件檔案輸出等四項工作。

在本階段測試的五個試題中，應試者必須把三張原本各自獨立的平坦式電路圖，將它們編輯轉換成相互關連的階層式電路圖；其中有二張電路圖已經事先完成繪製的作業，考生可以從考場所提供的隨身碟裡面，直接把名為 "temi-sch.sch" 的電路圖檔案開啟，在這個現成的電路圖檔案之中，已經有二張圖表名稱（sheet name）分別為「POWER」和「MCU」的電路圖，電路圖的線路結構如下所示。

至於每個試題的階層電路圖之第三張圖表，應試者必須依照下列各分組題目的說明與要求，自行陸續完成零件編修創建和階層電路繪製的工作，最後再進行文件檔案的輸出與評分。

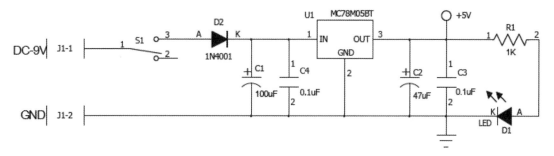

POWER.SCH 電路圖

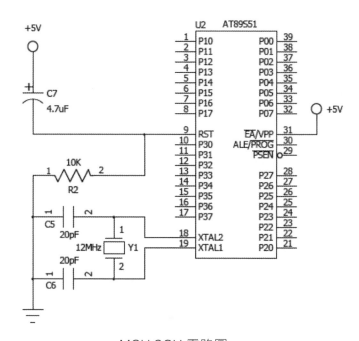

MCU.SCH 電路圖

■ 試題一：檔名 First-1-XX（XX 代表工作崗位號碼）

應試者從考場所提供的隨身碟裡面，直接把名為 "temi-sch.sch" 的電路圖檔案開啟，在這個現成的電路圖檔案之中，已經有二張圖表名稱（sheet name）分別為「POWER」和「MCU」的電路圖，考生必須先將這個電路圖以『First-1-XX』為檔名另存在 One 資料夾裡面，接著在這個電路圖檔案之中新增一個空白的圖表，並將這個新的圖表名稱命名為「IO」，再者依照下列的電路在這個新增的圖表中，完成第三張電路圖的繪製工作。

在進行第三張電路圖繪製工作之前，應試者必須先針對編號 U1 的 BCD 解碼器完成零件編修的作業，再將編號 R1、R2 的 B 類排阻以及編號 U2 的共陽極七節顯示器，自行完成零件創建的工作，才能按照下列的線路進行電路圖的繪製操作；至於各零件的外觀符號（Symbol）以及腳座包裝（Footprint）等規格和樣式，請參考後面零件編修創建項目中的說明。

本階段中由應試者所自行編修創建的所有零組元件，請統一儲存在下列的磁碟路徑檔案裡 C:\MentorGraphics\9.3PADS\SDD_HOME\Libraries\temi；為了方便監評委員針對自創的零件腳座包裝進行檢查評分的作業，請應試者在完成所有零件創建的作業之後，在 Layout 軟體環境之下，進入零件庫編輯器（File/Liberary）依序將每一個自創零件的腳座包裝開啟在 PCB Decals 編輯狀態之下，並把螢幕畫面各自擷取黏貼於小畫家環境裡，用零件名稱（Part Type）作為檔案名稱（＊.BMP 或 ＊.JPG），儲存在考場隨身碟中名為 One 的資料夾裡面，正式進行評分作業時請考生自動預先開啟這些圖檔。

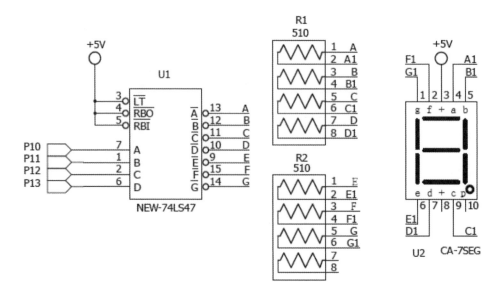

IO.SCH 電路圖

（一）零件編修創建

1. 零件外觀符號（Symbol、CAE Decal）

    零件符號名稱：

    （1）U1：CA-7SEG-S

    （2）R1：RES-B4R8P-S

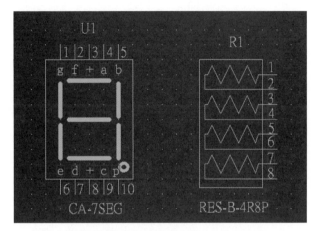

（每個格點之間的間距為 100 mils）

2. 零件腳座包裝（Footprint、PCB Decal）

    零件包裝名稱：

    （1）U1：CA-7SEG-D Logic
        Family：DIP Ref Prefix：
        U

    （2）R1：RES-B4R8P-D
        Logic Family：RES Ref
        Prefix：R

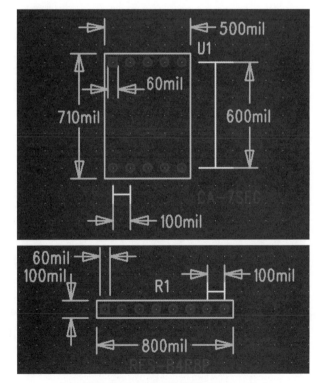

（每個格點之間的間距為 100 mils）

（二）階層電路繪製

當應試者依照上述各零件的外觀符號（Symbol）以及腳座包裝（Footprint）等規格和樣式，完成零件編修創建的工作之後，緊接著就是參考下列的上層電路圖，將同一個電路圖檔案之下的三張圖表設定轉換成一張階層式的電路圖；完成階層電路圖的繪製工作之後，考生即可進行文件檔案的輸出工作，進而將輸出的檔案列印並提出第一階段測試的評分要求。

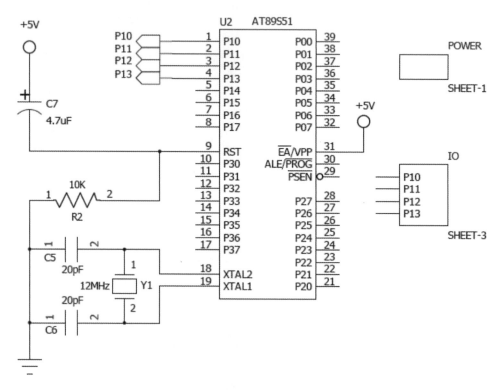

階層式電路的上層電路圖

■ 試題二：檔名 First-2-XX（XX 代表工作崗位號碼 ）

應試者從考場所提供的隨身碟裡面，直接把名為 "temi-sch.sch" 的電路圖檔案開啟，在這個現成的電路圖檔案之中，已經有二張圖表名稱（sheet name）分別為「POWER」和「MCU」的電路圖，考生必須先將這個電路圖以『First-2-XX』為檔名另存在 One 資料夾裡面，接著在這個電路圖檔案之中新增一個空白的圖表，並將這個新的圖表名稱命名為「IO」，再者依照下列的電路在這個新增的圖表中，完成第三張電路圖的繪製工作。

在進行第三張電路圖繪製工作之前，應試者必須先將編號 R1、R2 的 A 類排阻以及編號 U1-U4 的光感測器，自行完成零件編修創建的工作，才能按照下列的線路進行電路圖的繪製操作；至於各零件的外觀符號（Symbol）以及腳座包裝（Footprint）等規格和樣式，請參考後面零件編修創建項目中的說明。

本階段中由應試者所自行編修創建的所有零組元件，請統一儲存在下列的磁碟路徑檔案裡 C:\MentorGraphics\9.3PADS\SDD_HOME\Libraries\temi；為了方便監評委員針對自創的零件腳座包裝進行檢查評分的作業，請應試者在完成所有零件創建的作業之後，在 Layout 軟體環境之下，進入零件庫編輯器（File/Liberary）依序將每一個自創零件的腳座包裝開啟在 PCB Decals 編輯狀態之下，並把螢幕畫面各自擷取黏貼於小畫家環境裡，用零件名稱（Part Type）作為檔案名稱（＊.BMP 或 ＊.JPG），儲存在考場隨身碟中名為 One 的資料夾裡面，正式進行評分作業時請考生自動預先開啟這些圖檔。

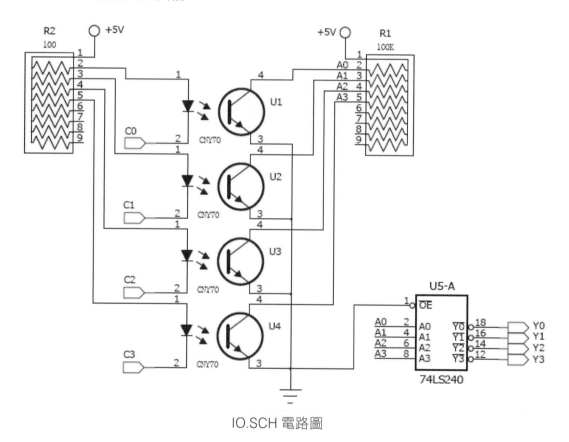

IO.SCH 電路圖

(一)零件編修創建

1. 零件外觀符號（Symbol、CAE Decal）

   零件符號名稱：

   （1）U1：OPTO-4P-S

   （2）R1：RES-A8R9P-S

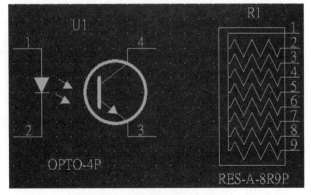

（每個格點之間的間距為 100 mils）

2. 零件腳座包裝（Footprint、PCB Decal）

   零件包裝名稱：

   （1）U1：OPTO-4P-D Logic
       Family：TTL Ref Prefix：
       U

   （2）R1：RES-A8R9P-D
       Logic Family：RES Ref
       Prefix：R

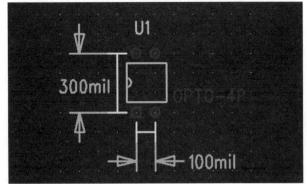

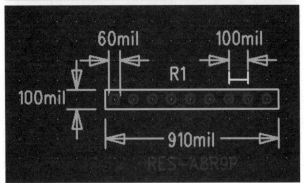

（每個格點之間的間距為 100 mils）

（二）階層電路繪製

當應試者依照上述各零件的外觀符號（Symbol）以及腳座包裝（Footprint）等規格和樣式，完成零件編修創建的工作之後，緊接著就是參考下列的上層電路圖，將同一個電路圖檔案之下的三張圖表設定轉換成一張階層式的電路圖；完成階層電路圖的繪製工作之後，考生即可進行文件檔案的輸出工作，進而將輸出的檔案列印並提出第一階段測試的評分要求。

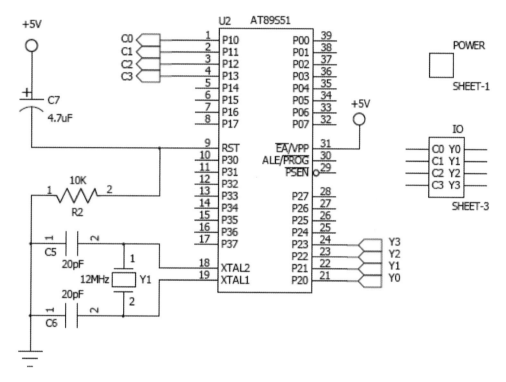

階層式電路的上層電路圖

■ 試題三：檔名 First-3-XX（XX 代表工作崗位號碼）

應試者從考場所提供的隨身碟裡面，直接把名為 "temi-sch.sch" 的電路圖檔案開啟，在這個現成的電路圖檔案之中，已經有二張圖表名稱（sheet name）分別為「POWER」和「MCU」的電路圖，考生必須先將這個電路圖以『First-3-XX』為檔名另存在 One 資料夾裡面，接著在這個電路圖檔案之中新增一個空白的圖表，並將這個新的圖表名稱命名為「IO」，再者依照下列的電路在這個新增的圖表中，完成第三張電路圖的繪製工作。

在進行第三張電路圖繪製工作之前，應試者必須先將編號 R1 與 R2 的 A 類排阻、編號 S1 的指撥開關以及編號 U1 的棒形 LED，自行完成零件編修創建的工作，才能按照下列的線路進行電路圖的繪製操作；至於各零件的外觀符號（Symbol）以及腳座包裝（Footprint）等規格和樣式，請參考後面零件編修創建項目中的說明。

本階段中由應試者所自行編修創建的所有零組元件，請統一儲存在下列的磁碟路徑檔案裡 C:\MentorGraphics\9.3PADS\SDD_HOME\Libraries\temi；為了方便監評委員針對自創的零件腳座包裝進行檢查評分的作業，請應試者在完成所有零件創建的作業之後，在 Layout 軟體環境之下，進入零件庫編輯器（File/Liberary）依序將每一個自創零件的腳座包裝開啟在 PCB Decals 編輯狀態之下，並把螢幕畫面各自擷取黏貼於小畫家環境裡，用零件名稱（Part Type）作為檔案名稱（＊.BMP 或＊.JPG），儲存在考場隨身碟中名為 One 的資料夾裡面，正式進行評分作業時請考生自動預先開啟這些圖檔。

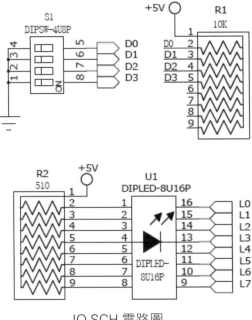

IO.SCH 電路圖

(一)零件編修創建

1. 零件外觀符號（Symbol、CAE Decal）

零件符號名稱：

（1）S1：DIPSW-4U8P-S

（2）U1：DIPLED-8U16P-S

（3）R1：RES-A8R9P-S

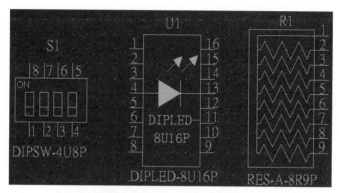

（每個格點之間的間距為 100 mils）

2. 零件腳座包裝（Footprint、PCB Decal）

零件包裝名稱：

（1）S1：DIPSW-4U8P-D Logic Family：SWI Ref Prefix：S

（2）U1：DIPLED-8U16P-D Logic Family：DIP Ref Prefix：U

（3）R1：RES-A8R9P-D Logic Family：RES Ref Prefix：R

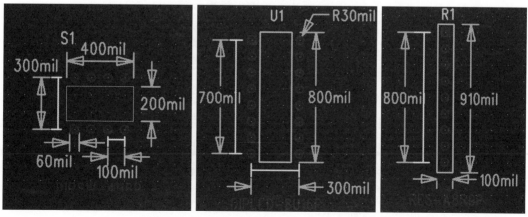

（每個格點之間的間距為 100 mils）

（二）階層電路繪製

當應試者依照上述各零件的外觀符號（Symbol）以及腳座包裝（Footprint）等規格和樣式，完成零件編修創建的工作之後，緊接著就是參考下列的上層電路圖，將同一個電路圖檔案之下的三張圖表設定轉換成一張階層式的電路圖；完成階層電路圖的繪製工作之後，考生即可進行文件檔案的輸出工作，進而將輸出的檔案列印並提出第一階段測試的評分要求。

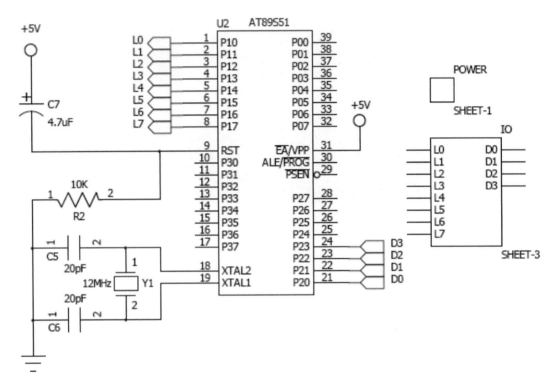

階層式電路的上層電路圖

■　試題四：檔名 First-4-XX（XX 代表工作崗位號碼 ）

應試者從考場所提供的隨身碟裡面，直接把名為 "temi-sch.sch" 的電路圖檔案開啟，在這個現成的電路圖檔案之中，已經有二張圖表名稱（sheet name）分別為「POWER」和「MCU」的電路圖，考生必須先將這個電路圖以『First-4-XX』為檔名另存在 One 資料夾裡面，接著在這個電路圖檔案之中新增一個空白的圖表，並將這個新的圖表名稱命名為「IO」，再者依照下列的電路在這個新增的圖表中，完成第三張電路圖的繪製工作。

在進行第三張電路圖繪製工作之前，應試者必須先將編號 R1 的 A 類排阻以及編號 S1-S8 的按鈕開關，自行完成零件編修創建的工作，才能按照下列的線路進行電路圖的繪製操作；至於各零件的外觀符號（Symbol）以及腳座包裝（Footprint）等規格和樣式，請參考後面零件編修創建項目中的說明。

本階段中由應試者所自行編修創建的所有零組元件，請統一儲存在下列的磁碟路徑檔案裡 C:\MentorGraphics\9.3PADS\SDD_HOME\Libraries\temi；為了方便監評委員針對自創的零件腳座包裝進行檢查評分的作業，請應試者在完成所有零件創建的作業之後，在 Layout 軟體環境之下，進入零件庫編輯器（File/Liberary）依序將每一個自創零件的腳座包裝開啟在 PCB Decals 編輯狀態之下，並把螢幕畫面各自擷取黏貼於小畫家環境裡，用零件名稱（Part Type）作為檔案名稱（＊.BMP 或 ＊.JPG），儲存在考場隨身碟中名為 One 的資料夾裡面，正式進行評分作業時請考生自動預先開啟這些圖檔。

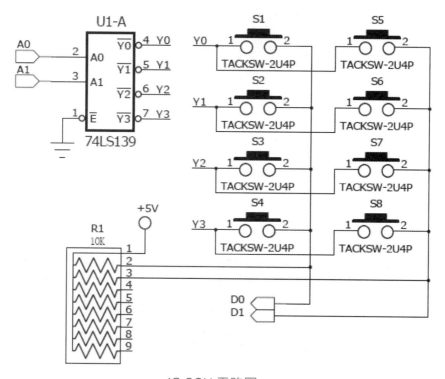

IO.SCH 電路圖

(一)零件編修創建

1. 零件外觀符號（Symbol、CAE Decal）

  零件符號名稱：

  （1）S1：TACKSW-2U4P-S

  （2）R1：RES-A8R9P-S

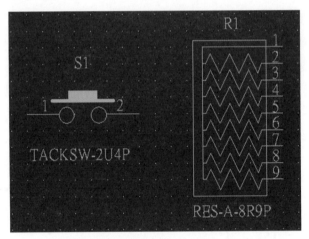

（每個格點之間的間距為 100 mils）

2. 零件腳座包裝（Footprint、PCB Decal）

  零件包裝名稱：

  （1）S1：TACKSW-2U4P-D Logic Family：SWI Ref Prefix：S

  （2）R1：RES-A8R9P-D Logic Family：RES Ref Prefix：R

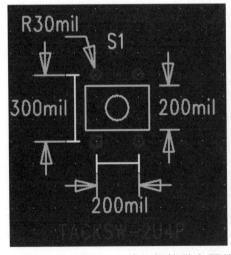 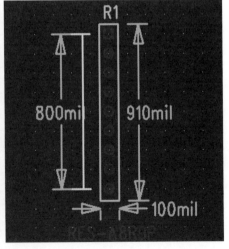

（每個格點之間的間距為 100 mils）

（二）階層電路繪製

當應試者依照上述各零件的外觀符號（Symbol）以及腳座包裝（Footprint）等規格和樣式，完成零件編修創建的工作之後，緊接著就是參考下列的上層電路圖，將同一個電路圖檔案之下的三張圖表設定轉換成一張階層式的電路圖；完成階層電路圖的繪製工作之後，考生即可進行文件檔案的輸出工作，進而將輸出的檔案列印並提出第一階段測試的評分要求。

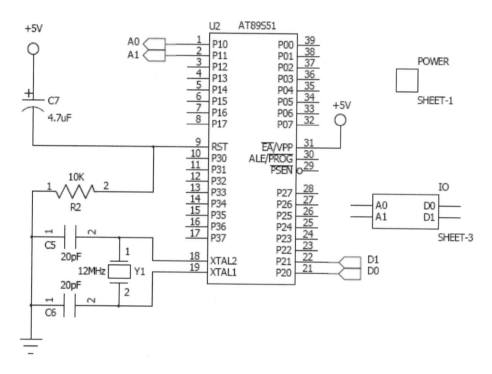

階層式電路的上層電路圖

■ 試題五：檔名 First-5-XX（XX 代表工作崗位號碼）

應試者從考場所提供的隨身碟裡面，直接把名為 "temi-sch.sch" 的電路圖檔案開啟，在這個現成的電路圖檔案之中，已經有二張圖表名稱（sheet name）分別為「POWER」和「MCU」的電路圖，考生必須先將這個電路圖以『First-5-XX』為檔名另存在 One 資料夾裡面，接著在這個電路圖檔案之中新增一個空白的圖表，並將這個新的圖表名稱命名為「IO」，再者依照下列的電路在這個新增的圖表中，完成第三張電路圖的繪製工作。

在進行第三張電路圖繪製工作之前，應試者必須先將編號 J1-J2 的 2 Pins 端子以及編號 U2-U3 的 DC 馬達驅動 IC，自行完成零件編修創建的工作，才能按照下列的線路進行電路圖的繪製操作；至於各零件的外觀符號（Symbol）以及腳座包裝（Footprint）等規格和樣式，請參考後面零件編修創建項目中的說明。

本階段中由應試者所自行編修創建的所有零組元件，請統一儲存在下列的磁碟路徑檔案裡 C:\MentorGraphics\9.3PADS\SDD_HOME\Libraries\temi；為了方便監評委員針對自創的零件腳座包裝進行檢查評分的作業，請應試者在完成所有零件創建的作業之後，在 Layout 軟體環境之下，進入零件庫編輯器（File/Liberary）依序將每一個自創零件的腳座包裝開啟在 PCB Decals 編輯狀態之下，並把螢幕畫面各自擷取黏貼於小畫家環境裡，用零件名稱（Part Type）作為檔案名稱（＊.BMP 或＊.JPG），儲存在考場隨身碟中名為 One 的資料夾裡面，正式進行評分作業時請考生自動預先開啟這些圖檔。

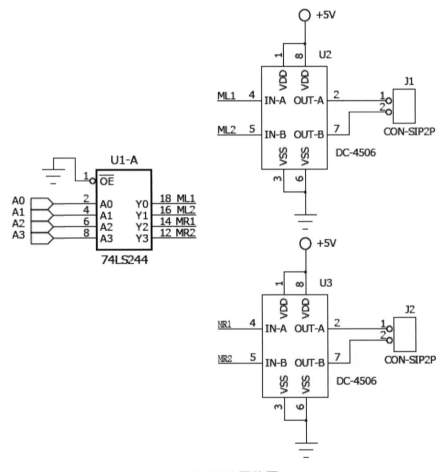

IO.SCH 電路圖

（一）零件編修創建

1. 零件外觀符號（Symbol、CAE Decal）

   零件符號名稱：

   （1）U1：DC-4506-S

   （2）J1：CON-SIP2P-S

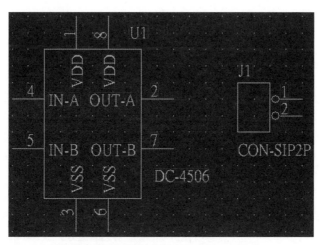

（每個格點之間的間距為 100 mils）

2. 零件腳座包裝（Footprint、PCB Decal）

   零件包裝名稱：

   （1）U1：DC-4506-D Logic Family：DIP Ref Prefix：U

   （2）J1：CON-SIP2P-D Logic Family：CON Ref Prefix：J

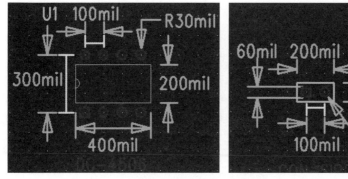

（每個格點之間的間距為 100 mils）

(二)階層電路繪製

當應試者依照上述各零件的外觀符號（Symbol）以及腳座包裝（Footprint）等規格和樣式，完成零件編修創建的工作之後，緊接著就是參考下列的上層電路圖，將同一個電路圖檔案之下的三張圖表設定轉換成一張階層式的電路圖；完成階層電路圖的繪製工作之後，考生即可進行文件檔案的輸出工作，進而將輸出的檔案列印並提出第一階段測試的評分要求。

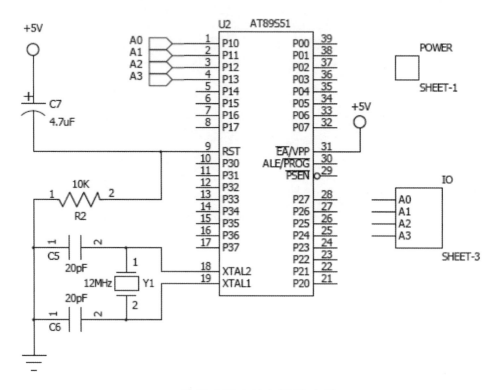

階層式電路的上層電路圖

❖ 第二階段測試

本階段測試的操作乃是延續第一階段測試的工作，應試者根據抽籤方式從五個試題中決定本次認證的題目，在完成第一階段的電路圖繪製工作與評分作業之後，即可開始進行第二階段的測試操作；考生必須在 Mentor Graphics PADS 9.X 版的軟體環境之下，使用 PADS Layout 軟體依序完成板框編修設計、電路板佈線、電路板鋪銅以及生產文件製作等四項工作。各項作業的動作要求詳述如下：

一、電路板佈線作業要求

(一)板框編修設計

1. 請將在第一階段完成的電路圖之 ASC（netlist）檔案匯入 PADS Layout 環境之下，把電路板的外框設定成矩形且大小為寬度（X）：3600 mils ＊高度（Y）：2800 mils，再依據下圖的規格和要求進行電路板框的編修和設計工作。

2. 接下來請將板框右下方的直角切除，所需切除的直角為一個等腰的直角三角形，腰長為 200 mils。

3. 再者請在板框右上方先行繪製一個寬為 800 mils 高為 100 mils 的矩形，矩形四個點的座標分別為（2600,2400）、（2600,2500）、（3400,2500）、（3400,2400），緊接著把矩形的上邊往上拉出一個高為 100mils 的弧形，最後將這個帶有弧線的矩形從電路板框上挖除。

4. 請將這個新的板框樣式以 "Board-Outline" 為名稱，儲存在後面指定的磁碟路徑檔案裡面，C:\MentorGraphics\9.3PADS\SDD_HOME\Libraries\temi。

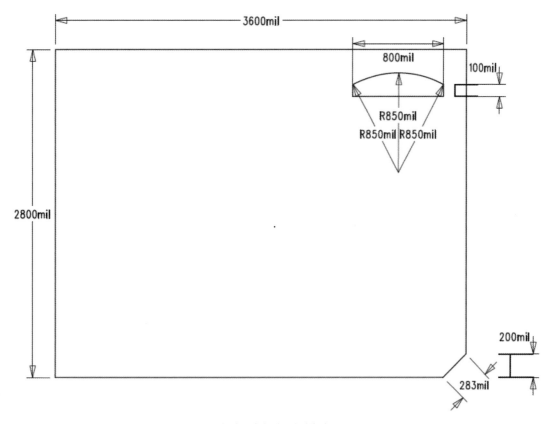

電路板框的規格與樣式圖

（二）電路板佈線

1. 本階段在電路板佈線的工作方式，採取雙層板的走線作業，所有走線可以分別安排在 Top 與 Bottom 二個板層來進行，且全部的零件必須擺放在 Top 板層。

2. 應試者在進行電路板佈線之前，必須在電路板的 Top 板層之右上方空白處，以文字方式輸出 TEMI-N-XX 等字樣，其中 N 代表題目編號而 XX 代表考生的工作崗位號碼。

3. 請依照下圖將指定的零件腳座擺放在固定的位置上，其它未指定的零件，則由應試者自行安排在電路板框的內部；本試題所指定零件的擺放座標如下所述：J1（1500, 2350）、S1（350, 2500）、U1（200, 1500）、U2（2700, 2200），實際佈局狀況可參考下圖所示。

4. 電路圖中編號 R2、C5、C6 及 C7 等四個為 SMD 的元件，請將所有的元件皆擺放於頂層。

5. 請將電路圖上所有電源（VCC、VEE、V-in、+5V、+12V、+15V、-15V 等）、接地（GND）以及編號 J1 到 S1 再到 U1 的網絡走線（NET）寬度設定為 20 mils，其它網絡走線的寬度則設定為 8 mils。

6. 當完成零件佈局的工作之後，各零件之編號文字的擺放不可歪斜或重疊，以盡量靠近該零件為原則。

7. 應試者進行電路板佈線時，電路板上所有物件的安全間距與佈線等規則，直接套用系統所預設的狀態來進行作業即可。

8. 應試者進行電路板佈線時，可以使用 Via 導孔在 Top 與 Bottom 二個板層之間，來完成佈線的工作；亦可使用 Jumper 跳線來協助進行佈線，但必須依照評分標準給予扣分。

9. 進行本階段之電路板佈線時，若有任何一條走線需要轉彎時，必須避免產生直角轉彎的佈線方式；佈線時也不能夠使用不規則曲線。

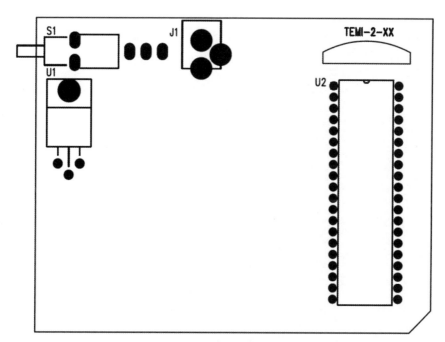

指定零件的佈局與樣式圖

（三）電路板鋪銅

1. 應試者在依序完成板框編修設計與電路板佈線作業之後，必須在電路板的
   Bottom 板層進行鋪銅的處理，整個鋪銅的電路板座標範圍分別為（100, 100）、
   （100, 2700）、（3500, 2700）、（3500, 100）。

2. 請依照下圖將指定的零件腳座擺放在固定的位置上，其它未指定的零件，則由
   應試者自行安排在電路板框的內部；本試題所指定零件的擺放座標如下所述：
   J1（1500, 2350）、S1（350, 2500）、U1（200, 1500）、U2（2700, 2200）。

3. 在電路板的 Bottom 板層做好鋪銅的規劃設定工作之後，必須再進行切除部
   份鋪銅的處理作業，至於切除鋪銅的電路板座標範圍分別為（2700, 300）、
   （2700, 2200）、（3300, 2200）、（3300, 300）。

4. 應試者在陸續完成鋪銅與切除鋪銅的規劃作業之後，始可實施灌銅的手續；實
   際規劃與安排狀況可參考下圖所示。

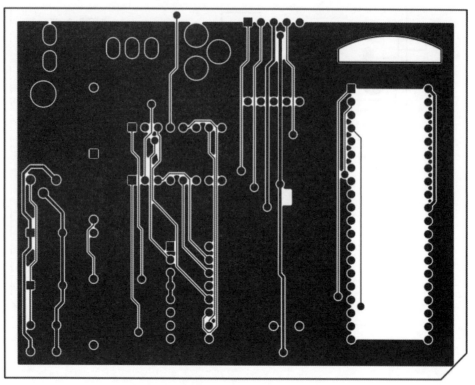

電路板鋪銅的規劃與樣式圖

（四）生產文件製作應試者在完成所有電路板佈線相關的作業之後，對於後續電路板
　　　的生產文件之製作和輸出，請依照下列說明與要求來操作：

1. 完成電路板佈線工作之後，請以 PCB-N-XX 作為電路板檔案（File Name）的
   主檔名，其中 XX 代表考生的工作崗位號碼，而 N 所代表的是試題號碼，把
   這個電路設計的檔案存放在 Two 資料夾裡面。

2. 完成電路板佈線工作之後，請依序輸出 PDF 檔以及 ASC 檔，並以 PCB-N-
   XX 作為檔案的主檔名，將檔案儲存在 Two 資料夾裡面；當輸出 PDF 檔時，
   請依照下列畫面來進行格式與內容的設定，把輸出文件設定成黑白模式，在底
   層（Bottom）所要顯示的資訊項目裡，將 Hatch Outlines 取消、Pour Outlines
   致能，在組裝頂層（Assembly Top）所要顯示的資訊項目裡，將頂層零件外
   觀線條（Component Outlines Top）勾選致能，最後把 Assembly Bottom 與
   Composite 二層刪除，僅列印三張。

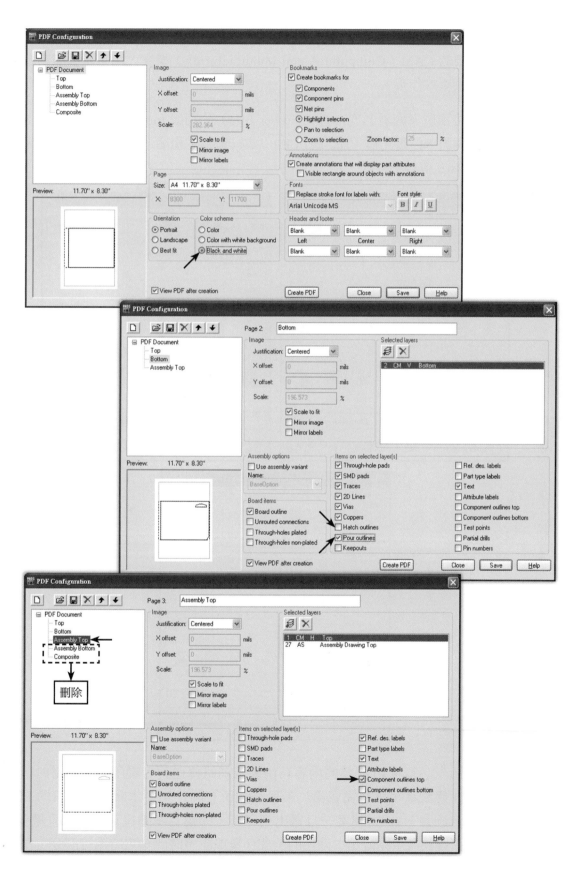

3. 應試者除了建立 PDF 檔以及 ASC 檔之外，還必須進一步輸出生產製造電路板時所需要的 CAM（Computer Aided Manufacturing）檔案，用來驅動雕刻機或者進行量產的作業。

4. 請依序將頂層與底層的底片檔（Gerber File）分別以 top 和 btm 為主檔名；此外，還得將 NC 鑽孔檔（NC Drill Fill）以 drl 為主檔名，全部輸出在考場隨身碟裡的 Two 資料夾裡面。

5. 最後，考生必須將 PDF 檔的內容藉由區域網路傳送到考場所設置的雷射印表機輸出；應試者可以在完成第二階段測試所有的作業要求時列印所有的 PDF 檔案（合計共三頁）；檔案一旦送出列印時，即視為本階段正式完成且繳卷；監評委員會在考生完成第二階段的全部作業或認證時間結束時進行評分工作。

陸、專業級評分標準（僅供參考、嚴禁畫記）

電路板設計國際能力認證術科測試『專業級』評分表一（第一階段評分表）

姓　　名		准考證號碼		評　結	□ 及格
認證日期	___年___月__日	工作崗位號碼		審　果	□ 不及格

不 予 評 分 項 目			＊有左列事項之一者不予評分，並請考生在本欄位簽名。
一	提前棄權離場者		
二	未能於規定時間內完成者		
三	依據應試須知注意事項之第____條規定以不及格論		
四	其它突發或特殊事項者(請註明原因_____)		離場時間：___時___分

項目	評 分 標 準	每處扣分	最高扣分	本項扣分	實扣分數	備註
第一階段：圖框編輯設定、零件編修創建	1.紙張大小、圖框格式以及圖框欄位未依規定者(每項)	5	25			（最多扣25分）
	2.圖框內文字大小、字型錯誤或產生亂碼者(每處)	3	25			
	3.新建圖框未依要求的檔名儲存於指定磁碟路徑(每項)	5	25			
	4.完全未依照題目要求進行圖框編輯設定工作者	15	25			
	5.自創零件之外觀符號或腳座包裝的名稱錯誤者(每項)	5	25			
	6.自創零件未依規定儲存於指定的磁碟路徑者(每項)	5	25			
	7.自創零件之外觀符號未參考題本樣式製作者(每項)	6	25			
	8.自創零件之腳座包裝未依照題本規格製作者(每項)	8	25			
	9.自創零件之序號字母或邏輯族系設定錯誤者(每項)	5	25			
	10.自創零件腳座包裝之畫面未正確黏貼於小畫家者(每項)	5	25			
第一階段：階層電路繪製、文件檔案輸出	1.與題本之範例電路的零件編號(Reference)不同者	5	25			（最多扣25分）
	2.電路的零件名稱(Part Name)、端子的元件名稱(Net Name)或電路中所使用的零件和符號不同者(每顆)	5	25			
	3.電路的零件數值(Value)不同或誤填其它屬性欄位的特性內容者(每顆)	5	25			
	4.零組元件接腳的線路連接錯誤、漏畫或畫錯(每條)	5	25			
	5.零件所屬的編號或文字標記擺放歪斜或重疊者(每顆)	5	25			
	6.電源、接地或端點連接器之外型符號不正確者(每顆)	5	25			
	7.輸出輸入端子的文字標記不正確、重疊或遺漏(每處)	3	25			
	8.上下層電路設定錯誤或未進行階層電路繪製作業者	15	25			
	9.階層電路符號錯誤或接腳連接錯誤者	10	25			
	10.未正確新增資料夾、檔案、圖名或名稱錯誤者(每項)	5	25			
	11.未依規定格式正確輸出 PDF 檔或 ASC 檔(每項)	5	25			
	12.錯誤列印資料、其它項目：_____	5	25			

電路板設計國際能力認證術科測試『專業級』評分表（第二階段評分表）

姓　　名：		准考證號碼：			工作崗位：		

項目	評　分　標　準	每處扣分	最高扣分	本項扣分	實扣分數	備註
第二階段：板框編修設計、電路板佈線	1.板框大小或板框切除與挖除作業錯誤未進行者(每項)	7	25			（最多扣25分）
	2.板框樣式未依要求儲存於指定的磁碟路徑檔案(每項)	5	25			
	3.題本所指定零件之擺放位置與方向不正確者(每顆)	5	25			
	4.電路板中有缺少、多餘或錯誤的零件包裝者(每顆)	5	25			
	5.網絡與元件接腳未正確完成佈線或有遺漏者(每處)	5	25			
	6.電路佈線時發生違反安全間距或錯誤交叉者(每線)	5	25			
	7.零組元件擺放重疊或超出電路板框者(每顆)	5	25			
	8.電路佈線之線徑寬度設定錯誤者(每項)	5	25			
	9.電路佈線時板層設定錯誤或使用跳線佈線者(每處)	5	25			
	10.未依要求在 Top 板層放置電路圖檔案名稱或錯誤者	5	25			
	11.佈線出現垂直轉彎或使用不規則與曲線佈線(每線)	5	25			
	12.零組元件或文字標記擺放歪斜、重疊或板層錯誤者	3	25			
	13.未正確新增資料夾、檔案、圖名或名稱錯誤者(每項)	5	25			
	14.未盡其它項目：＿＿＿＿＿＿＿＿＿	5	25			
第二階段：電路板鋪銅、生產文件製作	1.未依題目要求進行電路板鋪銅或板層設定錯誤者	15	25			（最多扣25分）
	2.電路板鋪銅之座標或範圍設定錯誤者(每處)	5	25			
	3.切除鋪銅之座標或範圍設定錯誤者(每處)	5	25			
	4.未正確進行灌銅的設定與操作者	5	25			
	5.未依規定格式正確輸出指定的相片檔(每項)	5	25			
	6.未依規定格式正確輸出指定的鑽孔檔(每項)	5	25			
	7.輸出之相片檔或鑽孔檔的檔名路徑錯誤者(每項)	5	25			
	8.未正確新增資料夾、檔案或名稱錯誤者(每項)	5	25			
	9.未依規定格式正確輸出 PDF 檔或 ASC 檔(每項)	5	25			
	10.文件或資料列印錯誤者(每項)	5	25			
	11.未盡其它項目：＿＿＿＿＿＿＿＿＿	5	25			
工作習慣	1.不符合工作安全要求者(毀損設備或公用器材)	20	20			（最多扣20分）
	2.工作桌面凌亂或離場前未清理工作崗位者	20	20			
累　計　總　扣　分						
術　科　測　驗　總　成　績						
監評(一) 簽章		監評(二) 簽　章			主監評 簽　章		

柒、考場配置

電路板設計國際能力認證 30 人考場配置圖（一）

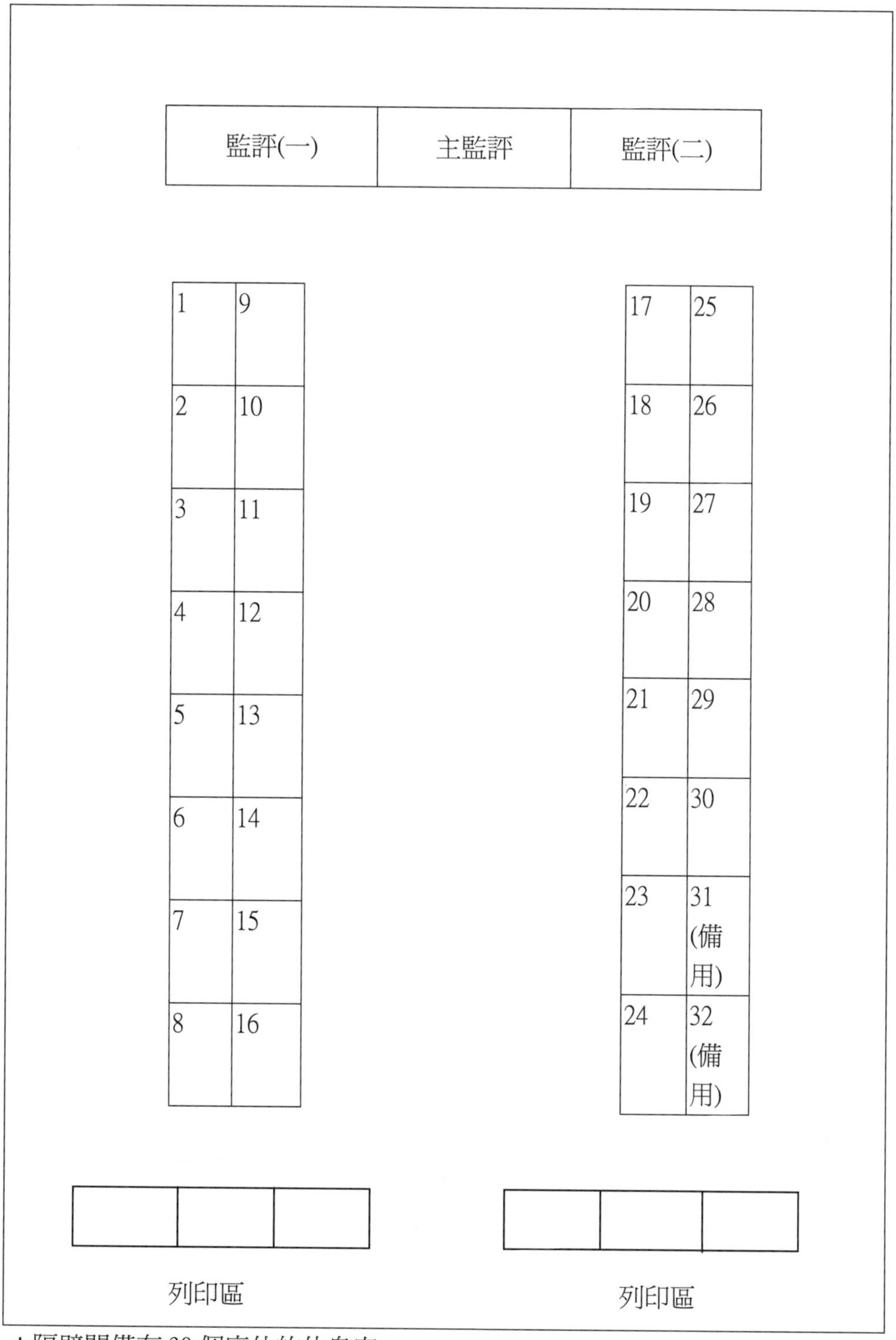

監評(一)	主監評	監評(二)

1	9
2	10
3	11
4	12
5	13
6	14
7	15
8	16

17	25
18	26
19	27
20	28
21	29
22	30
23	31 (備用)
24	32 (備用)

列印區   列印區

＊隔壁間備有 30 個座位的休息室

電路板設計國際能力認證 30 人考場配置圖（二）

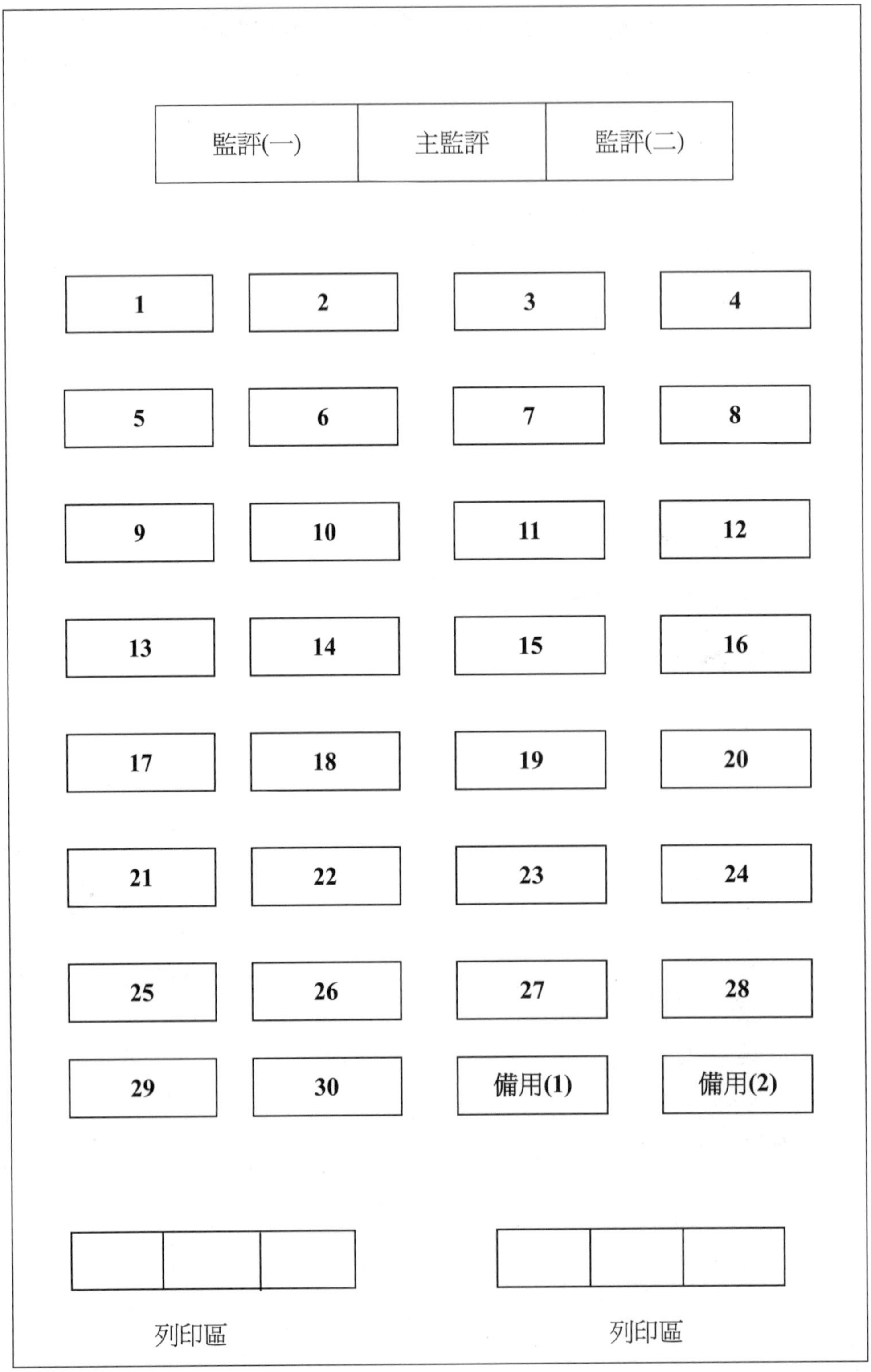

監評(一)	主監評	監評(二)

1	2	3	4
5	6	7	8
9	10	11	12
13	14	15	16
17	18	19	20
21	22	23	24
25	26	27	28
29	30	備用(1)	備用(2)

列印區　　　　　　　　　　列印區

＊隔壁間備有 30 個座位的休息室

圖解 PADS 電路板設計專業級能力認證學術科

作　　者：林義楠 / 李智強
企劃編輯：郭季柔
文字編輯：王雅雯
設計裝幀：張寶莉
發 行 人：廖文良

發 行 所：碁峰資訊股份有限公司
地　　址：台北市南港區三重路 66 號 7 樓之 6
電　　話：(02)2788-2408
傳　　真：(02)8192-4433
網　　站：www.gotop.com.tw
書　　號：AER044700
版　　次：2016 年 05 月初版
建議售價：NT$490

國家圖書館出版品預行編目資料

圖解 PADS 電路板設計專業級能力認證學術科 / 林義楠, 李智強
　著. -- 初版. -- 臺北市：碁峰資訊, 2016.05
　　面；　公分
　　ISBN 978-986-476-036-7(平裝)
　1.電路　2.電腦程式　3.電腦輔助設計
471.54　　　　　　　　　　　　　　　　　　　105006991

讀者服務

● 感謝您購買碁峰圖書，如果您對
本書的內容或表達上有不清楚的
地方或其他建議，請至碁峰網站：
「聯絡我們」\「圖書問題」留下
您所購買之書籍及問題。(請註明
購買書籍之書號及書名，以及問
題頁數，以便能儘快為您處理)
http://www.gotop.com.tw

● 售後服務僅限書籍本身內容，若
是軟、硬體問題，請您直接與軟、
硬體廠商聯絡。

● 若於購買書籍後發現有破損、缺
頁、裝訂錯誤之問題，請直接將書
寄回更換，並註明您的姓名、連絡
電話及地址，將有專人與您連絡
補寄商品。

● 歡迎至碁峰購物網
http://shopping.gotop.com.tw 選
購所需產品。